普通高等教育材料类专业规划教材

无机复合材料

第二版

王海龙　张　锐　邵　刚　等编

Inorganic
Composite
Materials

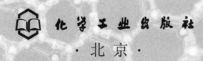

化学工业出版社

·北京·

内 容 简 介

本书结合国内外无机复合材料的发展现状，系统介绍了无机复合材料的制备工艺过程，以及国际上当前探索的先进的研究方法、实验设备及其工作原理、性能检测、分析设备。既阐述了传统无机材料的制备过程，又介绍了新的、方向性的工艺路线。兼有科学性和实用性，同时体现前瞻性。

本书可作为本科生和研究生的专业教材，亦可以作为相关专业教师、科技人员的参考书，希望有助于无机非金属材料工程的大专院校、科研院所的专业教学与项目研究，以及厂矿企业的产品开发与生产。

图书在版编目（CIP）数据

无机复合材料/王海龙等编 . —2 版 . —北京：化学
工业出版社，2020.8
ISBN 978-7-122-37214-7

Ⅰ.①无… Ⅱ.①王… Ⅲ.①无机材料-复合材料-
教材 Ⅳ.①TB3

中国版本图书馆 CIP 数据核字（2020）第 103974 号

责任编辑：王 婧 杨 菁　　　　　　　　装帧设计：王晓宇
责任校对：王 静

出版发行：化学工业出版社（北京市东城区青年湖南街 13 号　邮政编码 100011）
印　　装：大厂聚鑫印刷有限责任公司
787mm×1092mm　1/16　印张 11½　字数 291 千字　2020 年 10 月北京第 2 版第 1 次印刷

购书咨询：010-64518888　　　　　　　　售后服务：010-64518899
网　　址：http://www.cip.com.cn
凡购买本书，如有缺损质量问题，本社销售中心负责调换。

定　　价：49.00 元　　　　　　　　　　　　　　　版权所有　违者必究

前言

随着科技的迅猛发展，人工智能、大数据、云计算等新技术已经越来越成为材料科学与工程科学工作者关注、交叉、融合、渗透的新领域，与之相适应的则需要新材料的设计、研发与性能表征技术不断发展。

《无机复合材料》于 2005 年第一次出版，本次修订是经过十多年的积累，在原有内容的基础上，系统地梳理了知识体系，融入了编写团队最新的科研成果，增加了多种新的无机复合材料设计与制备的相关内容，涉及功能材料和结构材料等多个新领域、新方向，拓展了基础理论和实际应用技术。

本书结合国内外无机复合材料的发展现状，系统介绍了无机复合材料的制备工艺过程、性能检测、分析设备，部分章节涉及一些先进的实验方法、实验手段、检测设备。既阐述了相关的传统无机材料制备过程，又介绍了新的、方向性的工艺路线。兼有科学性和实用性，同时体现前瞻性。

本书可作为本科生和研究生的专业教材，亦可以作为相关专业教师、科技人员的参考书，希望有助于无机非金属材料工程的大专院校、科研院所的专业教学与项目研究，以及厂矿企业的产品开发与生产。

考虑到在岗教学人员的变动情况和更新内容的实际需要，编写人员做了较大调整，吸收了多位参与一线教学、科研成果积累丰富、国际前沿学术交流活跃的青年教师，其中，郑州大学的王海龙教授、卢红霞教授、许红亮教授、范冰冰博士、邵刚博士、刘雯博士，郑州航空工业管理学院的关莉博士、赵彪博士、樊磊博士等都结合自己在国外国内的实际科研经历，对相关材料分析方法进行了系统全面整理，在此，谨向以上各位老师表示感谢。

由于笔者知识面和实际理论水平有限，书中难免存在不足之处，敬请各位读者和专家谅解。

张锐

2020 年 5 月

目录

第 7 章　磁性功能陶瓷复合材料　　　　151

第1章 绪论

1.1 复合材料发展概述

材料在人类发展史上起着十分重要的作用。历史的进程证明，材料是社会发展的基础和社会进步的里程碑。科学技术的不断进步，对材料的性能提出越来越高的要求，在很多领域单一的材料已经不能满足实际的需要。因此，采用人工设计和合成的当代新型工程材料应运而生。人类发现，将两种或两种以上的单一材料，采用复合的方式可制成新的材料，利用这些新材料特有的复合效应进行优化设计，保留了原有组分材料的优点，克服或弥补了缺点，并显示出一些新的性能，即复合材料。

从人类文明之初，复合材料就一直伴随着人类文明的不断进步而逐渐发展。自然界中存在许多天然的"复合材料"，例如，树木和竹子是纤维素和木质素的复合体；动物骨骼则由无机磷酸盐和蛋白质胶原复合而成。人类很早就接触和使用各种天然的复合材料，并效仿自然界制作复合材料使之在各种结构中应用。其中最著名的就是中国的古城墙，它的耐久性和稳定性得益于把性质不同的多种材料混合到同一个结构中，里面的稻草或麦秆起着增强黏土的作用。

近代的复合材料是以 1942 年制出的玻璃纤维增强塑料为起点的，随后相继开发了硼纤维、碳纤维、氧化铝纤维，同时开始对金属基复合材料展开研究。纵观复合材料的发展过程，可以将其分为 4 个阶段。20 世纪中期，玻璃纤维和合成树脂大量商品化生产，玻璃纤维复合材料发展成为具有工程意义的材料，同时相应地开展了与之有关的科研工作，至 20 世纪 60 年代，在技术上臻于成熟，在许多领域开始取代金属材料，称为复合材料发展的第一阶段。20 世纪 60 年代后陆续开发出多种高性能纤维，80 年代后进入高性能复合材料的发展阶段。无机复合材料飞速发展时期（1960～1980 年），被称为复合材料发展的第二阶段。1960～1965 年英国研制出碳纤维，1971 年美国杜邦公司开发出 Kevlar-49。1980～1990 年是纤维增强金属基复合材料的时代，其中以铝基复合材料的应用最为广泛，这一时期是复合材料发展的第三阶段。1990 年以后被认为是复合材料发展的第四阶段，主要发展多功能复合材料，如机敏（智能）复合材料和梯度功能材料等。随着新型复合材料的不断涌现，复合材料不仅应用在导弹、火箭、人造卫星等尖端工业中，在航空、汽车、造船、建筑、电子、桥梁、机械、医疗和体育等各个领域也都得到应用。复合材料发展简图如图 1-1 所示。

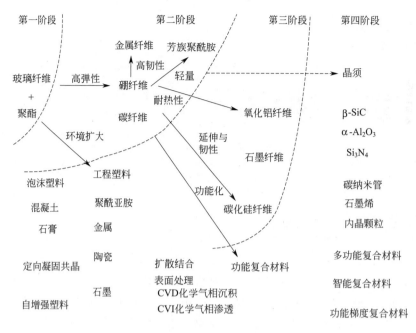

图 1-1　复合材料发展简图

1.2　复合材料的定义和特点

1.2.1　复合材料的定义

根据国际标准化组织（International Organization for Standardization，ISO）的定义，复合材料（composite materials）是由物理或化学性质不同的有机高分子、金属或无机非金属等两种或两种以上材料经一定的复合工艺制造出来的一种新型材料。它既能保留原组成材料的主要特色，又能通过复合效应获得原组分所不具备的性能。可以通过设计使各组分的性能互相补充并彼此关联，从而获得新的优越性能，与一般材料的简单混合有本质的区别。

在复合材料的定义中可以看出，一般材料的简单混合与复合材料的本质区别主要体现在两个方面：一是复合材料不仅保留了原组成材料的特点，而且通过各组分的相互补充和关联可以获得原组分所没有的新的优越性能；二是复合材料的可设计性，如结构复合材料不仅可根据材料在使用中受力的要求进行组元选材设计，更重要的是还可进行复合结构设计，即增强体的比例、分布、排列和取向等的设计。对于结构复合材料来说，是由能承受载荷的增强体组元与既能连接增强体成为整体又起传递力作用的基体组元构成的。不同的增强体和不同的基体即可组成名目繁多的结构复合材料。

1.2.2　复合材料的特点

与传统材料相比，复合材料具备一定的可设计性。复合材料通常由各种不相同的组分构成，存在各向异性，并存在明显的相界面，其性能是复合材料中各组分性能的综合体现。可以基于材料科学和经验，根据使用要求和受力情况进行材料的设计，确定复合材料组分及其成分、形状和分布及其随后的实现工艺和参数。如前所述，影响复合材料性能的因素有很多，如所选用基体和增强物的特性、含量、分布及界面结合情况等，因此，只有通过材料内部组元结构的优化组合，才能获得良好的综合性能。工程中常用的不同种类复合材料的性能特点，主要表现在以下方面。

（1）**比强度与比模量高**　比强度和比模量是用来度量材料承载能力的性能指标。比强度越高，同一零件的自重越小；比模量越高，零件的刚性越大。复合材料的突出优点是比强度和比模量高，有利于材料的减重。复合材料的力学性能呈现轻质高强的特征，其比强度和比模量都比钢和铝合金高出许多。例如玻璃纤维增强树脂基复合材料的密度为 $2.0g/cm^3$，只有普通碳钢的 $1/4\sim1/5$，约是铝合金的 $2/3$，而拉伸强度却超过了普通碳钢，这是现有其他任何材料所不能比拟的。

（2）**良好的抗疲劳性能**　疲劳破坏是材料在交变载荷作用下，由于裂缝的形成和扩展而形成的低应力破坏。金属材料的疲劳破坏常常是没有任何预兆的突发性破坏。而聚合物基复合材料中纤维与基体的界面能阻止裂纹扩展，其疲劳破坏总是从纤维的薄弱环节开始逐渐扩展到结合面上。因此，破坏前有明显的预兆，不像金属那样发生突然的疲劳破坏。

大多数金属材料的疲劳强度极限是其拉伸强度的 $40\%\sim50\%$，而碳纤维聚酯树脂复合材料则达 $70\%\sim80\%$。

（3）**减振性能好**　受力结构的自振频率除与结构本身形状有关外，还与材料的比模量的平方根成正比。复合材料比模量高，故具有高的自振频率，避免了工作状态下共振而引起的早期破坏。同时，复合材料界面具有较好的吸振能力，使材料的振动阻尼高，减振性好。根据对相同形状和尺寸的梁进行试验可知，轻金属合金梁需 9s 才能停止振动，而碳纤维复合材料梁只需 2.5s 就会停止同样大小的振动。

（4）**抗腐蚀性能好**　很多复合材料都能耐酸碱腐蚀，如玻璃纤维增强酚醛树脂复合材料，在含氯离子的酸性介质中能长期使用，可用来制造耐强酸、盐酸的化工管道、泵、容器、搅拌器等设备；而用耐碱玻璃纤维或碳纤维构成的复合材料能在强碱介质中使用，在苛刻环境条件下也不会腐蚀。复合材料耐化学腐蚀的优点使其可以广泛应用在沿海或海上的军、民用工程中。

（5）**良好的高温性能**　聚合物基复合材料可以制成具有较高比热容、熔融热和汽化热的材料，以吸收高温烧蚀时的大量热能。碳化硅纤维、氧化铝纤维与陶瓷复合，在空气中能耐受 $1200\sim1400℃$ 的高温，要比所有超高温合金的耐热性高出 $100℃$ 以上。同时，增强纤维、晶须、颗粒在高温下又具有很高的强度和模量，在复合材料中纤维起着主要承载作用，纤维强度在高温下基本不下降，所以纤维增强金属基复合材料的高温性能可保持到接近金属熔点，并比金属基体的高温性能高许多。如钨丝增强耐热合金，其 $1100℃$、$100h$ 高温持久强度仍为 $207MPa$，而基体合金的高温持久强度只有 $48MPa$。

（6）**良好的导电和导热性能**　金属基复合材料中金属基体占有很高的比例，一般在 60%（体积分数）以上，因此仍保持金属所具有的良好的导热和导电性，可以使局部的高温热源和集中电荷很快扩散消失，减少构件受热后产生的温度梯度。良好的导电性可以防止飞行器构件产生静电聚集的问题，有利于解决热气流冲击和雷击问题；为解决高集成度电子器件的散热问题，也可以在金属基复合材料中添加高导热性的增强物，进一步提高其热导率。

（7）**耐磨性好**　复合材料具有良好的耐摩擦性能。例如，金属基体中加入了大量高硬度、化学性能稳定的陶瓷纤维、晶须、增强颗粒，不仅提高了基体的强度和刚度，也提高了复合材料的硬度和耐磨性。复合材料的高耐磨性在汽车、机械工业中有很广的应用前景，可用于汽车发动机、刹车盘、活塞等重要零部件，能明显提高零部件的性能和寿命。

（8）**容易实现制备与成形一体化**　材料制备与制件成形有时可一次完成。例如，在纤维增强复合材料中根据构件形状设计模具，再根据铺层设计来敷设增强材料，最后注入液态基体，使其渗入增强材料的间隙中，使基体材料与增强材料组合、固化后直接获得复合材料构件，无须再加工就可使用，可避免多次加工工序。

需要说明的是，不同的复合材料还存在着许多其他优异的性能。例如，玻璃纤维增强塑料是一种优良的电气绝缘材料；有些复合材料中有大量增强纤维，当材料过载而有少数纤维断裂时，载荷会迅速重新分配到未破坏的纤维上，使整个构件在短期内不至于失去承载能力，有效地保证了过载时的安全性；作为增强物的碳纤维、碳化硅纤维、晶须、硼纤维等均具有很小的热膨胀系数，又具有很高的模量，尤其是石墨纤维只有负的热膨胀系数，可以保证复合材料的热膨胀系数小，具备良好的尺寸稳定性；在水泥中引入高模量、高强度、轻质纤维或晶须增强混凝土，在提高混凝土制品的抗拉强度的同时提高混凝土的耐腐蚀性能；而有些功能性复合材料具备特殊的光学、电学、磁学特性。

1.3　复合材料的分类

复合材料一般由基体与增强体或功能组元组成，依据金属材料、无机非金属材料和有机高分子材料等的不同组合，可构成各种不同的复合材料体系，所以其分类方法也较多。本节根据复合材料的用途、基体类型、增强材料种类、增强体形式对其进行分类。

1.3.1　按用途分类

复合材料按用途可分为结构复合材料、功能复合材料、结构功能一体化复合材料。

（1）**结构复合材料**　是由能承受载荷的增强体组元与基体组元构成，主要用作承力和次承力结构，通常增强体承担结构使用中的各种载荷，基体则起到黏结增强体予以赋形并传递应力和增韧的作用。要求它质量轻，强度和刚度高，且能耐受一定温度，在某种情况下还要求有膨胀系数小、绝热性能好或耐介质腐蚀等性能。

（2）**功能复合材料**　指除力学性能以外还提供其他物理性能的复合材料，是由功能体（提供物理性能的基本组成单元）和基体组成的。基体除了起赋形的作用外，某些情况下还能起到协同和辅助的作用。功能复合材料品种繁多，包括具有声、光、电、热、磁、耐腐蚀、零膨胀、阻尼、摩擦或换能等功能作用的各种材料，具有广阔的发展前途。

（3）**结构功能一体化复合材料**　指既在结构性能方面具备优良的力学性能（强度高、密度小、质量轻等），又在功能方面具有声、光、介电性能等综合性能的一类复合材料。结构功能一体化复合材料是一种拥有广泛的应用前景的多功能介质材料。

1.3.2　按基体类型分类

（1）**聚合物基复合材料**　以有机聚合物（主要为热固性树脂、热塑性树脂及橡胶）为基体制成的复合材料。

（2）**陶瓷基复合材料**　以陶瓷为基体与各种纤维增强材料复合的一类复合材料，可分为高温陶瓷基复合材料和玻璃陶瓷基复合材料。

（3）**水泥基复合材料**　以硅酸盐水泥为基体，以耐碱玻璃纤维通用合成纤维、各种陶瓷纤维、碳和芳纶等高性能纤维、金属丝以及天然植物和矿物纤维为增强体，加入填料、化学助剂和水经复合工艺构成的复合材料。

（4）**金属基复合材料** 以金属为基体制成的一种复合材料，可分为轻金属基复合材料、高熔点金属基复合材料和金属间化合物基复合材料。

（5）**碳基复合材料** 以碳纤维（织物）或碳化硅等陶瓷纤维（织物）为增强体，以碳为基体的一类复合材料的总称。

常用复合材料按基体类型分类如图1-2所示。

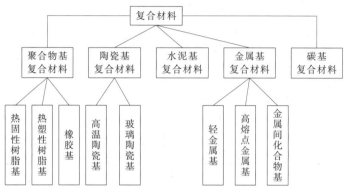

图1-2 常用复合材料按基体类型分类

1.3.3 按增强纤维材料种类分类

（1）**玻璃纤维复合材料** 指以玻璃纤维及其制品为增强材料和基体材料，通过一定的成型工艺复合而成的一种材料。

（2）**碳纤维复合材料** 是由有机纤维经过一系列热处理转化而成，含碳量高于90%且具有碳材料的固有本性特征的无机高性能纤维复合材料。

（3）**有机纤维复合材料** 指纤维材质为有机物的纤维复合材料，如芳香族聚酰胺纤维复合材料、芳香族聚酯纤维复合材料、高强度聚烯烃纤维复合材料等。

（4）**金属纤维复合材料** 此类复合材料最高使用温度受金属基体本身融化温度或熔点所限，约为800℃。如钨芯纤维、不锈钢丝等。

（5）**陶瓷纤维复合材料** 适用于相对高温（约1000℃）环境下。如氧化铝纤维复合材料、碳化硅纤维复合材料、硼纤维复合材料等。

1.3.4 按增强体形式分类

复合材料按不同增强体形式分类如图1-3所示。

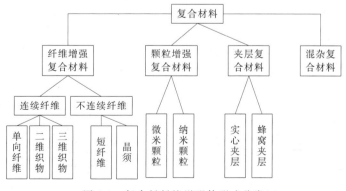

图1-3 复合材料按增强体形式分类

（1）**纤维增强复合材料**　是将各种纤维增强体置于基体材料内复合而成，如纤维增强塑料、纤维增强金属等。纤维增强复合材料分为长纤维（连续）增强复合材料和短纤维（不连续）增强复合材料。

长纤维（连续）增强复合材料：增强体为连续长纤维，纤维方向可为单一方向（图1-4）、双向正交（图1-5）、多方向（图1-6）；当纤维方向为单一或双向正交，该复合材料可视为具有正交性，若排成多方向，则将复合材料视为类等向性。

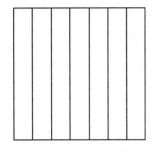 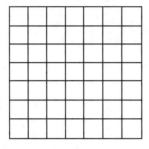 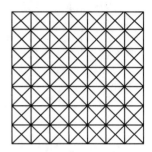

　　图1-4　单一方向示意图　　　　图1-5　双向正交示意图　　　　图1-6　多方向示意图

短纤维（不连续）增强复合材料：是指晶须、短切纤维无规则地分散在基体材料中制成的复合材料，如图1-7所示。

（2）**颗粒增强复合材料**　是将硬质细粒均匀分布于基体中复合而成，如弥散强化合金、金属陶瓷等。颗粒增强复合材料可分为弥散增强复合材料（颗粒等效直径为 $0.01\sim0.1\mu m$，粒子间距为 $0.01\sim0.3\mu m$）和粒子增强复合材料（颗粒等效直径为 $1\sim50\mu m$，粒子间距为 $1\sim25\mu m$），如图1-8所示。

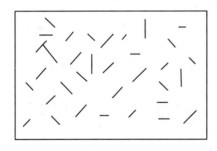 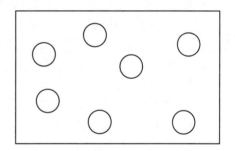

　　图1-7　短纤维复合材料示意图　　　　　图1-8　颗粒增强复合材料示意图

（3）**夹层复合材料**　由性质不同的表面材料和芯材组合而成，通常面材强度高、薄；芯材质轻、强度低，但具有一定刚度和厚度，分为实心夹层（图1-9）和蜂窝夹层（图1-10）两种。

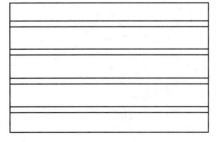 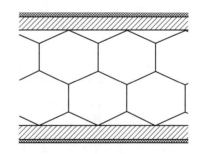

　　图1-9　实心夹层示意图　　　　　　图1-10　蜂窝夹层示意图

（4）混杂复合材料　由两种或两种以上增强相材料混杂于一种基体相材料中构成，与普通单增强相复合材料相比，其冲击强度、疲劳强度和断裂韧性显著提高，并具有特殊的热膨胀性能。混杂方式分为层内混杂、层间混杂、夹芯混杂、层内层间混杂和超混杂。

1.4　复合材料的应用及发展趋势

1.4.1　复合材料的应用

复合材料优异的耐腐蚀性、高强度与抗冲击性，使其在航空航天、建筑、防腐、管道、水处理等领域有着广泛应用。近年来，复合材料在航空与航天工业、汽车等陆上运输、船舶和水上交通、建筑工程、化学工业、体育器械和娱乐用品、能源和环境保护、家用和商务设备、医疗卫生、国防军工、电器工业和通信工程、农业、牧业、渔业、食品工业等领域的应用更加广泛。

（1）在航空航天领域的应用　复合材料的应用起源于航空航天工业，同时该领域的先进技术也是复合材料在其他领域应用的方向标。航空航天领域采用复合材料的根本原因是其能减轻质量，提升飞行器的性能和经济效益。20世纪80年代后服役的战斗机，其机翼、尾翼等部件基本上都采用了丙烯酸酯橡胶ACM，其用量已达机体结构质量的20%～30%。法国在1980年首飞的"Rafale"号飞机，其机翼、尾翼、垂尾、机身结构的50%均为ACM，其复合材料结构用量为40%。在1989年首飞的美国隐形轰炸机B-2中复合材料结构用量为50%，如图1-11所示。在近代直升机上，复合材料的用量比军用飞机还要多，目前高达50%～80%。

(a) 法国"Rafale"号　　　　　　　　(b) 美国隐形轰炸机B-2

图1-11　复合材料在飞机上的应用

复合材料已成为航空航天工业领域不可或缺的主导材料，如航空工业用的大型的主航线民航飞机，如美国的波音、法国的空中客车、苏联的主航线客机上均将其用作机头雷达罩、发动机罩、副翼、襟翼、垂直尾翼和水平尾翼的舵面、翼根整流罩以及内部的通风管道、行李架、地板、卫生间、压力容器等。在波音787客机上，复合材料的应用令世人瞩目，初步估计用量可达50%，远远超过空客A380，其机身和机翼部位采用碳纤维增强层合板结构代替铝合金；发动机短舱、水平尾翼和垂直尾翼、舵面、翼尖等部位采用碳纤维增强夹芯板结构；机身与机翼衔接处的整流蒙皮采用玻璃纤维增强复合材料，如图1-12所示。

（2）在船舶工程领域的应用　复合材料具有无磁性、雷达隐身性、非接触抗爆、轻质化、超机动性、节能和防腐、防藻等特性，近年来在船舶领域得到了大量的应用。如在船舶工业中用于制作各种工作艇、渔船、交通艇、摩托艇、救生艇、游船、军用扫雷艇和潜水艇等。近年来，各国海军对采用复合材料建造大型舰船上层建筑的可行性进行了评估和相关的实验，因复合材料和金属材料性能存在着差异，且价格昂贵，只能用于舰船的关键部位，如大型核潜艇的声呐导流罩、大深度鱼雷的壳体、深海潜水器壳体以及高性能艇的艇体结构、水面舰艇的重要甲板构件等。复合材料在舰船中的应用如图 1-13 所示。

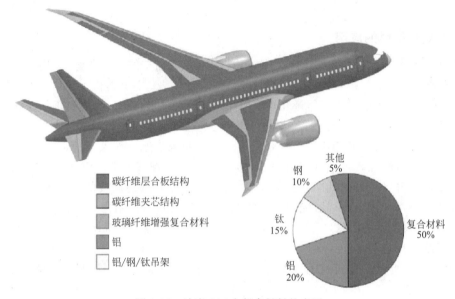

图 1-12　波音 787 中复合材料的应用

(a) VISBY级护卫舰

(b) 高速隐形快艇"短剑"

图 1-13　复合材料在舰船中的应用

（3）在汽车工业领域的应用　为了满足汽车轻量化、节油、提高速度和增加耐用性、舒适性和安全性的要求，汽车工业正越来越多地采用新型材料。从全球范围看，汽车工业是复合材料最大的用户，目前还有许多新技术正在开发中。对于汽车工业中的复合材料，国内外主要使用树脂基复合材料，其中玻璃纤维增强复合材料和碳纤维增强复合材料在这一领域发挥着重要作用，其原因主要在于：轻质高强度、性能的可设性、良好的耐腐蚀性、良好的减振性等性能。目前，汽车上使用的玻璃纤维增强塑料主要有玻璃纤维增强 PP，玻璃纤维增强 PA66 或 PA6 以及少量 PBT、PPO 材料。热塑性复合材料在汽车工业中应用的情况如图 1-14 所示。

（4）在电子、纺织和机械制造领域的应用　复合材料具有化学稳定性优良，减摩、耐

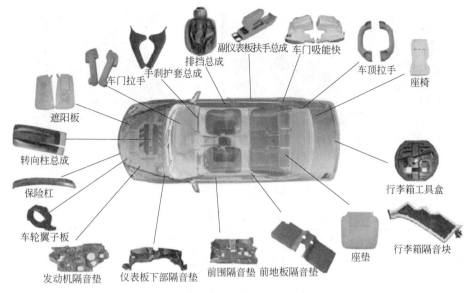

图 1-14　热塑性复合材料在汽车工业中的应用

磨、自润滑性好，高韧度和高抗热冲击性，耐热性好，导电和导热性良好等性能。因此，复合材料在航空航天、汽车、纺织、电子、机械制造以及医学等诸多领域都有着广泛的应用。有良好耐蚀性的碳纤维与树脂基体复合而成的材料，可用于制造化工设备、纺织机、造纸机、复印机、高速机床、精密仪器等。

碳纤维复合材料可用于制造高速自动收费（ETC）感应杆、手表、小提琴、防火服、行李箱、钱包、车钥匙、单反相机、手机壳等，如图 1-15 所示。

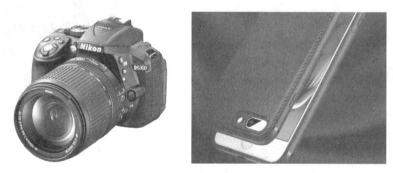

图 1-15　碳纤维复合材料在电子产品中的应用

碳纤维复合材料在纺织机械工业中的应用，国外始于 20 世纪 80 年代初，用它替代金属材料制造结构复杂、精度要求高的纺织机械的关键工艺零部件，不仅延长了机件使用寿命，而且改善了纺织机械的力学性能，扩大了纺织机械产品的适用性。纺织机械上使用的各种轴承、凸轮、齿轮、活塞等零部件，如能用碳纤维复合材料替代原来的机件，其耐磨性和强度会显著提高，使用寿命将成倍增长。

在机械切削领域，陶瓷基复合材料具有耐磨、耐高温、耐腐蚀等特性，在生产工业切削刀具上显得越来越重要，如图 1-16 所示。

（5）在医学等领域的应用　医学用材料应具备的性能见表 1-1。目前复合材料由于具有多种优异性能已在医学领域得到了广泛的应用。

图 1-16　陶瓷基复合材料工业切削刀具

表 1-1　医学用材料应具备的性能

良好的稳定性	植入材料要具有足够的化学稳定性和耐生物老化性
良好的生物相容性	材料对人体无毒性,不起过敏反应,不破坏血液的组成
优良的力学性能	植入的材料应具有良好的强度和模量,特别是作为永久植入材料时,它不应产生蠕变或蠕变很小

　　用混杂复合材料制造假肢、人造骨骼和人工关节（图 1-17）时,可通过调节混杂比例和混杂方式,在人的体温变化范围内使其膨胀与人体骨骼和关节的膨胀相匹配,以减轻患者的痛苦。如碳纤维头托（图 1-18）,使用纤维增强树脂基复合材料制作的整直器和支撑器,能帮助患者行走并刺激骨骼生长。

图 1-17　复合材料人工关节

图 1-18　CT 床碳纤维头托

　　复合材料在民用领域应用广泛,复合材料作为体育器材和建筑材料的应用实例见表 1-2。

表 1-2　复合材料在民用领域的应用实例

形式	应　　用
体育器材	滑雪板、冲浪板、乒乓球板、网球拍、钓鱼竿、垒球棒、箭杆、撑杆、自行车、高尔夫球杆、各类头盔等(图1-19)
建筑材料	棒材、型材、板材、片材等纤维增强材料均可用于各类建筑材料,如结构用材料、墙体材料、防水材料、补强材料、装饰材料等

1.4.2　复合材料的发展趋势

　　"低成本、高性能、多功能、智能化"是未来复合材料的发展方向。其中,低成本生产技术是未来复合材料发展的重点。未来复合材料发展的核心是具有低成本原材料、快速成形

图 1-19　碳纤维复合材料自行车与钓鱼竿

工艺技术以及产品的大型化、整体化和集成化。

1.4.2.1　低成本化

目前，复合材料的研究重点已经从主要关心性能与质量转到降低成本上，强调低成本生产技术。低成本生产技术包括原材料、复合工艺和质量控制等各个方面。例如，20 世纪 70 年代到 80 年代碳纤维主要用于航天航空等高技术领域，碳纤维复合材料能否在航天航空高技术产品上得到应用主要取决于它的性能是否能满足设计要求。20 世纪 90 年代以后碳纤维复合材料从传统的航天航空高技术领域和体育休闲用品向更广泛的工业领域渗透发展，经济可承受性成为决定纤维在这些新领域得到应用的关键因素。碳纤维复合材料在土木建筑、桥梁修复、交通运输、汽车工业能源等工业领域中要扩大应用，关键在于降低成本。因此，开发碳纤维复合材料市场的关键因素已从性能转变为降低成本。

1.4.2.2　高性能化

国防先进武器装备和国民经济高技术的发展，都依赖于复合材料性能的提高，要求进一步提高比强度、比模量。例如，固体火箭发动机战略导弹弹道计算表明，第一、二、三级发动机壳体结构质量每减轻 1kg 将相应地增加射程 0.6km、3.0km 和 16.0km 左右。由此可见，减轻壳体结构质量，特别是第三级发动机壳体质量对增加战略导弹射程的重大意义。某发动机第三级壳体如用 E 玻璃纤维/环氧复合材料，其结构质量为 116kg；如用芳纶/环氧复合材料，其结构质量可减至 71kg；如用 T-800 碳纤维/环氧复合材料，其结构质量仅为 46kg。早期固体火箭发动机壳体采用玻璃纤维/环氧复合材料，像北极星 A2 弹道导弹和海神 C-3 弹道导弹等，20 世纪 70 年代中期以后为了减轻质量就改用芳纶/环氧复合材料，像三叉戟 I、三叉戟 II 和 MX 导弹等，近年来用性能更好的碳纤维/环氧复合材料制备发动机壳体，像侏儒导弹等。

1.4.2.3　多功能化

21 世纪的复合材料将往多功能方向发展。目前，多功能复合材料研究已经从初期的双功能复合材料进入到三功能复合材料。双功能复合材料的典型代表是防热/抗核复合材料，主要用作战略核武器端头前锥体。防热/抗核双功能复合材料的研究，解决了过去采用"多层穿衣式"来满足多功能要求的落后办法。在防热/抗核双功能复合材料基础上发展起来的防热/透波/承载复合材料，是三功能复合材料的代表，它是功能一体化天线罩材料的关键技术之一。

1.4.2.4　智能化

智能材料（intelligent materials）又称机敏材料（smart materials）。美国智能材料研究中心的 C. A. Rogers 认为"把智能与生命综合于材料的微观结构中，以减轻系统质量、能耗并产生自适应功能，这样的系统称为智能材料系统。"综合了传感器、驱动器和控制器于材料和结构部件，使之成为一体的系统，称为智能材料与结构。智能材料和结构的研究，被誉为可与半导体材料诞生相媲美的高技术革命。国外把智能材料与结构技术称作是 21 世纪的关键技术。

由材料、结构和电子互相融合而构成的智能材料与结构，是当今材料与结构高新技术发展的方向。随着智能材料与结构的发展，还将出现一批新的学科与技术。包括：综合材料学、精细工艺学、材料仿生学、生物工艺学、分子电子学、自适应力学以及神经元网络和人工智能学等。智能材料与结构已被许多国家确认为必须重点发展的一门新技术，成为 21 世纪复合材料一个重要的发展方向。

思考题

1. 复合材料的性能特点是什么？
2. 复合材料的基本组成有哪些？
3. 分析影响复合材料性能的核心因素。
4. 复合材料存在的不足有哪些？
5. 简述复合材料在人们日常生活中的应用。
6. 简述复合材料在航空航天领域的应用前景。
7. 简述复合材料的发展趋势。

参考文献

[1] 刘万辉，于玉城，高丽敏. 复合材料 [M]. 哈尔滨：哈尔滨工业大学出版社，2011：2-5.
[2] 王振清，梁文彦，吕红庆. 先进复合材料研究进展 [M]. 哈尔滨：哈尔滨工业大学出版社，2014：3-4.
[3] 魏化震，李恒春，张玉龙. 复合材料技术 [M]. 北京：化学工业出版社，2017：4-7.
[4] 朱和国，张爱文. 复合材料原理 [M]. 北京：国防工业出版社，2013：3-5.
[5] 尹洪峰，魏剑. 复合材料 [M]. 北京：冶金工业出版社，2010：2-3.
[6] 冯小明，张崇才. 复合材料 [M]. 重庆：重庆大学出版社，2007：19-20.
[7] 张丽华，范玉青. 复合材料在飞机上的应用评述 [J]. 航空制造技术，2006 (03)：64-66.
[8] 黄汉生. 复合材料在飞机和汽车上的应用动向 [J]. 高科技纤维与应用，2004，29 (5)：15-23.
[9] 陶永亮，徐翔青. 树脂基复合材料在汽车上的应用分析 [J]. 化学推进剂与高分子原料，2012，10 (4)：36-40.
[10] 陈丽凤. 航空复合材料制造技术及发展趋势探讨 [J]. 装备制造技术，2017 (08)：81-82.
[11] 郝大贤，王伟，等. 复合材料加工领域机器人的应用与发展趋势 [J]. 机械工程学报，2019，55 (3)：1-17.
[12] 孙敏，冯典英. 智能材料技术 [M]. 北京：国防工业出版社，2013：1-6.
[13] 苏云洪，刘秀娟，杨永志. 复合材料在航空航天中的应用 [J]. 工程试验，2008 (04)：36-38.
[14] 杜希岩，李炜. 纤维增强复合材料在体育上的应用 [J]. 山东纺织科技，2007 (01)：50-52.

第**2**章　复合材料增强体

2.1　概述

　　增强体按几何形态分为纤维（包括连续纤维和非连续纤维）、颗粒（包括延性颗粒和刚性颗粒）、片状（包括人造、天然和原位生成的片）、织物（布、带、管、多向编织毡）、晶板（宽厚比大于 5）和微球（包括空心微球和实心微球）；按化学成分分为无机纤维（包括天然的和人造的、金属的和非金属的）和有机纤维（包括天然的和合成的）；按结构分为非晶纤维（如玻璃）、单晶纤维（如 SiC 晶须、Al_2O_3 晶须）、多晶纤维（如 C、B、SiC、FP-Al_2O_3）和复合多晶纤维（如钨芯 SiC 纤维、碳芯 SiC 纤维、B 纤维）。

　　本章主要介绍各种纤维增强体和颗粒增强体的制造、结构、性能和应用。

2.2　纤维增强体

2.2.1　纤维增强体特点

　　复合材料最主要的增强体是纤维状的。纤维状增强材料有如下特点。

　　① 与同质地的块状材料相比，它的强度要高得多，例如 E 玻璃与 E 玻璃纤维相比，前者强度为 $40\sim100$MPa，后者，当直径约为 $10\mu m$ 时强度可达 1000MPa，当直径为 $5\mu m$ 以下时强度可达 2400MPa，即纤维状比块状材料强度提高 $10\sim60$ 倍。这是因为影响材料强度的控制因素是材料中存在的缺陷形状、位置、取向和缺陷的数目。由于纤维状材料的直径小，不仅存在缺陷的概率小，而且由于缺陷主要沿纤维轴向取向，对纤维的轴向性能所造成的影响也小。

　　② 纤维状材料具有较高的柔曲性。由材料力学中梁的受力变形规律可知，作用于圆柱上的力矩 M（图 2-1）及此圆柱段因力矩 M 所产生挠曲的曲率半径 ρ，与圆柱的材料性质及断面尺寸有式(2-1)的关系。

$$1/(M\rho)=64/(E\pi d^4) \qquad (2-1)$$

　　式中，E 为材料的弹性模量；d 为圆柱的直径。我们以 $1/(M\rho)$ 表示材料的柔曲性，由式(2-1)可知，它与 $1/d^4$ 成正比，即纤维直径越小时，它的柔曲性越好。这种柔曲性使得纤维可以适应复合材料的各式各样的工艺。可以编织使用，并易于实现纤维在复合材料中不同部位设计的排布要求。由式(2-1)还可发现，纤维的柔曲性同它的材料的弹性模量成反比。为了达到直径 $25\mu m$ 的尼龙纤维相同的柔曲性，材料纤维的直径与弹性模量的关系如图 2-2 所示。由图 2-2 可知，金属和陶瓷都有可能达到与尼龙相同的柔曲性，但是它们的直径必须小到符合图 2-2 的关系。

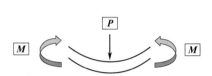

图 2-1　作用于微圆柱上的力矩 M

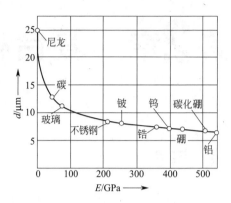

图 2-2　各种纤维材料的柔曲性与
纤维直径和弹性模量的关系

　　③ 纤维状材料增强体具有较大的长径比（l/d），这使得它在复合材料中比其他几何形状的增强体更容易发挥固有的强度。

2.2.2　纤维具有高强度的原因

2.2.2.1　固体材料的理论强度

由材料弹性力学知，受拉伸载荷的理想固体材料的最大破坏应力和最大破坏应变为：

$$\sigma_{th} = (E\gamma/a_0)^{1/2} \tag{2-2}$$

$$\varepsilon_{max} = (\pi/2)[\gamma/(Ea_0)]^{1/2} \tag{2-3}$$

式中，σ_{th} 为固体材料的理论强度；ε_{max} 为最大破坏应变；E 为弹性模量；a_0 为原子半径；γ 为表面能。由式(2-2) 和式(2-3) 可知，固体材料的理论强度随弹性模量和表面能的增加而增加，随原子间距增大而减小。因此，组成增强纤维材料的物质应是原子序数不大、常温下为固态的元素，例如 Be、B、C、Al、Si 以及它们与 N、O 的化合物。

2.2.2.2　裂纹对脆性材料强度的影响

上述这些物质的块状材料存在大量缺陷，从而使它们的实际强度远远小于其理论强度。

Griffith 研究了脆性材料内部的固有裂纹对性能的影响。他认为：材料内存有初始裂纹，在外加应力作用下，裂纹尖端处应力集中，达到一定程度时裂纹将扩展，伴随着弹性应变能 W_1 减小和表面能 W_2 增加。系统总自由能变化为：

$$\Delta W = -W_1 + W_2 \tag{2-4}$$

当系统总自由能变化为负时，裂纹将扩展。裂纹扩展条件为：$\partial W/\partial c = 0$。即：

$$\partial\{2\pi c^2\gamma - [8(1-\nu^2)\sigma^2 c^3/(3E)]\}/\partial c = 0 \tag{2-5}$$

式中，c 为垂直于主应力平面内的薄圆形裂纹的半径；ν 为泊松比。公式经简化得：

$$\sigma = \{\pi E\gamma/[2(1-\nu^2)c]\}^{1/2} \tag{2-6}$$

小于此应力时，裂纹不扩展。c 越小，则 σ 越大。在平面应力状态（σ_z、τ_{xz} 和 τ_{yz} 三个应力分量与其余另三个应力分量 σ_x、σ_y 和 τ_{xy} 相比小到可以略去不计的情况）：

$$\sigma = [2E\gamma/(\pi c)]^{1/2} \tag{2-7}$$

在平面应变状态（三个应变分量 ε_z、γ_{xz} 和 γ_{yz} 与其余另三个应变分量 ε_x、ε_y 和 γ_{xy} 相比小到可以略去不计的情况）：

$$\sigma = \{2E\gamma/[\pi(1-\nu^2)c]\}^{1/2} \tag{2-8}$$

裂纹尖端应力集中与裂纹尖端处的曲率半径 ρ 有关。Griffith 进一步考虑到，对于真正的脆性材料，不存在塑性流变问题，断裂时裂纹尖端处应力为：

$$\sigma_m = \sigma + 2\sigma(c/\rho)^{1/2} \tag{2-9}$$

当 $c \gg \rho$ 时：

$$\sigma_m = 2\sigma(c/\rho)^{1/2} = \sigma_{th} \tag{2-10}$$

比较式（2-2）和式（2-9）得：

$$\sigma_{th} = (E\gamma/a_0)^{1/2} = 2\sigma(c/\rho)^{1/2}$$

从而：

$$\sigma = \{[E\gamma/(4c)](\rho/a_0)\}^{1/2} \tag{2-11}$$

在脆性材料中，ρ 通常与 a_0 为同一数量级，因此有：

$$\sigma = [E\gamma/(4c)]^{1/2} \tag{2-12}$$

综上所述，为了获得强度高的材料，除了要选择高弹性模量、高表面能的材料外，还应注意使材料内部或表面的最大裂纹长度尽可能小。增强材料制成纤维状（包括晶须）的理由是：纤维直径小，不容纳大尺寸的缺陷；晶须尺寸小，不能容纳大的晶体缺陷。它们至少不会容纳致命的缺陷。

2.2.3 增强体在复合材料中的作用

能够强化第二相（基体）的材料称为增强体。增强体在复合材料中是分散相。对于结构复合材料，纤维的主要作用是承载。纤维承受载荷的比例远大于基体；对于多功能复合材料，纤维的主要作用是吸波、隐身、防热、耐磨、耐腐蚀或抗热震等其中的一种或多种，同时为材料提供基本的结构性能；对于结构陶瓷复合材料，纤维的主要作用是增加韧性。

图 2-3 示出一个承受与纤维方向平行的外力的单向复合材料的简化模型，假设：①界面处纤维与基体具有理想的力学结合，不发生开裂；②纤维、基体变形协调，即在界面处同一点，纤维、基体与复合材料的应变相等；③复合材料的变形在弹性变形范围；④复合材料中纤维排列规整，其体积分数可看作等于其面积分数。

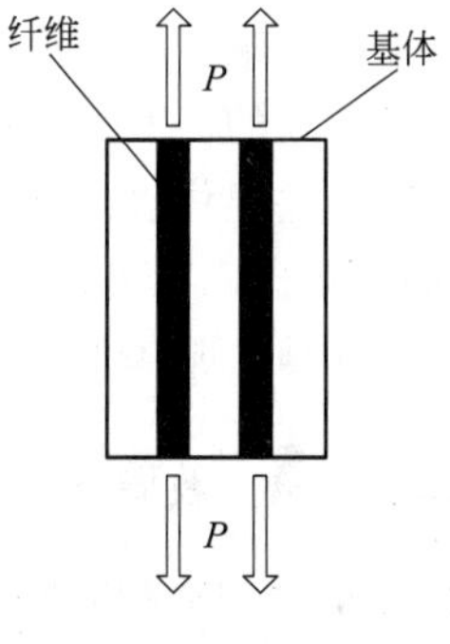

复合材料承担的载荷等于纤维和基体所承担载荷之和：

$$P_c = P_f + P_m \tag{2-13}$$

式中，P 为载荷；c、f 和 m 分别代表复合材料、纤维和基体。

用应力 σ 和面积分数 A 表示为：

$$\sigma_c A_c = \sigma_f A_f + \sigma_m A_m \tag{2-14}$$

根据等应变和弹性变形的假设，则有：

图 2-3 单向纤维复合
材料的应力分析模型

$$\sigma = E\varepsilon, \varepsilon_c = \varepsilon_f = \varepsilon_m$$

式中，E 为弹性模量；ε 为应变。则：

$$P_f/P_m = E_f \varepsilon_f A_f/(E_m \varepsilon_m A_m) = E_f V_f/(E_m V_m) \tag{2-15}$$

如果 $E_f = 20E_m$，$V_f = 0.3$，则 $P_f/P_m \approx 8.6$。说明当复合材料承担外力时，纤维承担的载荷的比例远高于基体承担的载荷的比例。如果把复合材料承担的载荷与基体承担的载荷的比值（P_c/P_m）作为复合材料增强效果的度量，则增强效果为：

$$\begin{aligned}P_c/P_m &= (P_f + P_m)/P_m = P_f/P_m + 1 = \sigma_f A_f/(\sigma_m A_m) + 1 = E_f V_f/(E_m V_m) + 1 \\ &= [E_f/E_m][V_f/(1-V_f)] + 1 \end{aligned}\tag{2-16}$$

由式（2-16）可见，如果纤维模量与基体模量的比值（E_f/E_m）高和纤维体积分数（V_f）高，则增强效果（P_c/P_m）就大。增强效果 P_c/P_m 取决于 E_f/E_m 和 V_f。这说明作为复合材料的纤维增强体，其弹性模量必须远高于基体。而且纤维体积分数越大越好。

2.2.4 常见纤维增强体分类

复合材料中常见的纤维状增强体有玻璃纤维、芳纶纤维、碳纤维、硼纤维、碳化硅纤维、氧化铝纤维和金属纤维等。它们有连续的长纤维、定长纤维、短纤维和晶须之分。玻璃纤维有许多品种，它是树脂基复合材料最常用的增强体，由玻璃纤维增强的复合材料是现代复合材料的代表，但是，由于它的模量偏低，而且使用温度不高，通常它不属于高级复合材料增强体。本章仍对玻璃纤维给予必要的介绍，这是因为：

① 玻璃纤维迄今为止仍是复合材料工业中所使用的增强体的大多数（90%以上）。

② 玻璃纤维的生产工艺（主要是熔融纺丝）具有典型性，并被若干高级纤维的生产所借鉴或袭用。

③ 高级复合材料中有一个重要分支，即混杂纤维复合材料，其往往是玻璃纤维与其他高级纤维（如碳纤维和芳纶纤维）混合使用，因此，玻璃纤维也是高级复合材料的一种重要的原材料。

④ 有些高级复合材料，如导弹的大面积防热材料是用玻璃纤维的品种之一（高硅氧纤维）增强酚醛树脂制作的。

⑤ 对所有纤维均通用的有关纤维形式及纺织的术语，将在玻璃纤维部分中介绍。

芳纶（学名聚芳酰胺纤维）是 20 世纪 60 年代由美国杜邦（Du Pont）公司首先研制生产的，这是一种有机纤维，它比玻璃纤维的强度和刚度都要高，而密度却较小。此类有机纤维作为复合材料的增强体，已经发展了若干品种，形成了有机纤维系列。

另一些具有高强度、高刚度和高耐热性的高性能纤维是碳纤维、硼纤维、碳化硅纤维和氧化铝纤维，它们全是 20 世纪 50 年代至 80 年代开发的新一代产品，特别是 70 年代至 80 年代开发的一些陶瓷纤维，其中有些采用一种崭新的方法——有机先驱体转化法来制造。将高聚物先驱体经熔融纺丝、预氧化和高温热处理等工序制得增强体，这是制备许多种纤维（如碳化硅、碳和氧化铝）的重要方法。制造有芯的复合纤维（如钨芯或碳芯的硼纤维和碳化硅纤维）常用的方法是化学气相沉积法（CVD 法）。

2.2.5 玻璃纤维

2.2.5.1 玻璃纤维概述

玻璃纤维是一类重要的高强度增强体，现代玻璃纤维工业奠基于 20 世纪 30 年代。1938 年出现了世界上第一家玻璃纤维企业：欧文斯·康宁玻璃纤维公司。1939 年，日本东洋纺织株式会社（简称东洋纺），在经过近 3 年研究之后也开始工业化生产玻璃纤维。1940 年，美国发表了最早的 E 玻璃纤维专利。E 玻璃纤维是碱金属氧化物（R_2O）含量在 1‰ 以下的钙铝硼硅酸盐玻璃纤维的总称。现在世界上生产的连续玻璃纤维中有 90% 以上是 E 玻璃纤维。1958 年到 1959 年，美国最大的两个玻璃钢厂商——欧文斯·康宁公司和匹兹堡平板玻璃公司相继建成了池窑拉丝工厂。池窑拉丝的出现，是玻璃纤维工业发展史上的一个里程碑，它使玻璃纤维工业从过去的用 $200\sim400$ 孔漏板坩埚拉制、直径为 $5\sim9\mu m$ 的细纤维并以纺织型产品为主的产品结构，过渡到用池窑拉制（$400\sim4000$ 孔漏板）、直径为 $11\sim17\mu m$ 的粗纤维并以无纺增强体为主的产品结构。

我国的玻璃纤维工业奠基于 1958 年，当时按照苏联的经验，先后组建了 10 个大中型玻璃纤维企业，至 20 世纪 60 年代初先后研制出中碱玻璃纤维。1964 年开始对坩埚、漏板和电极材料的节铂、代铂进行研究，先后研制出我国特有的代铂坩埚和非铂电极材料。从 1971 年建成以重油为热源的全火焰中碱拉丝池窑。在拉丝工艺方面，从 20 世纪 70 年代中期开始，发展了多孔漏板、粗直径、大卷装拉丝机，并批量生产若干种重要的偶联剂。玻璃纤维产品也逐步从单一品种向多品种发展，从纺织型向增强型发展。连续玻璃纤维的产量 1993 年为 16.2 万吨，到 20 世纪末已超过 20 万吨。

2.2.5.2 玻璃纤维的种类

玻璃纤维是一大类系列产品的通称。它有各种不同化学成分的商品。玻璃纤维一般是以氧化硅为主体（含 SiO_2 50%～60%），同时含有许多其他的氧化物（例如钙、硼、钠、铝和铁的氧化物）。

表 2-1 给出了一些常用玻璃纤维的化学成分。E 是英文 electric 的字头，因为此类玻璃具有良好的电绝缘性能，最早用作电绝缘材料，此外，还具有较高的强度和较好的耐环境老化性能。它的缺点是易被稀的无机酸侵蚀。E 玻璃纤维也称无碱玻璃纤维，它的 R_2O 含量，国内规定不大于 0.5%（国外一般约为 1%），为了适应现代科技发展的需要，相继开发出中碱 C 玻璃纤维（R_2O 含量为 2%～6%）和有碱 A 玻璃纤维（R_2O 含量在 10% 以上）。中碱玻璃纤维耐酸性好，但电绝缘性差，强度和模量低。由于其原料丰富、成本低，可用于耐酸

表 2-1 生产玻璃纤维用玻璃的化学成分

成分	E 玻璃/%	国产中碱玻璃/%	C 玻璃/%	S 玻璃/%	M 玻璃/%
SiO_2	54.1	67.0	64.6	64.3	53.7
Al_2O_3	14.6	6.2	4.1	24.8	—
B_2O_3	8.8	—	4.7	—	9.0
MgO	4.6	4.2	3.3	10.3	12.9
CaO	16.6	9.5	13.4		
Na_2O+K_2O	<0.8	12	9.6	0.3	0.5
Fe_2O_3	<0.5	<0.4	—	0.2	—
F_2	0.3				3.0
Li_2O	—	—			8.0
BeO	—	—	—		8.0
TiO_2	—	—	—		2.0
ZrO_2	—	—	—		3.0

而又对电性能要求不高的复合材料。A 玻璃纤维由于碱金属氧化物含量高，对潮气的侵蚀极为敏感，耐老化性差，耐酸性比 C 玻璃纤维差，因此很少生产和使用（我国已于 1963 年停止生产和使用），但国外仍有厂家用它来制造连续纤维表面毡。符号 C 是英文 chemical 的首字母，意指耐化学腐蚀。C 玻璃是一种钠硼硅酸盐玻璃，具有较好的耐酸性、耐水性及耐水解性能，在国内通常指中碱 5* 玻璃或中碱玻璃，它与国外 C 玻璃的主要区别在于不含硼。我国的中碱玻璃具有相当高的强度、很好的耐化学腐蚀性且价格低廉。S 玻璃纤维又称高强玻璃纤维，S 玻璃纤维系美国 OCF 公司的注册名称，属镁铝硅酸盐玻璃纤维系。S 玻璃纤维的拉伸强度比 E 玻璃纤维约高 35%，弹性模量高 10%～20%，高温下仍能保持良好的强度和抗疲劳性能。M 玻璃是一种氧化铍含量高的高弹性模量玻璃纤维，因其相对密度较大，所以比强度并不高，加之由它制成的玻璃钢制品具有较高的强度和模量，适用于航空、宇航等领域。

此外，还有一种高硅氧玻璃纤维（refrasil fiber 或 high-silica glass fiber），其 SiO_2 含量在 96% 以上。高硅氧纤维耐热性好（达 1100℃）。但强度较低（250～300MPa），热膨胀系数低，化学稳定性好，它是将高钙硼硅酸盐玻璃纤维在酸（如盐酸）中溶去金属氧化物（如 CaO、Al_2O_3、MgO、Na_2O 和 B_2O_3 等），得到 SiO_2 骨架，再经清洗和热处理制成。各种玻璃纤维的特性和用途见表 2-2。

表 2-2　各种玻璃纤维的特性和用途

玻璃纤维种类	特性	用途
无碱 E	电绝缘性优良,拉伸强度较高,耐大气腐蚀,耐酸性稍差	电绝缘件和机械零部件,玻璃钢增强体
中碱 C	耐酸性好,电绝缘性差,强度和模量低,成本低	对电性能无特殊要求、耐腐蚀领域用的复合材料
有碱 A	耐酸性优良,耐水性和电性能差,易吸潮,强度比 E 玻璃纤维低,成本低	用作隔热保温件、毡和耐酸玻璃钢的增强体
耐化学 C	耐酸性比 E 玻璃纤维好	蓄电池套管和耐腐蚀件
高强度 S	拉伸强度比 E 玻璃纤维高 33%,弹性模量比 E 玻璃纤维高 20%,高温强度保留率高,抗疲劳性能好	高强度件,火箭发动机壳体等,飞机壁板和直升机部件
低介电	介电常数低,透波性好,密度低,力学性能也低	电绝缘件、雷达天线罩和透波幕墙
高模量 M(含氧化铍)	密度高(2.89g/cm^3),模量比一般玻璃纤维高 1/3 以上	航空和宇航领域的玻璃钢制品
高硅氧	耐热性好,伸长率小(1%)	高温防热设备、耐烧蚀制品
空心	质轻,刚性好,介电常数低	航空及海底设备

按照玻璃纤维的直径，可将其分为超细玻璃纤维、中粗纤维和粗纤维。直径为 3.8～4.6μm 的超细玻璃纤维（代号 B、C）的柔曲性、耐折性和耐磨性好，可用于制作防火衣、宇航服、帐篷、地毯和飞船内的纺织用品；直径为 5.3～7.4μm 的中粗纤维（代号 D、DE、E）主要用作绝缘材料、过滤布、层压复合材料用布；直径为 9.2～21.6μm 的粗纤维（代号 G、H、K、M、P、R）与树脂的浸透性好、成本低、产量高（因减少了合股工序）、经济性和工艺性好，用于制作无捻粗纱、短切薄毡及片状模压料（SMC）等预成型料，并用作塑料、橡胶和水泥的增强材料，其中 R 玻璃纤维适用于缠绕法制造各种管道和容器。

2.2.5.3 玻璃纤维的制造

玻璃纤维的制造方法有十几种，主要有坩埚法和池窑法两种。

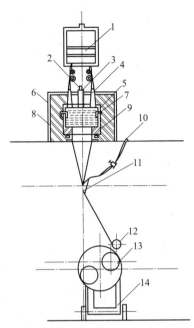

图2-4 坩埚法拉制玻璃纤维的工艺流程
1—加球斗；2—接液面控制仪；3—测液器；4—加球管；5—坩埚；6—接电极变压器；7—电极；8—接漏板变压器；9—舟形漏板；10—浸润剂管；11—集束槽；12—排线轮；13—机头；14—机体

坩埚法制造玻璃纤维的工艺如下：首先将作为原料的已知成分的玻璃球在电加热的铂铑坩埚内加热熔化成玻璃熔液，然后在重力作用下从坩埚底部漏板的小孔中流出。漏板上有几百个小孔（直径为 $1\sim2mm$ 的圆面积内有 $200\sim400$ 个孔），它们称为喷丝孔。拉丝机的机头上套有卷筒，由电机带动作高速旋转，将从喷丝孔流出的玻璃纤维绕在卷筒上，套筒的高速转动使玻璃液从拉丝孔拉出，冷却成玻璃纤维。牵拉速度为 $600\sim1200m/min$，最高达 $3500\sim4800m/min$。图2-4 示出了坩埚法生产玻璃纤维的工艺流程。

纤维的直径受坩埚内玻璃熔料液面的高度、喷丝孔直径和绕丝速度控制。国外已采用电子计算机自动控制。在制造过程中，为避免玻璃纤维因相互摩擦造成损伤，在绕丝之前给纤维上浆。上浆是将含乳化聚合物的水溶液喷涂在纤维表面，形成一层薄膜。浆料（size）也称为浸润剂。玻璃纤维在集束轮处涂敷不同的浸润剂后合并成一束丝。再由拉丝机卷绕成适合各种制品加工要求的玻璃纤维原丝。坩埚法拉丝生产工艺流程为：

玻璃球→坩埚→单纤维→集束器→拉丝机→玻璃纤维原丝

变压器　　　　　　浸润剂

控温仪

池窑法制造玻璃纤维的工艺为：将混合好的玻璃配料投入池窑内熔融，熔融后的玻璃液经澄清和均化，直接流入装有许多铂铑合金漏板的成型通路中，玻璃液自漏板流出，再由拉丝机制成连续玻璃纤维。由于池窑拉丝采用粉料熔融直接拉丝，省去了制玻璃球及二次熔化的过程，因此，用池窑法生产玻璃纤维所消耗的能量比用坩埚法节约 50% 左右。池窑拉丝工艺流程为：

配料→熔窑→通路→漏板→单纤维→单丝涂油器→集束器(分束器)→拉丝机→原丝筒

控温仪→变压器

池窑法拉丝作业稳定，产量高。这种生产方法不仅适用于多排多孔漏板拉制粗直径玻璃纤维，而且能生产高质量纺织用的细纤维。池窑拉丝的废丝可直接回收重熔利用。因此池窑拉丝已在世界范围内成为生产玻璃纤维的主要方式。池窑法制造玻璃纤维的工艺过程见图2-5。

为了制备玻璃纤维和陶瓷纤维，20世纪70年代又开发了许多种新技术。其中一种技术称作溶胶-凝胶（sol-gel）法。溶胶是一种胶态悬浮体，其中悬浮着的一些孤立颗粒异常小，以至于不会沉淀下去。凝胶是一种乳浊液，它里面的液体介质已经变得相当黏稠，或多或少地表现有固体的性质。溶胶-凝胶工艺的步骤为：首先要通过转化得到一种可制成纤维的凝胶，然后在室温下由此凝胶溶液进行拉丝，再在几百摄氏度下制成玻璃或者陶瓷纤维。例如，使用金属醇化合物的溶胶-凝胶技术制备玻璃纤维的工序为：首先把含有组成玻璃所必需的金属和非金属原子（如 Si、P、B、Pb、Zn 等）的有机物（特别是金属醇化合物），用乙醇或

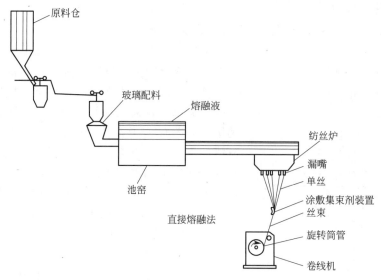

图 2-5　玻璃纤维池窑拉丝工艺过程

酮作为溶剂制成溶液状混合物，即制备一种合适的均匀的溶胶，加水分解成透明凝胶，即由溶胶溶液转化成凝胶。然后再加热（其温度大大低于玻璃的熔化温度）使凝胶形成单元或多元系玻璃。溶胶-凝胶技术对制造玻璃纤维和陶瓷纤维来说是一种非常有效的方法。美国 3M 公司用金属醇化合物溶液生产的氧化铝纤维，商品名 Nextel。

玻璃纤维很容易由表面缺陷引起损伤，为了减少损伤和便于纤维的操作，可以采用一种涂敷浸润剂的方式进行处理。浸润剂的作用可概括为：①润滑作用，使纤维得到保护；②黏结作用，使单丝（filament）集束成原纱（strand）或称丝束（yarn）；③防止纤维表面聚集静电荷；④为纤维提供进一步加工所需的性能（如短切性、分散性、成带性等）；⑤使纤维获得能与基体材料良好黏结的表面性质。浸润剂按其用途可分为纺织型和增强型两类。第一类为淀粉-油类，主要为纤维提供拉丝和纺织加工的性能。但此类浸润剂妨碍纤维与基体的黏结，在制作复合材料时应从纤维表面除去。第二类浸润剂除赋予纤维加工性能外，还使纤维具有二次加工性。并且与聚合物基体材料有良好的相容性、反应性和黏结性。它的配方中含有化学偶联剂，制作复合材料时此类浸润剂不必除去。浸润剂中所含的偶联剂（coupling agent）的分子结构中存在两种官能团，一种官能团可与无机增强体形成化学键，另一种官能团可与高聚物基体发生化学反应或至少有良好的相容性，从而改善高聚物基体与增强体之间的界面性能，提高其界面黏结性和所形成的复合材料的性能，常用的品种是硅烷偶联剂和钛酸酯偶联剂。

2.2.5.4　玻璃纤维的结构

玻璃具有无定形结构，它没有一般结晶材料的长程有序特征。图 2-6(a) 表明氧化硅玻璃的结构为二维网络。它的每一个多面体都是由氧原子与硅原子通过共价键结合而成。当偶然有 Na_2O 注入其中，就会出现图 2-6(b) 所示的结构：钠离子与氧离子以离子键结合，但是钠离子与网络不直接相连。当 Na_2O 含量过多时，将对玻璃结构的构型呈削弱的趋势。别的金属氧化物（表 2-1）的加入，也会起到变更网络结构、键合和改变性能的作用。由于玻璃纤维的结构是三维网络构型，因此，玻璃纤维是各向同性的。其弹性模量和热膨胀系数等性能，沿着纤维轴向与垂直纤维轴向时都是相同的。

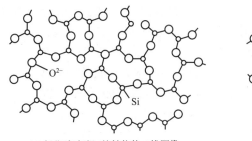
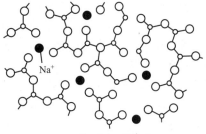

(a) 氧化硅玻璃网络结构的二维图像　　　　(b) Na$^+$与O^{2-}离子键结合

图 2-6　玻璃的无定形结构

2.2.5.5　玻璃纤维的性能

E 玻璃纤维典型的力学性能汇总于表 2-3，E 玻璃纤维的密度低，强度较高，但弹性模量不太高。因此，玻璃纤维的强度与密度之比值（强度/密度，称为比强度）较高，而模量与密度之比值（模量/密度，称为比模量或比刚度）只是中等，这后一个特性促使了航空航天工业的其他一些所谓高级纤维（硼、碳、氧化铝和碳化硅纤维）的研制与应用。

表 2-3　E 玻璃纤维的性能

密度/(g/cm^3)	拉伸强度/MPa	弹性模量/GPa	热膨胀系数/K^{-1}
2.55	1750	70	4.7×10^{-6}

2.2.6　硼纤维

2.2.6.1　硼纤维概述

硼，就其本质来说是一种脆性材料。它的原子序数为 5，原子量为 10.81，熔点在 2000℃以上，半导体，其硬度仅次于金刚石，很难直接制成纤维状。一般是通过在超细的芯材（载体）上化学气相沉积（chemical vapor deposition，CVD）硼来获得表层为硼、含有异质芯材的复合纤维。硼纤维是高强度和高模量的无机纤维。芯材通常选用钨丝或碳丝，也可用涂碳或者涂钨的石英纤维。

美国 TEI（Texaco Experiment Incoporated）公司于 1956 年最早研制成硼纤维样品。1963 年，TEI 制成了可用于复合材料的硼纤维。1964 年改进了镀层设备，加强了自动化，并在当年生产出 454kg 硼纤维，平均强度为 206～245MPa，1966 年在航空航天工业上获得应用。20 世纪 80 年代初期，苏联、法国和日本也相继开展了硼纤维及其复合材料的研制，我国自 70 年代初也开展了实验室研究，在国家高技术研究计划资助下，目前已与国际研究水平接近。

硼纤维的特点在于，它比玻璃纤维的弹性模量约高 5～7 倍，而且拉伸强度和压缩强度也高；不仅可以以纤维形式使用（如硼纤维与尼龙或芳纶的编织罩），而且可以作为环氧树脂、铝和钛的增强体。美国最早开发了硼纤维增强铝复合材料在航天飞机轨道飞行器上的应用：采用了 92 种规格的 B/Al 管共 243 根，其绝大部分性能（包括可焊性、耐蚀性、极低温度的挠曲变形度和使用温度等）都比原来采用的挤制铝合金管高，而且使质量降低了 64%。硼纤维的主要问题是价格昂贵，首先是因为 CVD 法制造纤维的生产率很低（5m/min），因而成本高。另外，由于硼纤维是对表面损伤非常敏感的脆性纤维，且易氧化分解，需在纤维表面进行某些特殊的处理。例如，为了防止硼在高于 500℃时发生热氧化，美国 AVCO 公司从法国引进专利，制成覆有碳化硼（B$_4$C）涂层（约 7μm 厚）的硼纤维，而美国 CTI 公司制造了用碳化硅（SiC）

涂层（1～2μm 厚）的硼纤维（商品名 Borsic）。这些涂层对改善硼纤维的高温抗氧化性及与金属（如铝）的相容性都很有效果。但同时也进一步增加了硼纤维的成本。1985 年 7 月，日本真空冶金公司采用传感器的独立反应管控制法，使 1m 以上的反应管温度在 1000℃时的温差能均匀控制在±10℃以内，从而有效地防止了钨芯硼纤维表面裂纹的生成，获得了当时世界上最高强度的硼纤维（拉伸强度高达 5.1GPa，比一般钨芯硼纤维高出 1/3）。自那时起，把轻而强的硼纤维作为航空航天和其他结构构件使用的热度一直没有消失。尽管这种热度由于面临着另一些高级纤维，尤其是碳纤维的强烈挑战也曾时起时伏。

2.2.6.2 硼纤维的制造

纤维状的硼首先是由 Weintrub 通过卤化硼与氢在加热的钨丝载体上反应的方法获得的。直到 1959 年 Tally 使用卤化物反应的工艺获得了高强度的无定形硼纤维，才带来了硼纤维制造的真正推动力。这种工艺是以氢气为还原剂，由三氯化硼还原出硼沉积并包裹在移动的炽热载体（钨丝）上，形成硼纤维。通过化学气相沉积制备硼纤维包括两种方法。

（1）氢化硼热分解法 由于这种方法不需要很高的温度，因此可以使用带钨或碳涂层的石英纤维作为载体。利用此种芯材制备的硼纤维，比使用碳纤维或钨纤维芯材制得的硼纤维的热膨胀性能好，同时，还降低了硼纤维的表观密度，提高其比模量。可是，用这种方法制造的硼纤维，外层硼与芯材之间结合弱，而且其中含有气体，因此强度偏低。

（2）卤化硼反应法 先用硼砂制成三卤化硼（BX_3），三卤化硼气体同氢气混合通入镀槽，氢气与三卤化硼反应生成硼，并沉积在载体上，其反应式为：

$$2BX_3 + 3H_2 \Longrightarrow 2B + 6HX \tag{2-17}$$

式中，X 代表卤素原子（如 Cl、Br 或 I）。在这种卤化物反应的工艺中，所需的温度比较高（最高达 1160℃）。因此要用高熔点金属钨丝作为载体。尽管钨密度很高（$19.3g/cm^3$），但由于所提供的硼纤维具有相当高而均匀的质量，许多厂商都普遍使用这种方法。

制备硼纤维的反应器可以是一级或多级的，可以是竖直或水平布置的。在实际生产中，每一个竖直的反应器生产一根连续的硼纤维。图 2-7 示出的是最简单的生产硼纤维的试验装置（竖直反应器）。第 1 节反应器只通入纯度很高（99.9999%）的氢气，用来清洁钨丝的表面，第 2、3 节通入氢气和三氯化硼。在用三氯化硼作反应物的工艺中，细的钨丝（直径为 10～12μm）由反应室的一端通过一个汞密封装置进入，并从另一端通过另一个汞密封装置拉出，这个汞密封装置对于利用电阻加热的载体丝同时起着电触点的作用。当混合气体（$BCl_3 + H_2$）通入这个反应室时，将在炽热的钨丝

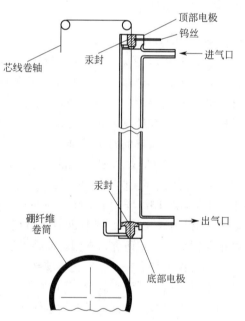

图 2-7　通过卤化物反应在钨丝载体上
沉积硼制造硼纤维的装置示意图

载体上发生反应。BCl_3 是一种昂贵的化学药品，并且在此反应中只有大约 10% 的 BCl_3 能转化成硼。因此，有效地回收没有反应的 BCl_3，可以使硼纤维的制造成本显著下降。

在碳单丝（直径最大为 35μm）上沉积硼，需要先用热解石墨层对碳丝载体进行涂层。涂层的目的是为了调节在硼沉积过程中所引起的应变。其反应室装置与以钨丝为载体的有所

不同。

制造硼纤维技术的另一个重要改进是，除了芯材电阻加热外，增加了辅助外部加热装置和射频加热装置。射频加热装置的振荡电源频率为 80MHz。通过反相激励，造成高密度轴向电场。在电场作用下，作为导体的芯材被加热至高温。由于电场是空间分布的，传输加热芯材的电能不需要通过与芯材接触的电极，反应器两端采用惰性气体密封，消除了汞对环境的污染和对纤维表面的机械摩擦损伤，又避免了汞污染纤维所造成的沉积缺陷。

2.2.6.3 硼纤维的结构和组织

硼纤维的结构和组织取决于硼的沉积条件、温度、气体的成分、气态动力学等。理论上讲，力学性能仅仅受原子结合强度的限制，而事实上，经常出现的一些结构缺陷和组织的不规则性也将会降低硼纤维的力学性能。反应室中的温度梯度和气体中的微量杂质，将不可避免地引起工艺过程的波动。电压的起伏、气流的不稳定，或者任何其他操作的变化，都会引起工艺过程的不一致性，从而对硼纤维的结构和组织产生显著影响。

（1）硼纤维的形貌　硼纤维的表面呈现出由一些边界分开的、不规则的小结节，构成"玉米芯"（corn-cob）形结构（图 2-8）。在沉积硼的过程中，钨芯表面生成一个个小的核心，每个小核心再以圆锥状（下大上小）向外逐渐长大形成结节，直到硼纤维的直径达到 $90\sim100\mu m$。小结节还可以以纤维表面的夹杂物为核心而形成。结节直径为 $3\sim7\mu m$、高为 $1\sim3\mu m$，并形成深度为 $0.25\sim0.75\mu m$ 的节间沟，构成了硼纤维粗糙的显微外观形貌。

（2）硼纤维的原子结构　在1200℃以上化学气相沉积时，硼形成 β-菱形六面体的结晶形式。β-菱形六面体晶胞的基本单元是一组由 12 个原子构成的二十面体（图 2-9）。在低于1200℃时，如果还能产生结晶硼，一般是 α-菱形六面体结晶形式。通过 CVD 法所生产的硼纤维，一般希望具有无定形结构。根据 X 射线衍射分析和电子衍射分析，无定形结构实际上是晶粒直径为 2nm 的微晶结构（主要是 β-菱形六面体）。如果温度过高，也将出现晶态硼，它将使所制造的硼纤维强度下降，因此，沉积硼的温度应控制在 1300℃ 以下。

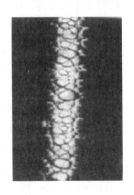

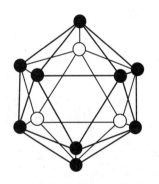

图 2-8　硼纤维的特征"玉米芯"形结构　　　　图 2-9　硼原子形成的一个二十面体

在一般情况下，当通过在钨芯上用沉积方法制造硼纤维时，根据沉积过程中的温度条件不同，在芯材上可能还会产生一系列钨与硼的化合物，如 W_2B、WB、W_2B_5 和 WB_4 等。这些不同的硼化钨相是通过硼在钨中的扩散而形成的。一般情况下，它们是 WB_4 和 W_2B_5。当加热时间过长时，将完全转变为 WB_4。由于硼在钨丝载体中扩散形成硼化物，使芯从它的原始直径的 $12\mu m$ 增大到 $17.5\mu m$。

直径为 $33\mu m$ 的碳丝不与硼反应，而且密度比钨小，用化学气相沉积法制备的碳芯硼纤维表面相对光滑，没有结节状特征。但是碳芯与硼覆盖物之间的热膨胀不匹配，在碳芯中会导致很大的拉伸残余应力，有时可大到使碳芯一节节地断裂。针对这个问题，采取在碳丝上预涂 $1\sim2\mu m$ 厚的热解石墨层的方法来缓冲其残余应力。

（3）硼纤维的残余应力　化学沉积工艺生产的硼纤维中存在较大的残余应力。残余应力的来源与沉积过程中的诸多因素有关，如硼在低于 1300℃ 的温度下沉积期间有牵伸产生的变形应力；硼的小结节生长方式引起的生长应力；芯材与外层硼的热膨胀不匹配产生的热应力等。钨芯和碳芯硼纤维中的残余应力略有不同。在钨芯硼纤维中，硼扩散至芯和钨芯转变为硼化物都会引起体积膨胀，使芯处于压缩状态。故在芯中产生压缩应力，而在硼覆盖层中为周向拉伸应力。

图 2-10 示出残余应力沿着钨芯硼纤维横截面的分布。在碳芯硼纤维中，因为碳不与硼反应，故碳芯受拉伸残余应力。因为在 CVD 工艺结束时，从沉积炉中向外拉出硼纤维会产生冷淬作用，使两种芯的硼纤维的最外层区域均产生径向压缩应力。残余应力最突出的问题是有导致纤维横截面径向裂纹的趋势。可是，由于硼纤维的表面具有较高的残余压缩应力，所以裂纹一般不会从硼纤维的外表面开始，这使硼纤维具有耐磨损和耐腐蚀的特性，并且容易适应对纤维的操作处理。

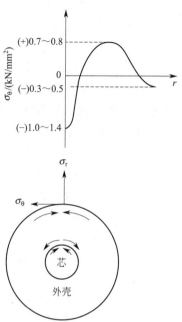

图 2-10　残余应力沿钨芯硼纤维横截面的分布

（4）硼纤维的结构缺陷　脆性材料的强度呈统计分布，纤维状材料的强度取决于丝的长度，并按韦布尔分布随长度下降而增加。所报道的硼纤维强度通常是在 25mm 标距上测量的。硼纤维在本质上是一种非常脆的材料，其强度强烈地受缺陷控制。因为脆性材料没有塑性变形能力，在材料中局部区域往往出现比所施加的应力大得多的应力集中。在一处或多处出现的这种应力集中会引起纤维的早期断裂。造成钨芯硼纤维强度离散的结构因素是其表面缺陷、芯与覆盖层之间的界面孔洞、径向裂纹和残余应力。表面缺陷包括小结节及节间沟。当某个结节是由于包围一个杂质颗粒生长而成为一个粗大结节时，在此结节处也会产生裂纹，并因此削弱纤维。据报道，当硼纤维的表面为粗大结节时，其强度将由小结节时的 $3.3\sim3.7GPa$ 降至 2.8GPa。已证明化学抛光掉 $5\sim10\mu m$ 厚的表面，再在 900℃ 以下进行机械热处理后的硼纤维，其强度显著增加（5.5GPa）。一旦表面缺陷被腐蚀掉，内部缺陷即成为控制强度的主要因素。

化学气相沉积工艺生产的硼纤维是有芯的复合纤维，断裂源往往是芯与覆盖层之间的界面孔洞。孔洞的横向尺寸为纳米级，纵向长度达微米级（图 2-11）。这必然造成硼与芯材外层的硼化钨反应层之间交界处的性能不连续。由于芯与覆盖层之间热膨胀系数的差异，这种性能的突变不可能被完全消除，但是可以通过适当地控制芯材结构和芯材与硼沉积层之间的结合使其减小。

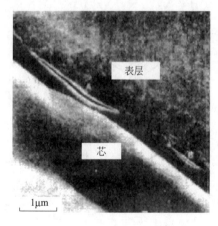

图 2-11　钨芯硼纤维中芯与覆盖层之间的界面孔洞

由于图 2-10 中所示的应力状态，钨芯硼纤维有时会在覆盖层中出现径向裂纹，这些裂纹从钨芯向外扩散到拉伸和压缩应力状态的转换区域，对纤维强度起重要作用。

（5）硼纤维的表面涂层　因为硼的表面能高，所以硼纤维容易被基体材料所浸润，同时也容易与多数金属基体（如铝、镁和钛）强烈反应。由于反应产物脆性大导致这类复合材料强度严重损失。已经研究出了几种避免硼纤维氧化和减少硼与金属界面反应的涂层，包括：氮化硼（BN）、碳化硅（SiC）和碳化硼（B_4C）涂层。氮化硼涂层的工艺是先在1000℃的温度下加热硼纤维，使其表面氧化生成氧化硼，再在接近1100℃的温度下用氨处理，将纤维表面氧化层转化为 BN，从而获得 BN 涂层。涂有 BN 的硼纤维比未涂 BN 层的纤维强度显著提高。但应注意必须使氧化硼全部转化为 BN，否则因残余的氧化硼与基体结合弱而使复合材料的横向强度降低。

通过化学气相沉积法，将二甲基二氯硅烷气体分解形成 SiC 沉积到硼纤维上形成 SiC 涂层。SiC 涂层厚度最大可达 $2.5\mu m$。此涂层以 β-SiC 为主，其 {111} 面平行于纤维轴。在SiC 沉积期间，应保持硼的晶粒不粗化。SiC 涂层用于防止在制造复合材料过程中硼与基体（例如铝）在高温下发生有害化学反应，此种涂层有时也称为阻挡层或牺牲层。

碳化硼涂层也用 CVD 法生成，通过三氯化硼与甲烷反应生成 B_4C 沉积在硼纤维上。B_4C 涂层可以有效地在复合材料制造工艺过程中阻挡硼纤维和金属钛和钛合金的反应。用B_4C 涂层后，硼纤维的平均拉伸强度和弹性模量无明显下降。

2.2.6.4　硼纤维的性能

钨芯硼纤维的典型性能示于表 2-4。

表 2-4　直径 100μm 的钨芯硼纤维的性能

性　能	数　值	性　能	数　值
密度/(g/cm³)	2.6	弹性模量/GPa	420
拉伸强度/GPa	3.1～4.1	剪切模量/GPa	165～179
泊松比	0.21	热膨胀系数/℃⁻¹	(4.68～5.0)×10⁻⁶

硼纤维的模量比 S 玻璃纤维高 4～5 倍。通常生产的直径为 $100\mu m$ 和 $142\mu m$ 的硼纤维，拉伸强度为 3.8GPa 左右；一些特制的、特大直径的硼纤维在未处理状态和某些处理状态下的拉伸强度示于表 2-5。由表 2-5 可知，特大直径的硼纤维在化学抛光之后性能有所改善。如果进一步将硼纤维表面轻微化学抛光，硼纤维的弯曲强度可提高近 1 倍（约 14GPa）。

表 2-5　改进的特大直径硼纤维的性能

纤维直径/μm	处理状态	平均拉伸强度/GPa	变动系数①/%
142	未处理	3.8	10
406	未处理	2.1	14
382	表面化学抛光	4.6	4
382	热处理＋化学抛光	5.7	4

① 变动系数＝标准偏差/平均值。

2.2.6.5　硼纤维的应用

硼纤维复合材料（主要包括硼纤维增强塑料和硼纤维增强金属）最初用于北美航空公司的 B-1 轰炸机和格鲁门公司的 F-14 战斗机（水平尾翼），硼纤维增强铝复合材料的韧性是铝合金的 3 倍，质量仅为铝合金的 2/3。

硼纤维与铝复合时一般带有 SiC 涂层，以避免硼纤维与铝、镁等基体之间产生有害界面反应。硼纤维增强铝复合材料板材和型材通常采用扩散结合工艺制造。试制过 J-79、F-100 等多种发动机的风扇叶片、压气机叶片和一些飞机（如 F-106、F-111 等）与卫星的构件。航天飞机上正式使用的硼纤维增强铝复合材料管，长度为 600～2280mm，数量共 243 根，总质量为 150kg。在这些应用中，取得了质量减轻 22%～66% 的效果。

硼纤维增强钛时需经 B_4C 涂层，基体常用钛合金 Ti-6Al-4V 或 Ti-15V-3Cr-3Sn-3Al。硼纤维增强钛复合材料主要用于制作航空发动机压气机叶片和工作温度为 550～650℃ 的耐热零部件。

硼纤维受其价格高的限制而未获得更广泛的应用。

2.2.7 碳纤维

2.2.7.1 碳纤维概述

人类制造碳纤维的历史已有 100 多年，1880 年爱迪生用棉、亚麻、竹等天然植物纤维碳化得到碳纤维用于筛选白炽灯的灯丝。但最初制得的碳纤维气孔率高、脆性大且容易氧化。1881 年，发现可在碳纤维表面涂覆一层碳膜，使性能得到改进。1909 年，将碳纤维在惰性气体中加热到 2300℃ 以上，获得了最早的石墨纤维。1910 年钨丝的出现并成功用作白炽灯丝使碳纤维的研究停顿。20 世纪 50 年代，美国联合碳化物公司（UOC）报道了以人造丝为原料，通过控制热解制造碳纤维的研究结果，其品牌号为 Thornel-25。此后又发表了很多专利，在碳化技术和质量方面有很大的改进和提高。人造丝原料包括黏胶纤维和醋酯纤维。1959 年，日本工业技术大阪工业试验所进藤昭男首次以聚丙烯腈为原料，用同上述类似的工艺制成碳纤维，1962 年申请专利。1969 年，日本碳公司根据进藤昭男的研究成果实现了工业化生产。1963 年，日本群马大学大谷杉郎教授以石油沥青为原料制成碳纤维，1970 年，由吴羽化学公司实现工业化生产。当时，无论是以人造丝为原料，还是以聚丙烯腈或沥青为原料制造的碳纤维，强度和模量均较低。1964 年以后，在碳纤维的制造技术方面有过两次飞跃，使碳（石墨）纤维的性能水平有了大幅度的提高。

第一次飞跃是 1964 年以后，英国和美国分别利用人造丝和聚丙烯腈为原料，研究出在 1000～3000℃ 高温下，一边加热一边牵伸的碳化技术（称为热牵伸法），使聚丙烯腈碳纤维的性能有了突破性提高。英国皇家航空研究院（RAE）的瓦特（Watt）与日本的进藤昭男合作，制得了聚丙烯腈基高强度碳纤维（HTCF）和高模量碳纤维（HMCF）。1964 年由日本碳公司和东丽公司实现工业化生产，后来又在全世界组成了许多碳纤维企业集团。第二次飞跃是以日本东丽公司为代表发明的聚合催化环化原纤维，改革了传统的碳化工艺，缩短了生产周期，并提高了产量。

碳的原子序数为 6，原子量为 12.01，密度为 $2.268g/cm^3$，归类于周期表中的轻元素。碳可以以石墨和金刚石两种结构存在。石墨结构是碳原子以层面六角网格形式规则排列，在层面内，碳原子以共价键连接，原子间距为 0.142nm，层面内的键强度为 150kcal/mol（1kcal/mol=4.184kJ/mol，余同）；层与层之间由范德华力连接，层间距为 0.3345nm，层间的

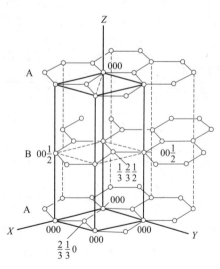

图 2-12 石墨的六方晶格结构

黏合能为 1.3kcal/mol。石墨形式的碳具有各向异性：沿六方层平面方向的弹性模量为 1000GPa，而沿垂直层面方向的弹性模量仅为 35GPa。图 2-12 示出石墨的六方晶格结构。如果能够使石墨的六角层平面沿着碳纤维的纤维轴方向择优取向，就会获得高轴向模量的碳纤维。

碳纤维是一个通用名称，它表示一系列由不同原材料和工艺方法制备、主要由碳元素构成的纤维，如聚丙烯腈（PAN）基碳纤维、黏胶（rayon）基碳纤维和沥青（pitch）基碳纤维，由于石墨层片的堆叠厚度和石墨层片与纤维轴的取向不同，使这些碳纤维的性能不同。

2.2.7.2　碳纤维的制造

极高模量的碳（石墨）纤维可以通过有机先驱丝氧化（或称不熔化）、碳化和随后高温石墨化的方法来制造。有机先驱丝是碳纤维的原材料，通常是一些特殊的高聚物纤维，它们可以在不熔化条件下碳化。有机先驱纤维是由长分子链（当它完全拉直时长度为 0.1～1μm）按无规则方式排列构成的。无规则排列的高聚物纤维通常具有较差的力学性能，其典型表现是在低应力下有相当大的变形。通常所使用的有机先驱丝是聚丙烯腈和人造黏胶丝，或者从沥青、聚乙烯醇、聚酰亚胺和酚醛制得。

绝大部分碳纤维的制造工艺都涉及如下几个主要步骤：

① 稳定化处理（也称不熔化处理或预氧化处理）：使先驱丝变成不溶、不熔的，以防止在后来的高温处理中熔融或粘连；

② 碳化热处理：通过高温除去先驱丝中半数以上的非碳元素；

③ 石墨化热处理：通过更高温度加热，使碳变成石墨结构，以改善在第②步中所获得的碳纤维的性能。石墨化处理不是每种碳纤维都必需的。

为了使碳纤维具有高模量，需要改善石墨晶体或石墨层片的取向。在每个步骤中要十分严格地控制牵伸处理。如果牵伸不足，不能获得必要的择优取向；但如果施加的牵伸力过大，会造成纤维过度伸长和直径缩小，甚至引起纤维在生产过程中途断裂。

日本 Shindo 在 1961 年首次以 PAN 为原料获得了较高模量的碳纤维，他所达到的弹性模量大约是 170GPa，1963 年，Rolls Royce 的 Briti 研究者们发现，通过牵伸的方法可获得更高弹性模量（600GPa）的碳纤维。从先驱丝到高模量碳纤维的转化工艺过程的细节虽然仍属专利秘密，但它们几乎都是在严格控制速率、加热时间、环境介质等条件下，利用有机先驱丝热分解的原理。同时为了使石墨的基平面（六角形层平面）达到高度整列（择优取向），在全部工艺过程中或某些热解作用阶段，都要使先驱丝处于牵伸状态。

2.2.7.3　聚丙烯腈先驱丝碳（石墨）纤维的制造

聚丙烯腈（PAN）的分子式为-(CH$_2$=CHCN)-，它在受热时（约 280～300℃）分解而不熔融，因此不能熔融纺丝。将聚丙烯腈溶液在水中挤压出丝称为湿法喷丝，若在空气中挤压出丝则称为干法喷丝，应用较多的是湿法喷丝。聚丙烯腈喷丝后得到的原纤维称为先驱丝。实际上，原纤维是共聚产品，其组成包括：丙烯腈（96%）、丙烯酸甲酯（3%）和甲叉丁二酸（即衣康酸，1.0%～1.5%）。丙烯酸甲酯的作用是降低 PAN 大分子间的引力，增加其可塑性，改善其可纺性，且使之能够适应高倍率牵伸。衣康酸中含有羧基（—COOH），它对活性较大的氰基起诱导作用，使 PAN 先驱丝容易形成梯形网状结构，另外还可降低环化温度，缩短环化时间以及减少分子裂解，从而提高纤维的质量。PAN 系碳纤维的生产工艺流程示于图 2-13。

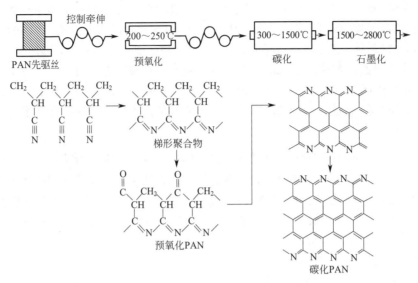

图 2-13　PAN 基碳纤维的生产工艺流程

（1）**稳定化处理**　将 PAN 先驱丝在氧化性气氛中、200～300℃时稳定化处理。若不经稳定化处理而直接将 PAN 先驱丝碳化，则会爆发性地产生有害的闭环和脱氢等放热反应。稳定化过程还可避免在后续工序中纤维相互熔并。稳定化处理过程中先驱丝一直要保持牵伸状态。牵伸力从低温（200℃）到高温（280～300℃）是由大到小直至零分段施加的（表 2-6）。

表 2-6　PAN 先驱丝稳定化处理工艺参数

稳定化温度/℃	牵伸率/%	稳定化温度/℃	牵伸率/%
210	4～5	250	1
230	2～3	280	0

施加牵伸力是为了使氧化反应初期由柔性聚合物分子链所形成的刚性梯形聚合物结构能够尽可能沿着纤维轴方向取向，使纤维的密度增大，强度和模量均有所提高。稳定化处理的结果是使氧进入纤维结构，纤维的含氧量增加（达 9%），含碳量也相应增加，颜色逐渐由白变黑，纤维收缩率被控制在 10% 以下。稳定化处理所产生的梯形结构（也称为定向环形结构）具有很高的玻璃化转变温度。

（2）**碳化处理**　碳化过程是在高纯氮气中慢速加热（1000～1500℃），使纤维进行热分解，逐渐形成近似石墨的循环层面结构，使大部分非碳原子（如 N、O、H）以分解物形式被排除，所获得的碳纤维中含碳量达到 90% 以上。反应生成 HCN、N_2 等，同时发生脱氢和脱二氧化碳等复杂的副反应，生成 H_2O、CO、CO_2。慢速加热的温度分布大致是 400℃、700℃、900℃、1100℃、1300℃。总碳化时间约 25min。各阶段的主反应为：300～400℃，线型高聚物断链反应和开始交联反应；400～700℃，氢/碳的比值剧烈下降，碳含量逐渐增多；600℃以上，氮/碳和氧/碳的比值减少，形成碳素缩合环，且缩合环的环数逐渐增大；700～1300℃，逐渐形成碳素环状结构并长大。在碳化过程中，丝的质量将减半。影响碳化质量的因素主要有氮气纯度、碳化温度和碳化速率。氮气越纯越好，其中不能含氧，尤其不能含水蒸气，否则在碳化过程将生成 CO、CO_2 和水煤气。碳化温度对碳纤维强度和模量的影响示于图 2-14。由图 2-14 可知，随着碳化温度升高，碳纤维的强度和模量均升高，当碳化温度超过 1500℃后，碳纤维强度逐渐下降，而模量继续升高。因此，制取高强度 PAN 系碳纤维的碳化温度应低于 1500℃。碳化速率不宜过快，但加热速率过慢，会延长生产周期并将增加成本和降低生产率。

（3）石墨化处理　把碳纤维置于氩气保护下，快速升温到 3000℃左右加热，纤维中的碳发生石墨结晶。对纤维继续施加牵伸力，使石墨化晶体的六角层平面平行于纤维轴取向。石墨化程度随着温度的增高而提高，纤维模量也随之大幅度提高。但同时也造成纤维中的裂纹及缺陷数量增多，纤维的

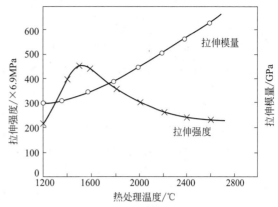

图 2-14　碳纤维的强度和模量随热处理温度的变化

强度将有所降低。因此，通过不同的热处理工艺，可以获得高强型（包括 HS 型、HT 型、C1 型）、高模型（包括 HM 型、C3 型）或强度与模量水平匹配的 A 型碳（石墨）纤维。

经碳化处理后的纤维中所剩下的碳原子主要为狭长带状的、由六角网格石墨层平面形成的微纤，再由这种微纤平行于纤维轴择优取向形成织构。但是，由于微纤的排列不完全规整和紧密，因而有孔隙存在。这种结构被称为乱层石墨结构（turbostructic graphite structure）。石墨化处理则可以进一步改善石墨层平面的取向。

2.2.7.4　纤维素先驱丝碳（石墨）纤维的制造

纤维素是天然高分子，并常常以纤维形式存在。例如，棉纤维就属纤维素，它是首先被用来制造碳纤维的纤维素之一，它在熔融之前会分解。高度结晶的碳沿纤维轴方向的取向度极低，并且不能得到连续纤维束，成本也相当高，这对于制造高模量的碳纤维是不适宜的。但是，这些问题在人造黏胶丝中已不存在。人造黏胶丝是以木材、棉籽绒或甘蔗渣等天然纤维素为原料，经提纯后采用一步法或连续法制得黏胶。再通过湿法纺丝得到连续纤维束。人造黏胶是热固性聚合物。将黏胶丝转化成碳纤维所涉及的工艺与 PAN 系相似。即首先将黏胶原丝在氮气气流中热解，以 10～50℃/h 的速率升温至 100～400℃，在空气或氧气气氛中完成稳定化处理，再以 100℃/h 的速率加热至 900℃，然后以更高的升温速率加热至接近 1500℃进行碳化处理，再加热至 2500℃以上进行石墨化处理。这样得到的碳（石墨）纤维，当直径为 5～7μm 时，拉伸强度为 770～900MPa。欲得到高力学性能的碳纤维，关键是要在 2800℃的高温下热处理时对纤维进行牵伸。

黏胶丝在稳定化阶段中出现各种反应，产生彻底的还原作用，并放出气体 H_2O、CO、CO_2 和焦油。稳定化处理若在活性气氛中进行，就能够抑制焦油的生成，并增加产率。由于在此阶段中出现链的碎化或解聚作用，因此，黏胶先驱丝稳定化处理中不施加牵伸。

黏胶纤维在热解时常常伴随着大量的质量损失，由于纤维素分子的重复单元中含有相当于 5 个水分子的氧和氢，理论上不可避免地要失去 55.5% 的质量，为了提高碳化收率，可以使用防燃剂，除去纤维素中的羟基以形成具有稳定化能力的交联结构。

在大约 1000℃的氮气中碳化处理。石墨化在 2800℃和牵伸力下进行。在高温下施加的牵伸力，借助于多重滑移系的运动和扩展引起塑性变形。

由黏胶丝制得的碳纤维，其横截面大多数呈齿轮状。经过生产工艺的革新，高温石墨化阶段的牵伸使纤维的石墨微晶沿纤维轴取向，并使微晶尺寸增大，孔隙度减小，从而提高了碳纤维的密度。黏胶基碳纤维的强度和模量分别为 2.8GPa 和 350GPa，断裂伸长为 0.5% 左右。碱

金属的质量分数低（小于 100×10^{-6}），而 PAN 基碳纤维的碱金属的质量分数高（达 1×10^{-3}）。黏胶基碳纤维的产率（其质量分数为 15%～30%）比 PAN 基的（其质量分数为 50%）低。

2.2.7.5 沥青基碳（石墨）纤维的制造

制造碳纤维所用的沥青有多种，最普遍使用的有三种，即石油沥青、煤焦沥青和聚氯乙烯沥青。它们的来源丰富，碳的产率高和成本较低从而使其颇具吸引力。沥青可以分为各向同性沥青和各向异性沥青两类。后者是在不熔化处理之前经过前处理而获得的含有液晶的各向异性沥青，称为中间相（或液晶相）沥青。这两种沥青熔融纺丝后，都需要经过与其他前述碳纤维相类似的制造工序（即稳定化处理、碳化处理和石墨化处理）。

为了使沥青具有可纺性，要求原料具有一定的流变性能。同时，为了在纺丝后的不熔化处理时具有一定的化学反应性，要求原料具有合适的化学组成和结构。为了满足这些要求，对沥青原料的前处理就显得十分重要，并因此形成了有别于 PAN 基碳纤维的主要制造工艺特征之一。另一个与 PAN 基碳纤维的不同之处是，沥青碳纤维结构的定向是依靠纺丝过程获得的。刚刚纺出的先驱丝尚未结晶，经过淬火可以得到良好定向的纤维组织结构。在高温下碳化时，不必特意进行牵伸即可得到高弹性模量的沥青基碳纤维。

沥青的流变性能取决于它的分子结构、分子量分布。这些因素控制着沥青熔融体的黏度和熔化温度范围，所以也控制着熔纺温度和纺丝速度。由于沥青是含有多种芳烃的缩聚物，属于低分子量（分子量为 400～800）烃类，在偏光显微镜下观察，沥青是光学各向同性的。

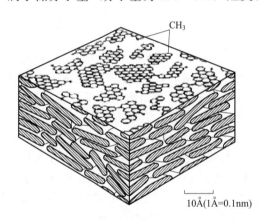

图 2-15　中间相沥青中碳氢分子的
层片状结构模型

用这种沥青原料，即使高温碳化，也只能得到低弹性模量的碳纤维。将这种低分子量的各向同性沥青加热到 350～500℃，会发生脱氢缩聚反应并进一步聚合，得到分子量在 1000 以上的平面缩合芳香环分子（三维分子结构）。当高分子量分子的数目增加时，在表面张力作用下，它们从均质沥青中逐渐分离出来形成小液滴，它由平行排列的芳香族碳氢物组成，图 2-15 示出中间相沥青中碳氢分子的层片状结构模型。在偏振光下，这些小液滴好像悬浮在均质沥青中的微球体。如果继续加热，在两相的中间相乳液中，微球体可合并生长，并在一定方向上取向，得到各向异性的液晶沥青，故称为中间相沥青。这种中间相沥青具有良好的流变性能和满足不熔化处理要求的化学组成与结构。

沥青可以使用传统的熔融纺、喷射纺或离心纺进行纺丝。熔融纺丝可以在普通的熔纺设备上进行。两相的乳液被纺成连续纱线，含有 40%（质量分数）以上液晶的各向异性沥青，其多相结构和高黏性使其纺丝变得困难，如含有 45%～65%（质量分数）的液晶相时，在 340～380℃时的黏度为 30～60P（1P＝0.1Pa·s）。因此，纺丝需要高温和高速度（30～300m/min），所得沥青纤维直径为 10～20μm。在纺丝期间，各向异性区域在剪切力作用下沿纤维轴向延伸，为碳纤维基面的高度取向创造了条件。所以，不必像聚丙烯腈基和黏胶基碳纤维工艺中那样依靠施加牵伸力来得到基面的平面取向。

中间相沥青先驱丝是热塑性的，故需要通过氧化进行交联而达到不熔化。沥青先驱丝的氧化处理包括在空气、SO_3、NO 等气氛中的气相氧化和在 H_2O_2、HCl、HNO_3 等水溶液中的液相氧化。空气中氧化的温度为 250～350℃，氧化时间为几分钟。经过不熔化处理后，沥青先驱丝表面层由热塑性转化为热固性，熔点提高。将经过氧化处理的沥青先驱丝在惰性气体保护下，于2000℃温度中进行高温碳化。碳化期间，纤维保持高度取向结构。石墨化处理在2500～3000℃的氩气中进行，在石墨化过程中，石墨晶体基面进一步沿纤维轴向取向，并发展成三维结构，其弹性模量值（900GPa）接近于单晶石墨模量的理论值（1060GPa）。

2.2.7.6 工艺过程中碳纤维的结构变化

上述PAN、黏胶丝和沥青基碳纤维先驱丝的热处理（包括氧化处理、碳化处理和石墨化处理），就是通过几种反应除去这些先驱丝中碳以外元素（N、H、O）的过程，它们包括脱水、脱氧化碳、脱氨、脱氮和脱氰反应等一系列复杂过程，生成含有非碳元素的气体（如 HCN、N_2、H_2、CO_2、CO、NH_3、CH_4），并将它们移除。读者可参阅有关文献了解这些化学反应的细节。由于在这些反应中不可避免地产生碳元素的消耗与流失，故碳化阶段后，碳产率只有40%～45%。

PAN基纤维在氧化阶段和碳化阶段要发生改变PAN纤维结构的化学反应。氧化阶段的化学反应主要使纤维的结构转化为稳定的梯形六元环结构。当加热时间足够长时，纤维产生吸氧作用，在分子间形成氧键结构。整个氧化过程的吸氧量为8%～10%。由于各种化学反应的发生，PAN纤维原来的取向被破坏，分子链大量收缩，故需要施加一定的牵伸获得在高温下平行于纤维轴高度取向的PAN纤维环化结构，即纤维的分子链被拉直并平行于纤维轴取向，当PAN纤维转化为碳纤维后（碳化阶段加少许牵伸或不加牵伸），分子仍能保持取向状态，碳化过程的化学反应形成的纤维聚合体中—CN基相互交联，产生呈晶态的六元环结构，其微晶尺寸很小，但能很好地平行于纤维轴排列。微晶的取向与纤维轴的夹角随着热处理温度的升高而减小。因为碳纤维的弹性模量是由石墨晶体基平面相对于纤维轴的取向程度决定的，如果在石墨化阶段对纤维继续施加牵伸力，可进一步缩小晶体基平面与纤维轴的夹角，从而提高碳纤维的弹性模量。例如，石墨晶体的基平面与纤维轴的夹角在±10°以内时，其弹性模量可达石墨晶须弹性模量的68%（约657GPa）。

由于氧化阶段和碳化阶段发生复杂的化学反应必将引起纤维质量损失和直径缩小。根据热处理的不同，原丝质量损失可能在40%～90%。这将导致碳化后的碳纤维中含有许多微小的"生长"缺陷。但是，在碳化温度，甚至在石墨化温度下，都不足以使已经形成的C—C键发生断裂。也就是说，在2500～3000℃温度下的石墨结构仍是稳定的。另外，先驱丝的外形（横截面有肾形、哑铃形、圆形）在转化为碳纤维之后，一般也被保留下来。

在微观水平上，碳纤维具有相当不均匀的微观结构。许多研究者都试图去描述碳纤维的结构特征，并且在文献中提出过各种模型。多数人都把PAN基碳纤维的结构归结为乱层石墨结构。在这种结构中，基本单元是石层平面，二级结构单元是由几张至几十张石墨层片组成的石墨微晶（图2-16），三级结构单元是由石墨微晶组成的狭长带状的原纤（直径在500Å左右，长度为几十埃），原纤的长度方向与最终碳纤维轴的方向大致平行。在碳纤维的纵向和横向层平面上都有复杂的交联。

由图2-16可知，原纤与纤维轴之间有程度较高的择优取向，但也存在一定的夹角（±10°），因为在石墨微晶生长过程中，可能会出现石墨层平面错位的现象，或者由于先驱丝中混入杂质而改变了石墨晶体的生长方向，结果造成碳纤维中存在一些不沿纤维轴取向的原纤条带。这种缺陷不仅造成在这些带状结构之间的针状孔隙（空穴），而且在碳纤维受拉伸应力时，不沿纤维轴取向的晶面首先发生断裂。图2-17(a)示出与两个平行于纤维轴的微晶相连的一个错位微晶。L_a 和 L_c 分别表示错位微晶在 a 和 c 方向的尺寸（L_c 为晶体厚度，L_a

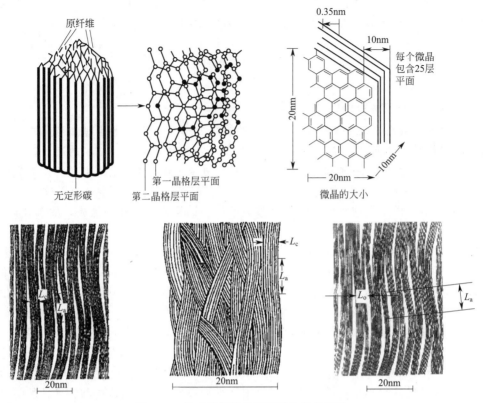

图 2-16　构成碳纤维的原纤维和块状微纤

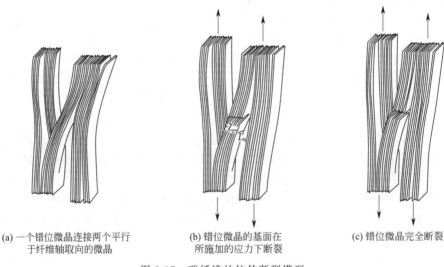

(a) 一个错位微晶连接两个平行　　　　(b) 错位微晶的基面在　　　　　(c) 错位微晶完全断裂
于纤维轴取向的微晶　　　　　所施加的应力下断裂

图 2-17　碳纤维的拉伸断裂模型

为晶体直径）。微晶的取向程度以及参数 L_a 和 L_c 的大小与石墨化温度有很大关系：L_a 和 L_c 随着加热温度升高而增加。图 2-17(b)、（c）表明了含错位微晶的碳纤维的拉伸断裂机制。在外加应力的作用下，首先在错位微晶基平面沿 L_c 方向出现断裂，接着裂纹在 L_a 和 L_c 方向扩展，再继续下去，所施加的应力引起错位微晶的完全断裂。如果在 L_a 和 L_c 方向的裂纹尺寸大于临界尺寸，则会造成碳纤维无先兆的突然破坏。

由许多沿纤维轴择优取向的原纤聚集成直径为 $6\sim8\mu m$ 的碳纤维，称为高度有序织构，亦即乱层石墨结构。这种碳纤维中不可避免地存在结构缺陷，值得强调的是，碳纤维中石墨微晶的取向度直接影响碳纤维的强度。碳纤维的缺陷主要来自两个方面：一个是由于狭长条带状原纤彼此交叉，在其间形成针状孔隙（孔隙亦呈狭长条状，宽约 $1.6\sim1.8nm$，长约 $10nm$，并且这些孔隙也大致平行于纤维轴排列），在纤维的横截面断口上观察到的典型的"轴向劈开断裂"，就是这种缺陷的一个证据；由原纤带来的另一个方面的缺陷是异形、直径不均匀、表面污染、内部杂质、外来杂质、织构不均匀，各种裂缝、空穴、气泡等，如图 2-18 所示。原纤带来的缺陷在碳化过程中可能消除一小部分，而大部分将保留下来变成碳纤维的缺陷，例如，原纤之间的、与纤维轴取向大致平行的微观孔隙在碳纤维表面呈沟纹状（图 2-19）。这些沟纹可以随热处理温度升高而变浅，但不能完全消失。

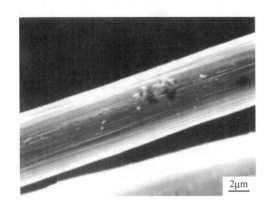

图 2-18　PAN 基碳纤维内部缺陷的种类　　　　图 2-19　PAN 基碳纤维的表面沟纹

碳纤维中缺陷的第二个来源是在氧化和碳化过程中的化学反应。化学反应使大量的非碳元素化合物以各种气体形式逸出，在纤维表面及其内部留下空穴和缺陷，特别是在氧化和碳化过程中某阶段放出气体过于剧烈时。这些空穴和缺陷导致纤维在受力时发生低应力断裂。扫描电镜观察表明，绝大多数纤维的断裂是由这些缺陷或空穴处的裂纹引发的。

我们可以从纤维结构的观点来解释碳纤维的强度和模量与热处理温度的关系。对于一般 PAN 基碳纤维来说，弹性模量 E 随着热处理温度提高的原因是沿纤维轴的有序度增加，使石墨层片与层片之间的距离（面间距）d 减少，并且使石墨微晶结晶的取向度 Z^0 减少，从而碳纤维的弹性模量升高。碳纤维强度的变化规律是先随着热处理温度升高而逐渐上升，在 $1400\sim1500℃$ 温度区间出现峰值，然后随着热处理温度提高而逐渐下降。在峰值以前碳纤维强度随热处理温度提高而增加的理由是：在这一温度范围内，碳化反应主要是聚合物分子内的环化和分子间的—CN 键的交联反应，微晶之间或原纤之间交联键的形成对强度贡献更大，使碳纤维的强度随热处理温度的升高而提高。另一个原因是：d 和 Z^0 随着热处理温度的升高而减少，使 C—C 键的堆积密度（单位体积内所含 C—C 键的数目）增加，也使碳纤维强度提高；但当温度超过碳纤维强度的峰值所对应的温度以后，由于热处理温度提高，微晶的尺寸（L_c 和 L_a）也逐渐增大，从而强度随热处理温度的升高而降低。

石墨微晶尺寸的大小对纤维强度将产生显著影响，这与金属材料中强度与晶粒直径的平方根成反比的规律相类似。Knibbs 提出如下方程式：

$$\sigma_f = \left[2E\gamma/(\pi d_m)\right]^{1/2} \tag{2-18}$$

式中，d_m 是最大微晶直径；γ 是表面能。Rose 认为，裂纹长度 c 相当于碳纤维的微晶厚度 L_c 或者直径 L_a，因此，式(2-18) 可以写作：

$$\sigma_f = [2E\gamma/(\pi L_c)]^{1/2} \tag{2-19}$$

由式(2-18) 和式(2-19) 可知，当表面能 γ 为定值时，碳纤维微晶尺寸越大，纤维强度越低。

影响碳纤维强度的因素还包括微观结构的均匀性、热处理过程中热膨胀的各向异性、原纤条带的弹性解皱，以及在高温处理的牵伸过程中相邻原纤之间的交联键断裂等。另外，用腐蚀方法研究碳纤维的显微结构发现，碳纤维具有"皮芯结构"，皮层的微晶尺寸较大，排列较整齐有序；芯部的微晶尺寸小且排列无序；皮层与芯部之间为过渡区，沿碳纤维径向由外向内微晶尺寸逐渐减小，排列逐渐无序。从皮层到芯部，碳纤维的结构不均匀性逐渐增加，其内聚强度逐渐降低。当复合材料中基体与纤维之间的黏结强度大于纤维的内聚强度时，复合材料的破坏将由纤维/基体界面控制转变为由受纤维内聚强度控制，碳纤维皮层与芯部的剥离破坏将成为复合材料失效的原因。

2.2.7.7 碳纤维的性能

（1）碳纤维的力学性能 Willans 通过碳键键能和密度的计算，得出石墨的固有强度为 180GPa，这个值是石墨层片方向弹性模量值的 18%。碳纤维弹性模量的实际值除了与固有弹性模量 E_0 有关外，还与微晶沿纤维轴的取向度 Z^0 有关。可是，碳纤维沿轴向的拉伸强度 σ 是取向度 Z^0、反应速率常数 K 和结晶厚度 L_c 的函数，而与固有强度无关。它们之间的关系可用式(2-20) 和式(2-21) 描述：

$$E = E_0(1 - Z^0)^{-1} \tag{2-20}$$

$$\sigma = K[(1 - Z^0)L_c]^{-1} \tag{2-21}$$

由式(2-20) 可知，微晶沿纤维轴的取向度越大，碳纤维的轴向弹性模量越高。由公式(2-21) 可知，反应速率常数 K 值越大，碳纤维的拉伸强度越高，而此常数主要取决于反应温度 T。反应温度越高，反应速率常数越大。不同类型碳纤维（HT 型或 HM 型）的实际强度与它们的弹性模量之间存在式(2-22) 和式(2-23) 的关系：

$$\sigma_{HT} = (0.010 \sim 0.014)E \tag{2-22}$$

$$\sigma_{HM} = (0.0040 \sim 0.0063)E \tag{2-23}$$

PAN 基碳纤维包含有一系列品种，例如，高拉伸强度、中等模量（200～300GPa）的高强碳纤维（HT）；高弹性模量（400GPa）的高模碳纤维（HM）；极高或超高拉伸强度的碳纤维（SHT）和超高模量碳纤维（SHM）。中间相沥青基碳纤维具有相当高的模量和较低的强度水平（约 2GPa）。不难预料，HT 型碳纤维的断裂应变值（1%）比 HM 型碳纤维的断裂应变值（0.35%）高。PAN 基 HT 型碳纤维和 HM 型碳纤维（如东丽 T-300、东丽 M40）的应用更为广泛。中间相沥青基碳纤维被用来作为复合材料的增强体，而各向同性沥青基碳纤维则更多地用于摩擦材料和填料。

（2）碳纤维的物理性能 碳纤维的密度为 $1.6 \sim 2.2 \mathrm{g/cm^3}$，它取决于先驱体种类和热处理温度。先驱体的密度通常为 $1.14 \sim 1.19 \mathrm{g/cm^3}$。同类先驱体的碳纤维，一般经过高温（3000℃）石墨化处理后，密度略升高，即 HM 型碳纤维比 HT 型碳纤维的密度略高。在三种先驱体的碳纤维中，黏胶基碳纤维密度最低（$1.6 \mathrm{g/cm^3}$）；中间相沥青基碳纤维密度最高（HM 型为 $2.2 \mathrm{g/cm^3}$）。表 2-7 对比了一些工业上可用的碳纤维与石墨晶体的性能。

表 2-7　不同先驱体碳纤维的性能比较

先驱体	密度/(g/cm³)	弹性模量/GPa	电阻率/(×10⁻⁴Ω·cm)
黏胶基[1]	1.66	390	10
聚丙烯腈基[2]	1.74	230	18
LT[3]	1.60	41	100
HT[4]	1.60	41	50
LT	2.1	340	9
HT	2.2	690	1.8
单晶体石墨	2.25	1000	0.40

① 联合碳化物公司 Thernel-50；

② 联合碳化物公司 Thernel-300；

③ LT 表示低温热处理；

④ HT 表示高温热处理。

由表 2-7 可知，通过各种先驱体生产出的碳纤维都是良好的电导体。一般，石墨化程度越高，则电导率越大。东丽的 PAN 基碳纤维在室温下的电阻率：碳纤维为 $1.7 \times 10^{-2}\Omega \cdot cm$，石墨化纤维为 $0.8 \times 10^{-2}\Omega \cdot cm$。图 2-20 示出了东丽 T300 和 M40 的电阻率与温度的关系。由图 2-20 可知，电阻率在室温（约 300K）以下的低温区域几乎没有变化，但温度升高后就开始下降，尽管碳纤维良好的导电性能正引导我们将碳纤维应用到电力输送领域，但是也带来了极大的顾虑，由于极细的碳纤维有时会因为制造或服役过程中的某些原因变成空气中的尘埃，当它们沉降到电子仪器上时可能会引起短路。

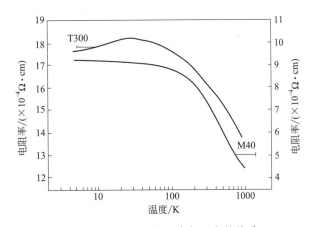

图 2-20　碳纤维的电阻率与温度的关系

当碳纤维各向异性时，它具有两个基本的热膨胀系数，即平行于纤维轴向的 α_l 和垂直于纤维轴向的 α_t。其典型值为：

$$\alpha_l \approx (5.5 \sim 8.4) \times 10^{-6} \, K^{-1}$$

$$\alpha_t \approx -(0.5 \sim 1.3) \times 10^{-6} \, K^{-1}$$

例如，东丽 T300 的 α_l 为 $-0.7 \times 10^{-6} \, K^{-1}$，东丽 M40 的 α_l 为 $-1.2 \times 10^{-6} \, K^{-1}$。负值表示碳纤维在加热时沿纤维轴向收缩，尽管其绝对值非常小，但在制造热膨胀系数趋于零的高尺寸稳定性复合材料（如 C/Mg）中，显示出了其独特的优越性。

碳纤维的比热容是 $0.17cal/(kg \cdot ℃)[1cal/(kg \cdot ℃) = 4.19J/(kg \cdot ℃)]$。HT 型和 HM 型碳纤维的比热容差别不大。

碳纤维的热导率可以通过测量单向碳纤维增强树脂基复合材料的热导率再利用复合法则

来估计。略去基体树脂的影响，沿纤维方向的热导率 K_f 可由式（2-24）求出：

$$K_f = K/V_f \qquad\qquad (2\text{-}24)$$

式中，K 为复合材料在纤维方向的热导率；V_f 为纤维的体积分数。利用这种估算方法得到东丽 T300（HT）的热导率为 6.5W/（m·K）。这种性能可用于要求具有各向异性导热的复合材料。在使用温度范围内，碳纤维的热导率随温度升高而下降。

（3）碳纤维的化学性能与组成 聚丙烯腈基碳纤维含碳量为 93%～96%，含氮量为 4%～7%。聚丙烯腈基石墨化纤维的含碳量为 99%，含氮量近似为 1%。沥青基石墨化纤维的含碳量为 98%。它们均含有微量残留无机物。碳纤维的含水量极低，大约为 0.03%～0.05%，比芳纶的含水量（4.5%）低得多，因此，实用上几乎可以不考虑碳纤维的吸湿问题。碳纤维在不同条件下，尽管能被硝酸、硫酸、次氯酸钠溶液侵蚀，但一般来说，碳纤维耐化学药品性属于优异品级。在空气中，碳纤维在中等温度（>400℃）时就开始出现明显氧化（生成 CO 和 CO_2），这是在碳纤维选用中必须注意到的一个重要问题，也是碳纤维为数不多的弱点之一，但在不接触空气或氧化气氛时，碳纤维却具有突出的耐热性，因此，高、中温下使用的碳纤维复合材料需要有抗氧化保护措施。

碳纤维具有摩擦系数低（HM 型比 HT 型更低）、耐低温性能良好（在液氮温度下也不脆化）、耐油、抗辐射、抗放射、能吸收有毒气体和减速中子等特性。

碳纤维广泛应用在航空航天构件和体育用品中。1966 年起作为飞机和人造卫星的非主承力结构件（碳纤维/环氧），在火箭的喷嘴和鼻锥上应用（碳纤维/碳）；1973 年起，在钓鱼竿、高尔夫球杆及其他体育用品上应用（碳纤维/环氧）；1979 年起，碳纤维与玻璃纤维或芳纶混杂增强环氧或聚酯树脂在汽车等产业上试用。在美国，碳纤维增强树脂基复合材料用于航天飞机的货舱门（cargo bay doors）和火箭助推器壳体（booster rocket casings），机器制造业中的高速回转体，包括涡轮机、压缩机和风力发动机桨叶和飞轮。在医学领域的应用包括医疗器械（如 X 射线胶片盒、X 射线床板）和人体植入物（如膝关节韧带和脊椎关节的替代物）。在宇航领域里，石墨增强聚酰亚胺的研究是为高温结构应用开发的，首先使用的零部件是航天飞机轨道飞行器的后副翼（尺寸为 6.4m×2.1m），使用温度为 589K（铝合金的使用温度不超过 450K）。用石墨纤维增强聚酰亚胺复合材料制作，可省去相当质量的防热系统，所以与铝合金后副翼相比，可使整体质量减轻 150kg（约 27%）。作为结构应用，碳纤维树脂基复合材料已经成为重要的关键性材料，用作直升机旋翼和尾桨、飞机的垂尾、平尾、壁板及其他主承力件。

碳纤维增强金属的应用研究尚处于开发阶段。尽管通过各种碳纤维涂层技术（如用 Ti-B、Na-K、SiC、AlN 作涂层）可以使碳纤维与金属基体有效复合制成金属基复合材料。但是，碳纤维增强金属的制造成本高且制造工艺不稳定仍是其应用的主要障碍。正在研究碳纤维增强铝复合材料在军事领域（如直升机、导弹、坦克、鱼雷等）的应用，还进一步研究在人造卫星和天线等方面的应用。另外，碳纤维/铜、碳纤维/银、碳纤维/青铜等复合材料在轴承和高速旋转电机电刷方面的应用和碳纤维/铅复合材料制作蓄电池极板的应用也在研究中。

碳纤维增强陶瓷基复合材料的应用包括两个方面：①利用碳纤维增强的氧化硅（SiO_2）玻璃陶瓷具有弯曲强度高、弹性模量高、断裂韧性高、密度低、热膨胀系数低、摩擦系数低等特性，可作为航空航天工业应用的候选材料，例如，利用其尺寸稳定性制作侦察卫星上支撑摄像机的平台等；②碳/碳复合材料可用作防热板、发动机叶片、火箭喷管喉衬以及导弹、航天飞机上的其他零部件。

应当进一步挖掘碳纤维在强度上的潜力（目前碳纤维的强度仅达到理论值的 10%，

而玻璃纤维已达50％）；开发高断裂延伸率、高强度的碳纤维（如M40J比M40的强度高58.8％，延伸率高83.3％，而弹性模量则相等，说明碳纤维的性能确有进一步提高的空间）。降低碳纤维的成本，可制造丝束更大的（12K、24K）碳纤维和发展沥青基碳纤维等。

2.2.8 碳化硅纤维

碳化硅（SiC）纤维是典型的陶瓷纤维，按其形态可分为连续纤维、晶须和短切纤维；按其结构可分为单晶和多晶纤维；按其直径可分为单丝和束丝纤维。高性能复合材料用的碳化硅纤维包括CVD碳化硅纤维（即用化学气相沉积法制造的连续、多晶、单丝纤维）、Ni-calon碳化硅纤维（即用先驱体转化法制造的连续、多晶、束丝纤维）和碳化硅晶须（即用气-液-固法或稻壳法制造的具有一定长径比的单晶纤维）。碳化硅纤维具有高比强度、高比模量、高温抗氧化性、优异的耐烧蚀性、耐热冲击性和一些特殊功能，已在空间工程和军事中得到应用。碳化硅纤维增强聚合物基复合材料可以吸收或透过部分雷达波，已作为雷达天线罩、火箭、导弹和飞机等飞行器部件的隐身结构材料和航空航天工业、汽车工业的结构材料与耐热材料。碳化硅纤维与碳纤维一样，能够分别与聚合物、金属和陶瓷复合制成优良的复合材料，特别是利用先驱体转化法或化学气相沉积法能够制成使用温度极高的SiC/SiC复合材料。下面按照碳化硅增强体的形态和制备方法来介绍碳化硅纤维的制造、结构、性能和应用。

2.2.8.1 化学气相沉积法制造的碳化硅纤维

1961年，P. J. Gareis等首先申请了使用超细钨丝作为沉积载体制备碳化硅纤维的专利。20世纪60年代中期，美国通用技术公司（General Technologies Co.）利用硼纤维的制造技术，首次用化学气相沉积（CVD）法制成了生产成本比硼纤维低的连续钨芯碳化硅纤维，1972年AVCO公司开始了拉伸强度超过3GPa的CVD法SiC纤维的商业化生产。早期CVD碳化硅纤维的钨芯直径为12.5μm。1973年，德国的P. E. Gruler也制备出连续钨芯碳化硅纤维，其拉伸强度为3.7GPa，弹性模量为410GPa，并形成了商品。由于发现W与SiC反应生成W_2C和W_5Si_3，当纤维加热到1000℃以上时，反应层厚度随纤维沉积层的加厚而增加，造成纤维的强度降低，因此，钨芯后来被碳芯代替。1975年，K. D. Mehemy等分别报道了碳芯碳化硅纤维。美国H. Debalt等于1984年制成了性能更好、成本更低的连续碳芯碳化硅纤维。

（1）CVD法钨芯碳化硅纤维的制造方法　CVD法制造碳化硅纤维是用硅烷气体和氢气的混合物反应在芯丝上沉积得到的。采用电阻加热钨丝（或碳丝）载体（加热温度约1300℃），在H_2中清洁其表面，再进入圆柱形反应室，反应室中通入氢气和氯硅烷气体的混合气体，混合气体的标准成分是70％H_2＋30％氯硅烷。钨丝被通过的高频（VHF≈60MHz）直流电（250mA）加热，沉积室的温度保持在1200℃以上，其中，甲基三氯硅烷受热分解：

$$CH_3SiCl_3 \xrightarrow{\triangle} SiC + 3HCl \qquad (2-25)$$

产生的SiC蒸气沉积到钨丝表面，然后将钨芯碳化硅纤维卷绕收取。工艺流程见图2-21。

目前CVD碳化硅纤维的生产约在1350℃的温度下进行。生成纤维的直径、结构和性能主要取决于先驱气体的成分、供丝速度和沉积温度。氯硅烷包括甲基二氯硅烷（CH_3SiCl_2）、甲

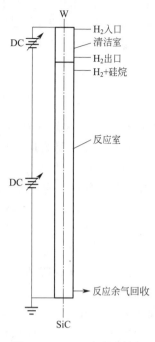

图 2-21　CVD 法制造钨芯
碳化硅纤维的工艺装置简图

基三氯硅烷（CH_3SiCl_3）、乙基三氯硅烷（$C_2H_5SiCl_3$）、四氯硅烷（$SiCl_4$＋烷烃）等。先驱气体中以甲基二氯硅烷（CH_3SiCl_2）的生产速率最快，而且所需的沉积温度较低，但是所得的纤维表面粗糙且拉伸强度较低。甲基三氯硅烷（CH_3SiCl_3）和乙基三氯硅烷（$C_2H_5SiCl_3$）能制得表面光滑的纤维，但沉积速率较慢。因此，常常采用硅烷气体的混合物作为先驱气体。沉积温度高可加快生产速率，但是容易使沉积层的晶粒粗大导致纤维强度降低。当沉积温度一定时，供丝速度越大则纤维直径越小。当供丝速度一定时，沉积温度越高则纤维直径越大。提高供丝速度和沉积温度都有助于提高生产率和降低纤维的制造成本。

碳芯碳化硅纤维的碳芯直径为 $33\sim37\mu m$，其外层涂覆厚度为 $1.5\mu m$ 的热解碳。热解碳的作用是增加热传导和缓冲碳芯与碳化硅沉积层之间的热膨胀系数的不匹配。在碳芯碳化硅纤维的外层，也涂覆一层热解碳，它的作用是弥合碳化硅表面的裂纹，从而使纤维强度大幅度提高；同时，它还为用其增强的陶瓷基复合材料提供一个弱界面，以期改善陶瓷基复合材料的韧性。当这种纤维用于增强金属基体时，由于热解碳容易与金属起反应，故在 CVD 碳化硅纤维的外层同时还要涂覆热解碳和碳化硅，形成硅成分呈梯度分布的表面层。这就是 Textron 公司开发的牌号为"SCS"的碳芯碳化硅纤维。

Textron 公司开发的 SCS 纤维包括：SCS-2 型（表面涂有厚度约 $1\mu m$ 的 C-Si 层）适合增强铝基和镁基复合材料；SCS-6 型（表面涂有厚度约 $3\mu m$ 的 C-Si 层）适合增强钛基复合材料；SCS-8 型（表面有厚度约 $6\mu m$ 的 β-SiC 微晶和厚度约 $1\mu m$ 的富碳层，外表面再富硅）适用于制备形状复杂的铝基复合材料。

（2）CVD 碳化硅纤维的结构　　CVD 碳化硅纤维是大直径纤维，其表面光滑，直径均匀，从纤维的断面来看，它分为芯、热解碳涂层和碳化硅沉积层。CVD 碳化硅纤维的单丝形貌见图 2-22。碳芯碳化硅纤维的断面结构见图 2-23。

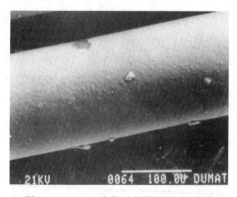

图 2-22　CVD 碳化硅纤维的表面形貌

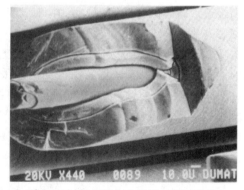

图 2-23　碳芯碳化硅纤维的断面结构

由 CVD 法制得的 SiC 纤维主要含高密度堆垛层错和微孪晶的 β-SiC。柱状晶的生长方向与沉积方向一致，而其密排面 {111} 垂直于沉积方向。SCS 系列纤维中应用最广泛的是SCS-6 纤维。

利用透射电镜和扫描俄歇电镜研究结果给出 SCS-6 碳化硅纤维的横截面环形结构示意图（图 2-24）。SCS-6 纤维的结构大致分为 4 层，由纤维中心向外依次为芯、热解碳层、沉积 SiC 层和表面涂层。碳芯直径约 33μm（包括尺寸大约为 1～5nm 且随机取向的紊乱区）；热解碳涂层厚度约 1.5μm；沉积 SiC 层（总厚度为 50μm）包括 4 个由不同晶粒尺寸和不同取向的薄层，即 SiC-1、SiC-2、SiC-3 和 SiC-4，前三层的 β-SiC 微晶尺寸由紧邻热解碳层的 5～15nm 逐渐增大至微米数量级，且晶粒增大伴随着晶体 {111} 面缺陷的增加，碳化硅结构中含有 10%～20% 的碳。SiC-4 区的 β-SiC 微晶尺寸比紧邻的 SiC-3 区扩大两倍，且缺陷相对严重。其碳化硅成分接近理想化学配比；最外层是表面涂层。根据含硅量的变化，其表面涂层又分为三个亚层：Ⅰ层是 SCS-6 纤维表面的最外层，因富碳而易被金属基体（钛及钛合金）润湿和结合，在制造复合材料时，可通过纤维与基体的化学反应而产生界面结合，该层也被称为反应消耗层或牺牲层；毗邻的Ⅱ层是碳化游离硅区，含硅量比Ⅰ区低，称为缓冲区；Ⅲ区是表面涂层的最里层，结构与Ⅰ区相似，并且含硅量增高，Si/C 比逐渐接近 SiC 的理想化学配比，此层能保持纤维强度，故称为保护层。Ⅰ至Ⅲ区（从表面富碳层到接近理想配比的 SiC 沉积层处）的厚度大约为 3μm。SCS-6 纤维的外层含硅量呈梯度分布，使 SCS-6 纤维与金属钛高温复合时仍能保持其纤维原有的强度。

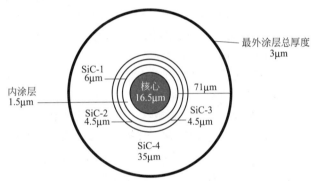

图 2-24　SCS-6 碳化硅纤维的横截面环形结构示意图

（3）CVD 碳化硅的性能　CVD 法 SiC 纤维具有很高的室温拉伸强度和拉伸模量，突出的高温性能和抗蠕变性能。其室温拉伸强度为 3.5～4.1GPa，拉伸模量为 414GPa。在 1371℃时，强度仅降低 30%（硼纤维在 649℃时强度几乎完全丧失）。

钨芯 SiC 纤维的特点是：在 350℃以上具有优异的热稳定性，适宜于高温使用；增强钛合金（如 Ti-6Al-4V）可用于制作喷气发动机压缩机叶片（在高速旋转下能耐受 482℃以上的高温）、驱动轴和发动机主轴等构件。在沉积期间（927℃左右），SiC 与钨丝之间发生化学反应生成 W-C 和 W-Si 化合物，增加了纤维本身的界面复杂性；钨芯的密度大导致纤维密度大。

碳芯 SiC 纤维在高温下比钨芯 SiC 纤维更为稳定，其制造成本较低且密度小；气相沉积过程中，碳芯与 SiC 之间没有高温有害反应；用碳芯碳化硅纤维增强高温超合金和陶瓷材料，在 1093℃下保温 100h，其拉伸强度仍高于 1.4GPa。CVD 碳化硅纤维的典型性能见表 2-8。

表 2-8　CVD 法 SiC 纤维的典型性能

性　能	钨芯 SiC 纤维		碳芯 SiC 纤维	
直径/μm	102	142	102	142
拉伸强度/GPa	2.76	2.76～4.46	2.41	3.40
拉伸模量/GPa	434～448	422～448	351～365	400
密度/(g/cm^3)	3.46	3.46	3.10	3.00
热膨胀系数/($\times 10^{-6}$℃$^{-1}$)	—	4.9	—	1.5

CVD 碳化硅纤维单丝直径粗（≥100μm），柔曲性较差；由于沉积速率低和 SCS 系列碳化硅纤维的制备工艺复杂，导致成本较高；CVD 法 SiC 纤维表面呈残余拉应力状态，使其在承受外应力作用时或在制备复合材料过程中具有较高的表面损伤敏感性。在 CVD 碳化硅表面施加适当的涂层将能有效地保护纤维，减少在各种外界条件下的损伤。例如，可以涂覆 WC、TaC、HfC、TiN 或 B_4C 等化合物对纤维进行表面改性，涂层用 CVD 法获得，但这又将导致成本进一步增加。

2.2.8.2 聚合物转化碳化硅纤维

（1）概述　聚合物转化法制备碳化硅纤维的技术是由 Yajima 在 1975 年提出的，他利用有机硅聚合物——聚碳硅烷（PCS）——作为先驱体纺丝，再经低温交联和高温裂解处理转化为无机 SiC 纤维。并于 1981 年至 1983 年由日本碳公司完成连续 SiC 纤维的商业化生产。商品名为"Nicalon"。1985 年 9 月，日本信越化学公司在世界上首次实现了作为碳化硅纤维原料的聚碳硅烷的工业化生产。因此，保证了日本碳公司从 1985 年 11 月起以月产 1 吨的工业规模生产 Nicalon 纤维。与此同时，日本宇部兴产公司在 Yajima 研究的基础上，于 1986 年 4 月以低分子硅烷化合物与钛系化合物为原料合成的有机金属聚合物作为先驱体，采用特殊方法纺丝和与 Nicalon 纤维同样的热解方法，制成高温下抗氧化性能更优越的"Tyranno"纤维。近年来，为了进一步提高经聚合物转化法制得的 SiC 纤维的耐高温、抗氧化性能，冈村清人采用在非氧化环境中不熔化处理技术制成低含氧量的"Hi-Nicalon"纤维，日本碳公司于 1995 年实现了它的工业化生产。

国防科技大学自 20 世纪 70 年代末开始研究用聚合物转化法制备 SiC 纤维，于 80 年代初独立合成聚碳硅烷，并制备出 SiC 纤维。近年来，在裂解重排制备 PCS 技术、PCS 合成中的分子量分布调节技术、PCS 熔融纺丝与收丝、集束技术和一步烧成技术等方面已形成特色。

（2）聚合物转化法制备 SiC 纤维的工艺　经聚合物转化法制备 SiC 纤维的工艺流程见图 2-25。它包括制备聚碳硅烷、熔融纺丝、不熔化处理和高温烧成四个阶段。Yajima 开发了三种不同方法来制备 PCS，即 Mark Ⅰ、Mark Ⅱ和 Mark Ⅲ。

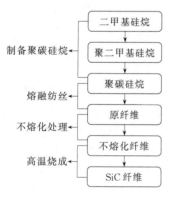

图 2-25　经聚合物转化法制备 SiC 纤维的工艺流程

① 制备聚碳硅烷（PCS）。合成聚碳硅烷的原料为二甲基二氯硅烷。加金属钠在 N_2 气氛中约 130℃进行脱氯，得到聚二甲基硅烷，直接在氩气气氛高压釜中加热到 450～470℃聚合转化为聚碳硅烷（PCS）。此工艺称为 Mark Ⅰ路线，由 Mark Ⅰ路线获得的 PCS 纺丝后纤维强度低且工艺性不好；在聚二甲基硅烷中加入（1～5）%（摩尔分数）的二苯基二氯硅烷，仍用高压釜聚合成 PCS 的工艺路线称为 Mark Ⅱ。由于在 PCS 中引入了苯环，PCS 先驱丝的强度提高了近 3 倍。在聚二甲基硅烷中加入（3～4）%（质量分数）的催化剂——聚硼二苯基硅氧烷，即派松（python），不用高压釜而直接在常压、N_2 保护下，350℃加热 6h，转化成 PCS，这种工艺称为 Mark Ⅲ路线。其特点是收率高（50%左右），以 Mark Ⅲ路线得到的 PCS 纺丝后的先驱丝拉伸强度高（约 48MPa），具有良好的工艺性，且制备 SiC 纤维时不熔化处理温度低，但是由于不能去除分子中的 Si—Si 键，以至在后面的工艺中吸氧严重，造成纤维性能不稳定。国防科技大学采用常压（即不用高压釜）、高温（450℃）裂解重排技术制备了 PCS。PCS 的分子量在 450～470℃温度范围内随热处理温度的提高而显著增加，通常控制分子量为 1500。

② 聚碳硅烷先驱丝的制备。将 PCS 在 N_2 中 350℃下熔融并不断搅拌，经过喷丝板纺丝得到 PCS 先驱丝，这种方法称为熔融纺丝。为了提高 PCS 聚合物熔体的熔融纺丝性能，加少量的苯基氯硅烷以促进 PCS 形成链状分子结构，这样可使纤维直径减少 30％。当 PCS 分子量较高时，由于熔体的黏度大，不宜采用熔融纺丝而需采用溶液法纺丝，即将 PCS 溶于二甲苯，再经过喷丝板纺成 PCS 先驱丝。溶液纺丝可在室温下进行。纺丝后所获得的 PCS 先驱丝呈乳白色，均匀而纤细。

③ 不熔化处理。将聚碳硅烷先驱丝加热（或高能粒子辐照），使其表面生成不熔不溶的网状交联含氧聚碳硅烷，称为不熔化处理（或称预氧化处理或稳定化处理）。不熔化处理可以使 PCS 先驱丝在后续高温工艺中相互不黏结并保持原丝形状，并具有一定的操作强度（50MPa）。不熔化处理后，先驱丝质量增加 13％～15％。

PCS 纤维的不熔化处理有多种方法，即氧化气氛（如空气）或非氧化气氛（如用电子束、离子束、紫外线、γ 射线辐照）、常温或 190℃、化学气相不熔化法（CVC）、高分子 PCS 干纺法、粉末法和烧结助剂法等。一般熔纺后的 PCS 纤维在清洁空气中（温度不超过 200℃，经 30min），通过空气中氧的作用导致纤维表层 PCS 聚合物链的交联固化，这样即可防止纤维在随后的高温热处理时熔并。

④ SiC 纤维的烧成。将不熔化处理后的 PCS 先驱丝在惰性气氛或真空中高温烧成，使有机聚碳硅烷转化为无机碳化硅。在烧成过程的不同温度阶段，纤维的微观结构变化如下。

a. 室温～550℃。先驱丝从外到内逐步热交联，放出 C_nH_{2n+2}、CO、CO_2 等气体，纤维的长度增加。

b. 550～800℃。侧链有机基团热分解，放出 H_2、CH_4 等气体，纤维收缩，成为无定形 SiC 丝，这是有机向无机转化的关键温度阶段。

c. 800～1250℃。无定形 SiC 向 β-SiC 微晶转变，放出 H_2、CO 等气体，纤维有微小收缩。在此阶段，可对纤维施加一定的牵伸力，以便微晶取向和控制 SiC 纤维的收缩。

烧成转化为无机碳化硅纤维过程的工艺关键包括：控制升温（升温速率为 100℃/h）、高温（1200～1300℃）转化、施加张力和自然冷却。所获得的微晶（或无定形）β-SiC 纤维即为 "Nicalon"。每束 Nicalon 纤维约 500 根，每根单丝纤维直径约为 13～15μm。

热解温度对 SiC 纤维的微观结构和性能影响很大。在 1200～1250℃时可获得最大拉伸强度，弹性模量也明显依赖于热处理温度。

（3）Nicalon 纤维的结构　Nicalon SiC 纤维不仅含 SiC（质量分数为 63％），还含有 SiO_2（质量分数为 21.5％）和游离 C（质量分数为 15.5％）。Nicalon SiC 纤维的化学成分见表 2-9。

表 2-9　Nicalon SiC 的化学成分

元素	Si	C	O	H
质量分数/％	55.5	28.4	14.9	0.13
摩尔分数/％	1	1.22	0.33	0.10

早期制造的标准级 Nicalon SiC 完全是非晶结构。日本碳公司已经生产出几代含氧量较低、微观结构略有不同的 Nicalon SiC 纤维。其中，含氧量低（摩尔分数为 0.02％）的 Hi-Nicalon SiC 纤维具有更高的热稳定性。已商业生产的 Nicalon SiC 纤维包括用于高温力学性能的陶瓷级（CG）、高体积电阻率级（HVR，低介电常数）和低体积电阻率级（LVR，高电导率）三种。陶瓷级 Nicalon SiC 纤维在非晶基体上包含有非常细小的 β-SiC 微晶，晶粒直径约为 1.7～2.5nm。β-SiC 微晶的尺寸不仅依赖于烧成温度而且依赖于 PCS 先驱体的分

子量，分子量大的 PCS 先驱体能够得到强度更高的 β-SiC 纤维。

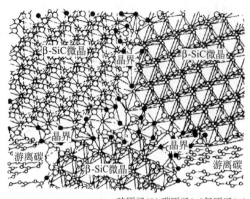

硅原子(○) 碳原子(●) 氧原子(●)

图 2-26　Nicalon SiC 纤维的微观结构

Nicalon SiC 的微观结构如图 2-26 所示。其中，β-SiC 晶粒呈密排立方结构，SiO_2 和游离 C 分布于 β-SiC 晶界上。

Laffon、Maniette 和 Oberlin（1989 年）通过 TEM 研究发现，游离 C 呈螺旋状纳米微晶形式存在。Lipowitz（1990 年）采用 X 射线衍射技术发现在 Nicalon SiC 纤维中存在 5％～20％的小孔洞，其直径在纳米数量级以上，随着热处理温度的提高，孔洞的平均尺寸增加，而孔洞体积分数降低。与致密的不含孔洞的纤维相比，孔洞显然降低了纤维的密度和弹性模量。俄歇扫描深度像表明纤维具有约 60nm 厚的富碳层。通常，Nicalon SiC 纤维表面涂覆一种黏结剂——聚甲基丙烯酸甲酯，它可以使丝束在制备时便于操作和保护纤维免受机械损伤。但是，在与铝等金属复合之前，应通过加热和抽真空将黏结剂除去。

含钛碳化硅纤维（Tyranno 纤维）的成分及质量分数为：Si（51.0％）、C（27.9％）、O（17.7％）、Ti（3.1％）、B（0.02％）和 N（0.1％）。XRD 和电镜分析表明 Tyranno SiC 纤维中 β-SiC 及 TiC_{1-x}（$0<x<1$）形成无定形共熔体，有助于提高纤维的耐热性。

（4）Nicalon SiC 纤维的性能　Nicalon SiC 的直径范围为 10～20μm，大多数在 15μm。纤维的强度和弹性模量随纤维直径的增加而减小。平均拉伸强度为 2.9GPa，弹性模量为 190GPa，密度为 2.55g/cm^3。由于其中存在 SiO_2 和 C，纤维的密度低于化学计量的 β-SiC（3.16g/cm^3）。Nicalon SiC 纤维的主要品种及典型性能见表 2-10。

表 2-10　**Nicalon SiC 纤维的主要品种及典型性能**

性能	通用级（NL-200）	HVR 级（NL-400）	LVR 级（NL-500）	碳涂层（NL-607）
长丝直径/μm	14～12	14	14	14
丝数/束	250～500	250～500	500	500
纤度/(g 1000/m)	105～210	110～220	210	210
拉伸强度/MPa	3000	2800	3000	3000
拉伸模量/GPa	220	180	220	220
伸长率/%	1.4	1.6	1.4	1.4
密度/(g/cm^3)	2.55	2.30	2.50	2.55
电阻率/(Ω·cm)	10^3～10^4	106～107	0.5～5.0	0.8
热膨胀系数/($\times10^{-6}$K^{-1})	3.1	—	—	3.1
比热容/[J/(kg·K)]	1140	—	—	1140
热导率/[W/(m·K)]	12	—	—	12
介电常数（10GHz 下）	9	6.5	20～30	12

Nicalon 纤维的拉伸强度高、拉伸模量高、相对密度低，耐热性好，在一般氧化气氛中于 1100℃下能长期使用；与金属反应性小，相容性好；纤维具有半导体特性，可以通过不同的处理温度来控制所生产的纤维的导电性；Nicalon 纤维直径小，柔曲性好，易编织成各种织物，可制备形状复杂的复合材料制品；耐化学药品性和抗蠕变性能优异。

在非氧化环境（如氩气、氮气或真空）下，温度超过 1200℃时，由于 β-SiC 发生结晶、晶粒生长和产生孔洞结构，Nicalon 纤维严重热降解，强度急剧降低。纤维的氧化反应式为：

$$SiC + 2SiO_2 \longrightarrow 3SiO + CO$$
$$3C + SiO_2 \longrightarrow SiC + 2CO$$
$$C + SiO_2 \longrightarrow SiO + CO \qquad \text{(2-26)}$$
$$2C + SiO \longrightarrow SiC + CO$$

纤维中的氧和过量的 C 反应主要产生 CO 气体和一些 SiO 气体，导致纤维减重和纤维中孔洞的发展。Bibbo 等（1991 年）通过实验发现 Nicalon 纤维在 1300℃的 CO 中处理时，仍保留其 75%的强度，而在 1300℃氩气中处理时只保留 25%的强度。

Nicalon 纤维在氧化环境（如空气）中处理时，其强度损失不严重且质量增加。这是由于 Nicalon 纤维表面存在厚度约 $1\mu m$ 的 SiO_2 薄膜，这层薄膜可阻碍 SiO 和 CO 气体的扩散，使纤维氧化变慢和使游离 C 的消耗变慢。因此，一定厚度的 SiO_2 表层对 Nicalon 纤维的高温强度的保留有贡献。Mah 等（1984 年）指出在空气中 1300～1400℃温度下处理 2h 比在 1200℃处理时的强度保留率高，这与前者的 SiO_2 膜比后者更稳定有关。

比 Nicalon 具有更好的热稳定性的纤维已由 Ube 工业公司生产，即商品名为"Tyranno"的 Si-Ti-C-O 纤维。Tyranno 纤维的生产工艺类似于 Nicalon 纤维：首先合成聚钛硅烷，然后用熔融纺丝法制得先驱丝，再经类似于 Nicalon 纤维的热解工艺制得 Tyranno 纤维。聚钛硅烷通过四异丙醇钛等钛化合物与聚硅烷的交联而形成，它的纺丝性好。其中钛的添加量为（1.5～4.5）%（质量分数）。含钛 SiC 纤维的使用温度比 Nicalon 高 150℃，它在 1300℃以下主要是非晶结构。其断裂应变比 Nicalon 纤维大（1.4%～1.7%）。由于 Tyranno 纤维的含氧量比 Nicalon 更高，因此它更具反应性。将纤维在室温下 N_2 气氛中进行 1300～1350℃热处理，纤维的强度和模量大幅度降低，其微晶尺寸几乎增大 1 倍。

商业 Nicalon 纤维的热不稳定性是在纤维的生产氧化过程中带入高达 10%（质量分数）的氧成分造成的。Okamura 等以电子束辐射固化代替氧化固化，成功地制备出含氧量低（O_2 质量分数约为 0.4%）的 Hi-Nicalon 纤维。该纤维的耐热性优于 Nicalon，在 1500℃空气中暴露 1h 仍保持高强度；在 1500℃氩气中暴露 10h，纤维的拉伸强度仍能保持 2.0GPa，且纤维的化学成分基本不变。Hi-Nicalon 的化学组成及质量分数为 Si：63.7%，C：35.8%，O：0.05%。Tyranno 纤维和 Hi-Nicalon 纤维的典型性能见表 2-11。

表 2-11　Tyranno 纤维和 Hi-Nicalon 纤维的典型性能

性能	Tyranno 纤维	Hi-Nicalon 纤维
直径/μm	(8～10)±0.5	14
丝束/（根/束）	800	500
拉伸强度/GPa	>2.74	2.8
拉伸模量/GPa	>196	270
断裂伸长率/%	1.4～1.7	1.0
密度/（g/cm³）	2.3～2.5	2.74

（5）碳化硅纤维的应用与发展前景

① CVD 法 SiC 纤维的应用。CVD 法 SiC 纤维中的 SCS-2、SCS-6 和 SCS-8 分别适用于增强铝、镁及其合金、钛及钛合金。目前采用 CVD 法生产连续 SiC 纤维的英国 BP 公司和法国 SNPE 公司均在纤维表面涂覆各种涂层，如 WC、TaC、HfC、TiN、B_4C 等。纤维牌号有 SM1040、SM1140、SM1240 等。CVD 法 SiC 纤维适用于聚合物基、金属基和陶瓷基复合材料的制备。其中，用于增强钛基复合材料的制品已进入实用化研制阶段。

② 经聚合物转化法制备的 SiC 纤维的应用。Nicalon 纤维以其优异的耐热性、抗氧化性

和力学性能，作为聚合物、金属、碳及各种陶瓷基复合材料的增强体已经被广泛研究。表2-12给出了Nicalon纤维增强复合材料的可期待的用途。其中，高体积电阻率级的Nicalon纤维（HVR）增强聚合物基复合材料可作为雷达罩和飞行器透波材料，而采用低体积电阻率级SiC纤维（LVR）制得的聚合物基复合材料可用于微波吸收材料。

表2-12 Nicalon碳化硅纤维增强复合材料的可期待的用途

复合材料类型	应用领域	具体应用部位	使用形态
增强金属（FRM）	宇宙飞行器 汽车工业区	机体结构材料、结构零部件及发动机部件 发动机零部件	织物或无纺布
增强聚合物（FRP）	飞机及宇航 运动用品及音响	机体结构材料及功能材料 扬声器锥体	织物或与碳纤维混杂
增强陶瓷（FRC）	汽车、冶金及机械工业	高强度、耐高温、耐磨、耐腐蚀、抗氧化结构材料，发动机零部件，含碳材料等	编织网、织物
其他	办公生活用品	去静电刷、点火机	织物

Nicalon纤维增强金属基复合材料的研究比较广泛，金属基体选择铝、镁、钛和钯等。Nicalon（体积分数为30%）增强超硬铝（牌号7075）复合材料与7075相比，弯曲强度提高1.8倍，拉伸强度提高1.3倍。400℃时，复合材料的强度不产生明显降级，而7075在150℃时，强度只有室温的1/3；200℃时强度不足室温强度的1/5。Nicalon纤维增强铝合金复合材料有希望作为飞机结构材料使用，可以替代钛合金使发动机、机翼以及起落架等轻量化。另外，若增大飞机速度，由于气动加热会使机体表面温度上升（当马赫数为2.3和2.5时，表面温升分别达到170℃和210℃），这种场合可以使用铝基复合材料来代替较重的钛合金。

2.2.9 氧化铝纤维

氧化铝纤维在高级纤维中问世较晚。它的耐高温、抗氧化性能出类拔萃。其品种多，具有优异的绝缘性能。制造氧化铝纤维的方法包括：杜邦法、住友化学法、拉晶法、溶胶-凝胶法和ICI法。用不同的方法制造出的氧化铝纤维无论是在形状、结构还是性能上都有很大差别。

2.2.9.1 制备氧化铝纤维的几种成功的方法

（1）杜邦公司氧化铝纤维的制造法 杜邦公司采用泥浆法制备氧化铝纤维。即将微细的α-氧化铝颗粒与黏结剂等物质制成具有一定黏度的浆料（称为泥浆或淤浆）、将泥浆进行纺丝，再经焙烧后，得到氧化铝纤维。

泥浆的组成原料为：α-氧化铝颗粒（直径小于$0.5\mu m$）、纺丝添加物（少量氯化镁，黏结剂为铝羟基氯化物）和水。通过检测水分调整黏度，得到可纺丝的混合泥浆。泥浆一般采用干法纺丝。先将所纺得的丝在较低温度（1300℃）下进行焙烧，再升至高温（1500℃）下进行火焰焙烧，得到氧化铝纤维。

用泥浆法可以获得高纯和致密的α-氧化铝纤维。为了弥补其表面缺陷，最后还需要在纤维表面进行二氧化硅（SiO_2）涂层。杜邦法制造的氧化铝纤维商品名为FP-Al_2O_3。它是连续、多晶、束丝纤维。每束约210根，单丝直径约$19\mu m$。

FP-Al_2O_3纤维属于多晶结构，晶粒直径约$0.5\mu m$，具有粗糙表面。FP-Al_2O_3的熔点为2045℃，密度高（$3.95g/cm^3$），拉伸强度超过1380MPa，弹性模量为383GPa，最高使用温度为1000~1100℃。具有高的压缩强度（6.9GPa）和较高的横向剪切和轴向剪切强度，抗蠕变性、抗冲击性、电绝缘性和化学抵抗性均优异，成本也比碳纤维低。其缺点是密度高，脆性大，断裂延伸率低（$\delta \approx 0.4\%$）。

不同性能的 FP-Al_2O_3 纤维的用途不同。如强度为 1380MPa 的用于增强金属；强度为 1897MPa 的（具有 SiO_2 表面涂层）用于增强塑料；强度为 2070MPa（未涂覆 SiO_2）的用于实验室研究。FP-Al_2O_3 还可以作为陶瓷和玻璃陶瓷的增强体。

（2）拉晶法(TYCO 法)　拉晶法即利用制造单晶的方法制备氧化铝。将钼（Mo）制细管放入氧化铝熔池中，由于毛细现象，熔液升至钼管的顶部，在钼管顶部放置一个 α-氧化铝晶核，以慢速（150mm/min）向上提拉，即得到单晶氧化铝纤维。

单晶氧化铝纤维的直径范围约在 $50 \sim 500\mu m$（平均 $250\mu m$）。其化学组成为 100% 的 α-Al_2O_3 单晶。单晶氧化铝的密度大（$3.99 \sim 4.0g/cm^3$），拉伸强度高（2350MPa），弹性模量高（451GPa），最高使用温度为 2000℃，但在 1200℃时的强度只有室温强度的 1/3。

（3）住友法氧化铝纤维的制造　日本住友化学公司采用先驱体转化法制备氧化铝纤维。所用原料为有机铝化合物（聚铝硅烷）加等量水，经水解、聚合得到聚合度为 100 的聚铝氧烷，将其溶于有机溶剂中，加入作为硅成分的、提高耐热性的硅酸酯等辅助剂。制成黏稠液，经浓缩、脱气，得到先驱体纺丝液。采用干法纺丝，得到聚铝氧烷先驱丝。将聚铝氧烷（AlR_3）先驱丝在 600℃加热，使其侧基团分解逸出；再在 $950 \sim 1000$℃下进行焙烧，即得到连续束丝氧化铝纤维。其反应式为：

$$AlR_3 + H_2O \longrightarrow -[Al-O]_n- \atop \qquad\qquad\qquad\qquad | \atop \qquad\qquad\qquad\qquad R \tag{2-27}$$

式中，R 为烷基、烷氧基、碳酸根等。

住友氧化铝纤维的成分为：γ-Al_2O_3（$70\% \sim 100\%$）、SiO_2（$30 \sim 0\%$）。纤维结构是束丝、多晶纤维，每束约 1000 根，每根直径约 $9\mu m$。住友化学氧化铝纤维的密度为 $3.3g/cm^3$，拉伸强度接近 1900MPa，弹性模量接近 210GPa。最高使用温度大于 1300℃。其强度和模量均较 FP-Al_2O_3 低。用超高压电子显微镜观察，住友化学氧化铝纤维的结构是由粒径约 5.0nm 的超微粒子聚集而成，称为凝聚结构。因烧结后仍残留少量纺丝液，故不能得到高强度纤维。

住友化学氧化铝纤维可以作为金属和塑料的增强体，如增强环氧树脂和增强铝。

（4）溶胶-凝胶(sol-gel)法　美国 3M 公司（Minn Mining Man Co.）开发了制造氧化铝纤维的溶胶-凝胶法。它是将含有组成纤维所必需的金属或非金属元素的溶体（特别是金属醇盐化合物）用乙醇或酮作为溶剂制成溶胶，水解、聚合后生成一种可纺凝胶，经纺丝后，将所得到的先驱丝加张力焙烧，得到连续无机纤维。

sol-gel 法氧化铝纤维的原料是金属醇盐溶液（或称金属烃化物溶液）。它是由有机铝化合物溶胶（含有甲酸离子和乙酸离子的氧化铝溶胶）、硅溶液（作为硅成分）、硼酸（作为硼成分）组成。分子式为 $M(OR)_n$，其中，M 代表金属，n 是金属的价数，R 是有机化合物基团。sol-gel 法原理是提供一种合适的有机基团，能使 $M(OR)_n$ 的 M—OR 键断开而获得 MO—R 键，以得到所希望的氧化物陶瓷纤维。金属醇盐水解，产生可纺溶液并凝胶。凝胶纤维在 1000℃以上致密化，再在牵伸力作用下进行焙烧，得到氧化铝纤维。

溶胶-凝胶法制备的氧化铝纤维商品名为 Nextel 312，它的成分为：Al_2O_3（约 62%）、B_2O_3（约 14%）、SiO_2（约 24%）。该纤维是混合多晶纤维。

(5) ICI 法　英国 ICI 公司用自己的独特方法制备了一种氧化铝短纤维。它是将碱式乙酸铝等容易缔合的铝盐调成黏稠的水溶液，与聚氧化乙烯等水溶性高分子和作为硅成分的聚硅氧烷混合成均匀的纺丝液纺成先驱丝后，经高温烧结得到氧化铝纤维。

ICI法制备的氧化铝纤维商品名为saffil（俗称蓝宝石）。其化学成分为δ-Al_2O_3（包括α-Al_2O_3，96%）和SiO_2（<5%）的混合物，直径为$3\mu m$，密度接近$3.3g/cm^3$，拉伸强度接近2000MPa，弹性模量接近300GPa，最高使用温度为1600℃。

2.2.9.2 氧化铝纤维的性能及应用

各种氧化铝纤维的性能见表2-13。氧化铝纤维可以作为聚合物、金属和陶瓷的增强体。氧化铝纤维增强聚合物复合材料预期具有透波性、无色性等，有希望在电路板、电子电器器械、雷达罩和钓鱼竿等领域使用；氧化铝增强金属时，由于它与金属相容性好，可考虑使用成本较低的熔浸技术，制造飞机部件、汽车部件、电池（Al_2O_3/Pb）、化学反应器等。氧化铝增强陶瓷距离工业应用还较远。

表2-13　各种氧化铝纤维的性能

种类	密度/(g/cm³)	使用温度/℃	拉伸强度/GPa	拉伸模量/GPa	直径/mm	厂家
FP-Al_2O_3 （α-Al_2O_3）	3.95	1100	1.47	383	19	（美）杜邦
γ-Al_2O_3+SiO_2	3.3	1300	1.86	206	17	（日）住友化学
α-,δ-Al_2O_3+SiO_2	3.25	1600	1.96	294	3	（英）ICI
单晶α-Al_2O_3	4.0	2000	2.35	451	250	（日）TYCO
Nextel 312	2.59	1300	1.72	147	11	（美）3M

2.2.10 晶须

2.2.10.1 概述

晶须是具有一定长度的纤维状单晶体，由于类似人的胡须形状而得名。英文名为whisker。属于非连续纤维，它的直径小（d为$0.1\mu m$至几微米），长径比大（l/d达几十以上）。由于其内部缺陷极少，故具有很高的拉伸强度（接近理论强度）和弹性模量。

根据化学成分不同，晶须可分为陶瓷晶须、金属晶须两类。陶瓷晶须包括：氧化物（Al_2O_3、BeO）晶须、非氧化物（SiC、Si_3N_4、SiN）晶须。金属晶须包括：Cu晶须、Cr晶须、Fe晶须、Ni晶须等。

晶须的制造包括：焦化法（制造SiC晶须）、气-液-固法（制造SiC晶须和碳晶须）、气相反应法（制造碳晶须、石墨晶须）、电弧法（制造碳晶须、石墨晶须）。

2.2.10.2 晶须的制造方法

（1）焦化法制备SiC晶须　焦化法制备SiC晶须的原料是碾谷过程的副产物——稻壳。它含有纤维素、氧化硅、其他有机物和无机物。稻类植物从土壤中以单硅酸形式吸收SiO_2，存留于纤维素结构中，且大部分都在稻壳中。

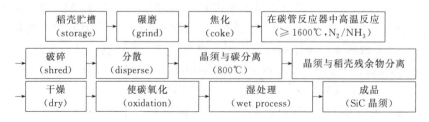

图2-27　以稻壳为原料生产SiC晶须的工艺流程

焦化法制备 SiC 晶须的工艺流程为：稻壳碾磨→焦化→在碳管反应器中高温（≥1600℃）反应（N_2/NH_3 气氛保护）→破碎→分散→晶须与碳分离→晶须与稻壳残余物分离→干燥→使碳氧化→湿处理（分离晶须与颗粒）→成品（SiC 晶须）。以稻壳为原料生产 SiC 晶须的工艺流程见图 2-27。稻壳焦化条件为：700℃，隔离氧。焦化产物中含有大致等量的 SiO_2 和 C。

在碳管中的反应条件为：温度大于 1600℃ 的惰性气氛（N_2）或还原气氛（NH_3）保护下加热 1h，形成 SiC 晶须过程的反应式为：

$$3C + SiO_2 \Longrightarrow SiC + 2CO \tag{2-28}$$

反应产物中，SiC 晶须、自由碳和 SiC 颗粒同时产生。SiC 晶须与碳分离温度为 800℃。再将 SiC 晶须与稻壳残余物分离，干燥后产物中还含有 SiC 颗粒。湿处理后使 SiC 晶须与 SiC 颗粒分离。刚刚制造的硅橡胶 SiC 晶须的长径比为 50。

（2）气-液-固法或气-液-固外延生长法 气-液-固（VLS）法是一种组合式生长法，即在生长系统中同时存在着气体、液体和固体三种物质状态，要生长的物质首先从气态变为液态，然后再由液态沉积在晶体衬底上生长出晶体。利用外延法可生长出较长的晶须。

20 世纪 80 年代初期 Los Alamos National Laborator（LANL）提出生产 SiC 晶须的 VLS 法，制取了高拉伸强度（8.4GPa）、高弹性模量（581GPa）的 SiC 晶须。气-液-固法生产 SiC 晶须工艺流程见图 2-28。

VLS 法的原料蒸气由甲烷（CH_4）、氢气（H_2）和 SiO 组成。原料 SiO 蒸气的制取反应式为：

$$SiO_2(g) + C(s) \longrightarrow SiO(g) + CO(g) \tag{2-29}$$

在固态生长基质上放上固体催化剂，即过渡族金属球（如直径为 $30\mu m$ 的钢球）。加热至

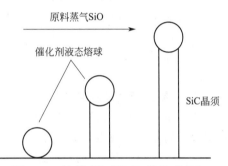

图 2-28 气-液-固（VLS）法生产 SiC 晶须工艺流程

1400℃ 时，通入原料蒸气 CH_4、H_2 和 SiO，固体催化剂已成为液态熔球，它从原料蒸气的过饱和溶液中萃取出 C 和 Si 原子，在基板上反应生成 SiC 并不断长大。

产物 SiC 晶须长约 $10\mu m$，等效直径为 $5.9\mu m$，拉伸强度为 1.7～23.7GPa。

LANL 的 VLS 法仅限于实验室，利用此法还可以制取 Si、Al_2O_3、MgO、BW 等晶须。

（3）化学气相沉积法 利用化学气相沉积法（CVD 法）制取 SiC 晶须有两种方法。

第一种方法是在氢气（H_2）还原气氛作用下，使有机硅化合物在 1000～1500℃ 温度下热分解，生成的 SiC 沉积在基板上，并长大成为 SiC 晶须。反应式为：

$$CH_3SiCl_3 \xrightarrow{\triangle} SiC + 3HCl \tag{2-30}$$

第二种方法是在 1200～1500℃ 温度下，用氢气（H_2）还原 $SiCl_3$ 和 CCl_4 以及其气体混合物，发生反应：$SiHCl_3 + CCl_4 \longrightarrow SiC + HCl + 3Cl_2$，在基板上沉积并长大，得到 SiC 晶须。

SiC 晶须的密度为 $3.2g/cm^3$，熔点为 2690℃，SiC 的直径为 0.2～$1.5\mu m$，最长达 $5000\mu m$。长径比（l/d）为 50～1000。

（4）气相反应法 利用气相反应法制取 α-Al_2O_3 晶须的工艺是：在炉中装入铝和氧化铝的混合粉末，通入氢气（H_2）与水蒸气的混合气体，产生反应：

$$2Al + H_2O \xrightarrow{1300\sim1500℃} Al_2O + H_2 \tag{2-31}$$

$$Al_2O_3 + 2H_2 \xrightarrow{1300\sim1500℃} Al_2O + 2H_2O \tag{2-32}$$

生成的氧化亚铝（Al_2O）容易挥发，它转移到炉子的一端发生歧化反应：

$$3Al_2O \xrightarrow{歧化} Al_2O_3 + 4Al \qquad (2\text{-}33)$$

该反应生成 Al_2O_3 晶须。用气相反应法还可以生产 BeO 和 MgO 晶须。

Al_2O_3 晶须的密度为 $3.9g/cm^3$，熔点为 2082℃，拉伸强度为 21GPa，弹性模量为 434GPa。

（5）气固法　利用气固法（VS 法）制取石墨晶须的工艺是：在 CO 气氛中，把孪晶的 β-SiC 加热至 1800℃以上，活性高的热解碳以高度旋转的 β-SiC 为基质平行堆积（薄层）或垂直生长成晶须，其生长过程分为两步。

第一步：生成非晶质柱状体，直径约 $3\sim6\mu m$，长 1mm。正锥角约 141°，下锥角约 40°，当温度平稳时，柱状体均匀一致。

第二步：温度升至 2000℃，碳的过饱和度提高，气态碳在非晶质碳柱上凝聚生成石墨晶须。

（6）电弧法　利用电弧法制取石墨晶须的工艺是：在半惰性气体（或不可燃液体）中，以石墨作为电极通高压直流电，借助电极靠近产生电弧的作用使石墨升华，然后凝聚成石墨晶须。

石墨晶须的密度为 $2.25g/cm^3$，熔点为 3592℃，拉伸强度为 21.1GPa，弹性模量为 998GPa。

（7）钛酸钾晶须的制造方法　钛酸钾晶须制造方法包括：烧结法、熔融法、水热法和熔剂法。在高压时使原料在热水中反应生长晶体的方法称为水热法，可得到相当长（最长达几厘米）的晶须。缺点是高压危险性大和纤维价格高。利用原料在熔剂（KCl-KF、K_2O-B_2O_3、K_2O-WO_3 等）中反应获得钛酸钾晶须的方法称为熔剂法，缺点是熔剂有挥发性、高腐蚀性、难熔性，同时价格高。

2.2.10.3　晶须的性能、结构及应用

各种晶须的性能见表 2-14。晶须具有比纤维增强体更优异的高温性能和抗蠕变性能。将晶须用作复合材料的增强体时，它更适合成本低的复合工艺，例如熔融浸渗、化学气相沉积（CVD）、化学气相渗透（CVI）、LANXIDE、挤压铸造、注射成型等，多数用来增强金属和陶瓷。但是，晶须在制造复合材料过程中的预先分散是工艺难点。

表 2-14　各种晶须的性能

晶须	熔点/℃	密度/(g/cm^3)	拉伸强度/GPa	弹性模量/($\times10^2$GPa)
Al_2O_3	2040	3.96	21	4.3
BeO	2570	2.85	13	3.5
B_4C	2450	2.52	14	4.9
SiC	2690	3.18	21	4.9
Si_3N_4	1960	3.18	14	3.8
C(石墨)	3650	1.66	20	7.1
$K_2O(TiO_2)_n$	—	—	7	2.8
Cr	1890	7.2	9	2.4
Cu	1080	8.91	3.3	1.2
Fe	1540	7.83	13	2.0
Ni	1450	8.97	3.9	2.1

（1）SiC 晶须的结构、性能及应用　SiC 晶须外观灰绿色、尺寸细小（裸视为粉末状）；通常有 α-SiC 和 β-SiC 两种结构。

α-SiC 晶须为多面体六方结构；β-SiC 晶须为单一立方结构。目前生产的 SiC 晶须多为 β-SiC 晶须。

SiC 晶须具有优异的力学性能，如高强度、高模量、耐腐蚀、抗高温、密度小；与金属基体润湿性好，与树脂基体黏结性好，因此，易于制备金属基、陶瓷基、树脂基及玻璃基复合材料；其复合材料具有质量轻、比强度高、耐磨等特性，因此应用范围较广。

碳化硅晶须增强氧化铝用来制作加工镍基耐热合金的切削刀具；增强塑料用来制作高尔夫球杆、钓鱼竿；增强玻璃（石英砂）用作汽车热交换器的支管内衬和发动机耐磨部位。但碳化硅晶须的价格贵、表面处理和工艺控制困难，有待深入研究。

目前，研究得最多的是 SiC 晶须增强金属和增强陶瓷复合材料。发现用 SiC 增强 Si_3N_4 陶瓷复合材料的性能较为理想，SiC 晶须的弹性模量比基体高、热膨胀系数比基体大，在复合材料中，界面附近的基体产生残余压应力，使 $SiCw/Si_3N_4$ 复合材料具有较高的强度和较好的韧性。

用 SiC 晶须增强热膨胀系数较大的 Y_2O_3-四方相 ZrO_2 陶瓷（Y-TZP），当用湿化学法使 SiC 晶须弥散分布时，提高了 SiCw/Y-TZP 复合材料的强度和韧性。

在金属基复合材料中，SiC 晶须增强铝合金复合材料已成为当前结构复合材料的研究热点。

（2）钛酸钾($K_2O \cdot 6TiO_2$)晶须的形貌、性能及应用　钛酸钾晶须的形貌见图 2-29。钛酸钾晶须经过表面处理后具有亲油性，纤维直径小，渗透压低与溶液亲和性良好，耐碱性好，可作为过滤器材料和隔膜材料。钛酸钾晶须耐老化性好，有良好的抗磨损性能，可以代替石棉制作汽车的制动器、离合器。钛酸钾晶须细、难折，在制备钛酸钾晶须增强热塑性复合材料工艺过程中，熔融树脂的黏度上升不快，成型后纤维长度几乎不变短，可以像无填料的树脂一样利用注射和压铸工艺成型形状复杂的制品。

钛酸钾晶须较软，所以对成型加工设备和金属模具的磨损小。可以用硅烷偶联剂对晶须进行表面处理，进一步改善制品的加工性能和力学性能。钛酸钾晶须增强树脂的制品与纯树脂制品的表面一样平滑，因此耐磨损性优异。

(×750)

图 2-29　钛酸钾晶须的形貌

（3）碳晶须　碳晶须是非金属晶须，含碳量为 99.84%、含氢量为 0.15%，为针状单晶。直径从亚微米至几微米，长为几十微米并具有高度的结晶完整性。碳晶须的位错密度低、孔隙率低、表面缺陷少以及不存在晶界，故具有极高的强度。

碳晶须的拉伸强度为 690～3335MPa、弹性模量为 300～412GPa、延伸率为 0.2%～0.8%；在空气中可耐 700℃高温、在惰性气体中可耐 3000℃高温；热膨胀系数小；受中子照射后尺寸变化小；耐磨性、自润滑性优良；适应性好。

碳晶须可作为高性能复合材料增强体，增强金属、橡胶和水泥；可作为电子材料、原子能工业材料应用。

2.3 颗粒增强体

2.3.1 概述

用以改善复合材料力学性能、提高断裂功、提高耐磨性和硬度、增进耐腐蚀性能的颗粒状材料称为颗粒增强体。

颗粒增强体可以通过三种机制产生增韧效果。①当材料受到破坏应力时，裂纹尖端处的颗粒产生显著的物理变化，如晶型转变、体积效应、应力状态改变、微裂纹产生与增殖等，它们均能消耗能量，从而提高了复合材料的韧性。这种增韧机制称为相变增韧和微裂纹增韧。其典型例子是四方晶相 ZrO_2 颗粒的相变增韧。②第二相颗粒使裂纹扩展路径发生改变，如裂纹偏转、弯曲、分叉、裂纹桥接或裂纹钉扎等，从而产生增韧效果。③以上两种机制同时发生，此时称为混合增韧。

按照颗粒增强复合材料的基体不同，可以分为颗粒弥散强化陶瓷、颗粒增强金属和颗粒增强聚合物。颗粒在聚合物中还可以用作填料，目的是降低成本，提高导电性、屏蔽性或耐磨性。

目前能够使用的颗粒增强体有：SiC、TiC、B_4C、WC、Al_2O_3、MoS_2、Si_3N_4、TiB_2、BN、C（石墨）等。

颗粒增强体的平均尺寸为 $3.5\sim10\mu m$，最细的为纳米级 $1\sim100nm$，最粗的颗粒粒径大于 $30\mu m$。

在复合材料中颗粒增强体的体积分数一般约为 $15\%\sim20\%$，特殊的也可达 $5\%\sim75\%$。

按照变形性能颗粒增强体可以分为刚性（rigid）颗粒和延性（ductile）颗粒两种。刚性颗粒主要是陶瓷颗粒，其特点是具有高弹性模量、高拉伸强度、高硬度、高的热稳定性和化学稳定性。刚性颗粒增强的复合材料具有较好的高温力学性能，是制造切削刀具［如碳化钨/钴（WC/Co）复合材料］、高速轴承部件、热结构零部件等的优良候选材料；延性颗粒主要是金属颗粒，加入到陶瓷、玻璃和微晶玻璃等脆性基体中，目的是增加基体材料的韧性。颗粒增强复合材料的力学性能取决于颗粒的形貌、直径、间距、结晶完整度和体积分数。

2.3.2 SiC 颗粒

2.3.2.1 SiC 颗粒概述

碳化硅是碳和硅原子以化学键结合的四面体空间排布的结晶体，如图 2-30 所示。X 射线衍射分析表明碳化硅有两种主要形态：类似于闪锌矿结构的等轴系 β-碳化硅晶体和晶体排列致密的六方系 α-碳化硅。它们的各种变体的密度几乎无明显变化，α-碳化硅密度为 $3.217g/cm^3$，β-碳化硅密度为 $3.215g/cm^3$。立方晶系形态 β-碳化硅可以在较广的温度范围内生成，并可以由 β-碳化硅向 α-碳化硅转化，其转化活化能为 $158kJ/mol$，接近于碳化硅的蒸发热（$133kJ/mol$），其转化机制是表面扩散。

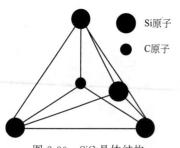

Si原子
C原子

图 2-30 SiC 晶体结构

2.3.2.2 SiC 颗粒的制造

Acheson 法合成 α-SiC 颗粒的工艺过程为：将石墨颗粒置于固定壁上的电极周围使其成为芯棒，通电后，在电极上产生高温，导致充填在其周围的硅石和焦炭等配料起反应生成 SiC；同时形成由芯棒表面向外的温度梯度，在芯棒外侧生成呈梯度分布的 α-SiC 层、β-SiC 层和未反应区；当形成一定量的 α-SiC 带后，开炉，选出 α-SiC 晶块，打碎、水洗、脱碳、除铁、分级，即得到各种粒度的 α-SiC 粉末（颗粒）。

粉碎的方法有：球磨机粉碎、磨碎机粉碎、干法或湿法粉碎。分级的方法有：湿法（水流）分级和干法（气流）分级。湿法分级后，再经两次盐酸处理和一次氢氟酸处理，可以得到更细的 α-SiC 粉末。

制备 β-SiC 颗粒的方法为碳还原二氧化硅法。即用石英砂加焦炭在电炉中高温还原得到 SiC 颗粒。其反应式为：

$$SiO_2 + 3C \longrightarrow SiC + 2CO \tag{2-34}$$

由于纯度不同有黑色和绿色碳化硅之分。碳化硅质量分数越高，颜色越浅，高纯应为无色。不同纯度所生成的 SiC 颗粒中含有少量游离硅、石英砂和氧化铁等杂质，残余碳质量分数大于 1%。当碳化硅质量分数在 96% 左右时，颗粒为绿色；当碳化硅质量分数在 94% 左右时，颗粒为黑色。

为了制备高纯、细散的 SiC 颗粒，还可采用硅烷与碳氢化合物反应，或三氯甲烷热分解和有机先驱体聚碳硅烷在 1300℃ 以上热分解。

2.3.2.3　SiC 颗粒的性能及应用

SiC 共价性很强，Si—C 键的离子性仅占 14%，Si—C 键的高稳定性赋予 SiC 具有高熔点、高硬度、化学惰性等特性。

β-SiC 颗粒可以烧结，但烧结时扩散速度低，一般需要加入添加剂或加压烧结才能获得较高的体积密度。纯 SiC 只有在 2500℃ 和 5×10^9 Pa 的条件下才能达到理论密度。SiC 颗粒的表面常有一薄层氧化物（SiO_2），在 1700℃ 左右，石英砂熔融分布在晶界周围抑制了碳化硅颗粒之间的接触使之难以烧结。晶体表面氧化程度增高时密度降低。

SiC 颗粒的硬度高（莫氏硬度为 9.2～9.5），β-SiC 颗粒的热膨胀系数介于六方晶系 α-SiC 的晶轴 1 与 a 方向的膨胀系数之间，300℃ 的热膨胀系数为 $4.5 \times 10^{-6}℃^{-1}$。

室温下蓝色 β-SiC 晶体的电阻率为 $1 \sim 10^3 \Omega \cdot cm$，而黄色晶体的电阻率为 $1 \sim 10^2 \Omega \cdot cm$；α-SiC 的电阻较 β-SiC 要高。同时 SiC 颗粒具有负温电阻率，单晶体中电阻率随温度的升高而降低。

在制造复合材料时，可用 AlN、BN、$BeSiN_2$ 或 $MgSN_2$ 等共价键材料作为烧结促进剂，如用质量分数为 10% 的 AlN 作为 SiC 颗粒的烧结促进剂时，可以提高产品的致密度和韧性。

目前碳化硅颗粒广泛应用于增强铝基复合材料。由于碳化硅颗粒与铝有良好的界面结合强度，经碳化硅颗粒增强后，可以提高复合材料的弹性模量、拉伸强度、高温性能和抗磨性。碳化硅颗粒与铝复合材料在光学仪表和航空电子领域里也有广泛应用，这是因为复合材料的热膨胀系数随碳化硅颗粒含量的变化可以得到调节。中国学者对碳化硅颗粒增强铝基复合材料的实验研究水平已与国际同类研究水平接近。碳化硅颗粒增强钛、金属间化合物等体系也得到了研究。由于碳化硅颗粒增强复合材料的制造工艺简便，可以采用成本相对较低的液态浸渗工艺制造，成本不高，具有良好的发展前景。碳化硅颗粒增强复合材料不仅在航空航天领域中应用，也在国民经济的各部门中有所涉及。

2.3.3　Al_2O_3 颗粒

2.3.3.1　Al_2O_3 颗粒概述

自然界中的氧化铝以相存在，又称刚玉，白色晶体，菱形六面体型，是氧化铝的高温相。α-Al_2O_3 属六方晶系，结构如图 2-31 所示，氧离子呈六方紧密堆积，铝离子占据氧八面体空隙，即在每一个晶胞中有一个铝离子进入空隙。α-Al_2O_3 具有硬度大、熔点高的特点，熔点约为 2050℃，纯物质的理论密度为 3.97g/cm³，是耐高温的良好电绝缘体，化学性能稳定，在常温下不受酸碱腐蚀，不溶于水，而且不吸附水，在 300℃ 以上，才能被氢氟酸、氢氧化钾、磷酸腐蚀。其余所有的氧化铝变体在温度达到 1000～1600℃ 时都会发生不可逆相变，转变为 α-Al_2O_3。

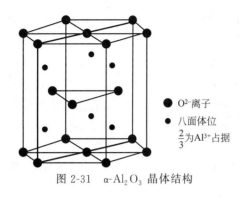

● O^{2-}离子
● 八面体位 $\dfrac{2}{3}$为Al^{3+}占据

图 2-31 α-Al_2O_3 晶体结构

2.3.3.2 Al_2O_3 颗粒的制造

1980 年以来，超细氧化铝的化学制备方法取得了很大的发展。余忠清等用溶胶-凝胶法制得粒径为 40nm 的 γ-Al_2O_3 和 100nm 的 α-Al_2O_3 粉末，Li 等用溶胶-凝胶法制得粒径为 40～50nm 的 Al_2O_3 粉末；张永成通过沉淀法制得了粒度均匀、分散良好的粒径为 20nm 的 Al_2O_3 粉末。Bukaemsk 采用爆炸法得到了粒径分布在 10～50nm 的 Al_2O_3 粉末。

（1）改良拜耳法 拜耳法是氧化铝工业生产的主要方法，过程主要分为溶出、分解和煅烧三个阶段，主要由破碎和湿磨、铝土矿溶出、赤泥分离与洗涤、铝酸钠溶液加氢氧化铝种子分解沉淀氢氧化铝、铝分解母液蒸发浓缩、氧化铝生产中碳酸钠回收苛化、氢氧化铝煅烧等过程组成。工业氧化铝的主要杂质为氧化钠、二氧化硅和氧化铁。

Kumar 等将机械化学活性的概念应用到传统的拜耳法工艺中，其目的是获得优化的工艺条件、减少红泥中氧化铝与苛性钠的流失以及通过流变性改进其沉降行为。

（2）共沉淀法 章跃在共沉淀法制备 Al_2O_3 粉体的过程中加入乙醇，使 Al_2O_3 粒径由 673nm 减小至 220nm。欧阳嘉骏用化学沉淀法制备前驱体，对比超声工艺前后的最佳工艺参数，结果表明：化学沉淀法最优条件下引入超声波功率为 100W，频率为 20kHz 和作用时间为 10min，最终得到平均粒径为 190nm 的颗粒。最后对化学沉淀法和超声-化学沉淀法制备的前驱体进行煅烧，前者得到 α-Al_2O_3 所需条件为 1200℃、2h，而后者则需要 1150℃、2h。同时后者得到 α-Al_2O_3 颗粒分散性要好。表明适当参数的超声波引入到化学沉淀法中能够得到粒径分布更窄的前驱体，同时使其煅烧得到的超细 α-Al_2O_3 粉体的烧结温度有所降低。

（3）溶胶-凝胶法 Ma 等以丙烯酰胺（AM）、淀粉和戊二醛作调节剂，通过溶胶-凝胶法制备了超细氧化铝粉体。由于官能团之间的聚合反应，在溶液干燥过程中逐渐形成溶胶和凝胶。使用的 AM、淀粉和戊二醛可用于形成金属离子截留的完美矩阵，从而在加热处理中产生超细晶氧化铝颗粒。通过在空气中干燥前驱体的热处理方法获得 γ-Al_2O_3 相，然后在 1473K 的热处理温度下 γ 相转变成 α 相或纯 α 相。

Zhang 等以拟薄水铝石为种子的勃姆石溶胶制备高纯细晶氧化铝粉末。温度对 α-Al_2O_3 颗粒性能有一定影响。结果表明，拟薄水铝石种子显著降低了 α-Al_2O_3 的形成温度，α-Al_2O_3 粉末分散性好，平均粒径约为 250nm，粒度分布窄，且随着种子量的增加，颗粒的平均粒径无明显变化，但粒度分布变窄。

（4）机械球磨法 机械球磨法是当物料受到机械力作用时，物料自身会产生相对运动或其颗粒原子或分子的化学键折断，解除键合，从而实现粉体颗粒纳米化、合金化的制备方法，该法效率较高、较经济，便于工业化。机械球磨法制备纳米粉体是粉体颗粒在机械力的作用和诱发下发生物理化学变化。这种机械力按作用方式不同常分为五种：挤压、劈裂、剪切、磨剥、冲击。如图 2-32 所示。一般很少只有一种形式的破碎，所以在机械设计方面，大都是利用多种力共同作用。这些作用力可以是来自液相或气相的冲击波，也可以是一般压力与摩擦力等。

2.3.3.3 Al_2O_3 颗粒的应用

氧化铝具有耐高温、高强度、抗氧化、电绝缘、耐腐蚀、气密性强等性能，因此作为耐火材料应用极为广泛，具体用途有以下几点。

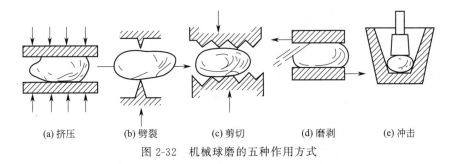

| (a) 挤压 | (b) 劈裂 | (c) 剪切 | (d) 磨剥 | (e) 冲击 |

图 2-32　机械球磨的五种作用方式

① 利用其耐高温、耐腐蚀、高强度等性能,用作炼钢生产的滑动闸板、冶炼高纯金属或生长单晶用的坩埚,以及各种高温窑炉的结构件(炉腔、炉管)、理化器皿、火花塞、耐热抗氧化涂层、玻璃拉丝用坩埚等。

② 利用其硬度大和强度高等特点用作机械零部件、各种模具(拔丝模)、刀具、磨料磨具、装甲防护材料等。

③ 利用其高温绝缘性,作热电偶的套丝管和保护管、原子反应堆中的绝缘陶瓷以及其他各种高温绝缘部件。

④ 利用其优良的介电性能,在电子工业中用作各种电路基板、管座、外壳、雷达天线罩等。此外,氮化铝颗粒增强金属铝,具有较高的硬度和拉伸强度,且不降低金属的电导率和热导率,可以作为电子封装材料。

⑤ 氧化铝颗粒的增强金属铝、镁或钛合金复合材料有望在内燃发动机上应用。

2.3.4　其他颗粒增强体

比较常用和重要的复合材料增强体还有氮化硅(Si_3N_4)颗粒、硼化钛(TiB_2)颗粒、氮化铝(AlN)颗粒及石墨(C)颗粒等。

工业上常使用直接氮化法制备 Si_3N_4 颗粒。不同状态的硅与氮气反应生成 Si_3N_4。反应式为:

$$3Si(s) + 2N_2(g) \longrightarrow Si_3N_4(g)$$
$$3Si(l) + 2N_2(g) \longrightarrow Si_3N_4(g) \tag{2-35}$$
$$3Si(g) + 2N_2(g) \longrightarrow Si_3N_4(g)$$

氮化温度低于硅的熔点。生成的 Si_3N_4 冷凝结块,Si_3N_4 块经过研磨得到颗粒。通常,在氮气中加入氨($5\%\sim10\%$)和铁作为催化剂,以生成 SiO 来加速氮化反应。直接氮化法生产 Si_3N_4 的方法成本较高,且颗粒纯度较低。

此外,还可以用一氧化硅氮化生成 Si_3N_4。反应式为:

$$2Si + O_2 \longrightarrow 2SiO$$
$$Si + H_2O \longrightarrow SiO + H_2 \tag{2-36}$$
$$3SiO + 2N_2 \longrightarrow Si_3N_4 + (3/2)O_2$$

用石英砂与过量 N_2 在高温下(1450℃左右)氮化生成 Si_3N_4。反应式为:

$$3SiO_2 + 6C + 2N_2 \longrightarrow Si_3N_4 + 6CO \tag{2-37}$$

此种方法的反应速率快且能直接得到细颗粒的 Si_3N_4。若在体系中预先加入 Si_3N_4 颗粒作为晶种,还可进一步促进氮化反应并能更好地控制颗粒的形状和尺寸,生产成本较低,因此,已经被选作生产高强度 Si_3N_4 颗粒的主要方法。高强度 Si_3N_4 颗粒主要作为氮化硅陶瓷、多相陶瓷的基体和其他陶瓷基体的增强体使用。

实验室小量制造 Si_3N_4 颗粒,还可以采用硅胺或氨基硅热分解法。反应式为:

$$3Si(NH)_2 \longrightarrow Si_3N_4 + 2NH_3$$
$$3Si(NH_2)_4 \longrightarrow Si_3N_4 + 8NH_3 \tag{2-38}$$

也可用卤化硅或硅烷与氨气反应法。反应式为：

$$3SiCl_4 + 16NH_3 \longrightarrow Si_3N_4 + 12NH_4Cl$$
$$3SiH_4 + 4NH_3 \longrightarrow Si_3N_4 + 12H_2 \tag{2-39}$$

氮化硅颗粒增强陶瓷基复合材料应用于涡轮发动机的定子叶片、热流通道元件、涡轮增压器转子、火箭喷管、内燃发动机零部件和高温热结构零部件、切削工具、轴承、雷达天线屏蔽器和热保护系统、核材料的支架、隔板等高技术领域。

TiB_2 颗粒熔点为 2980℃，显微硬度为 3370HV，电阻率为 $15.2 \sim 28.4\Omega \cdot cm$。$TiB_2$ 颗粒还具有耐磨损性和耐腐蚀性。被用来增强金属铝和增强碳化硅、碳化钛和碳化硼陶瓷。TiB_2 颗粒增强陶瓷基复合材料具有卓越的耐磨性、高韧性和高温稳定性，已用于制备切削刀具、加热设备和点火装置的电导部件以及超高温条件下工作的耐磨结构件。

思考题

1. 纤维增强体在复合材料中的作用有哪几种？
2. 纤维为什么具有高强度？
3. 碳化硅金属复合材料具有哪些优异的特性？为什么会产生这些特性？
4. 颗粒增强体的增韧机制有哪些？
5. 氧化铝颗粒的制备方法有哪些？

参考文献

[1] 郝元恺. 高性能复合材料学 [M]. 北京：化学工业出版社，2004.
[2] 贾成厂. 陶瓷基复合材料导论 [M]. 北京：冶金工业出版社，1998.
[3] 陈祥宝. 聚合物基复合材料手册 [M]. 北京：化学工业出版社，2004.
[4] 尹衍升，张景德. 氧化铝陶瓷及其复合材料 [M]. 北京：化学工业出版社，2001.
[5] 施尔畏. 碳化硅晶体生长与缺陷 [M]. 北京：科学出版社，2012.
[6] 张晓虎，孟宇，张炜. 碳纤维增强复合材料技术发展现状及趋势 [J]. 纤维复合材料，2004 (01)：50-53，58.
[7] 张荻，张国定，李志强. 金属基复合材料的现状与发展趋势 [J]. 中国材料进展，2010，29 (04)：1-7.
[8] 陈祥宝，张宝艳，邢丽英. 先进树脂基复合材料技术发展及应用现状 [J]. 中国材料进展，2009，28 (06)：2-12.
[9] 张国军，金宗哲. 颗粒增韧陶瓷的增韧机理 [J]. 硅酸盐学报，1994 (03)：259-269.
[10] Bledzki A K, Gassan J M. Composites reinforced with cellulose based fibres [J]. Progress in Polymer Science，1999，24 (2)：221-274.
[11] Ibrahim I A, Mohamed F A, Lavernia E J. Particulate reinforced metal matrix composites—A review [J]. Journal of Materials Science，1991，26 (5)：1137-1156.
[12] Mah T，Hecht N L，Mccullum D E，et al. Thermal stability of SiC fibres (Nicalon) [J]. Journal of Materials Science，1984，19 (4)：1191-1201.

第3章 复合材料设计基础

3.1 复合材料界面及其设计

一般情况下，复合材料的界面是在复合材料的制造过程中产生的。当由不同化学成分的增强体和基体组成复合材料时，这些组元通过接触，其中的某些元素在相互扩散、溶解后往往发生化学反应而生成新的相，称为界面相。但是，为了提高或控制复合材料的某种性能，这种界面相也可以人为添加形成，比如为增进基体对增强体的润湿或者为了缓冲它们之间的残余应力，可在增强体表面预先制备各种涂层，在制备后它们被保留在复合材料中，成为界面相。界面相的化学组成和物理性能与增强体和基体均不相同，在复合材料承受载荷时，由于界面相所处的特殊力学和热学环境，对复合材料的整体性能产生着重大影响，因而通过认识、控制界面相来改善复合材料的性能具有重要的意义。在复合材料制备过程中如何改善基体与增强体的浸润性，抑制界面反应，形成理想的界面结构，是复合料生产、应用的关键。界面设计和优化的目标是形成能有效传递载荷、调节应力分布、阻止裂纹扩展的稳定界面结构。

3.1.1 复合材料界面相关的基本概念

3.1.1.1 界面定义

界面是指在复合材料中，两相（如纤维状增强体与基体）之间某种材料特性出现不连续的区域。这种材料特性的不连续可能是陡变的，也可能是渐变的。材料的特性包括元素的浓度、晶体结构、原子的配位、弹性模量、密度、热膨胀系数等。很显然，一个给定的界面，其所涉及的材料特性不连续性可以是一种也可以是几种。除了宏观的物理、化学或力学特性的不连续性外，界面相在原子配位与结合等微观尺度的不连续性也很重要，需要进一步详细说明。根据界面处原子配位的类型，可以将界面分为共格界面、半共格界面和非共格界面。这三种界面示意于图 3-1，图中 a_α 和 a_β 分别表示 α 和 β 的晶格常数。

共格界面是指界面处的原子属于两侧晶体所共有，即在界面两侧，原子位置之间存在一一对应的关系。图 3-1(a) 是理想共格界面——孪晶界面（左）和一般共格界面（右）的示意图。显然，共格界面的界面能比较低。但是，一般除孪晶界面外，晶体之间很难出现这种理想的原子配位（即界面没有弹性变形，界面能接近于零）。在大多数情况下，界面两侧的晶格常数不相等，共格界面处总是存在一定程度的弹性变形。

半共格界面是指界面处原子只有一部分是一一对应的，而其余原子呈现周期性位错，如图 3-1(b) 所示。

非共格界面是指在界面两侧的原子已经找不到任何对应关系。一般，这种非共格界面只有几个原子直径厚。在此区域，原子排列紊乱且不规则。也就是说，非共格界面处的原子排列与相邻晶体（α 和 β）的结构均不相同，与相邻晶粒结构也可能不相同，如图 3-1(c) 所示。

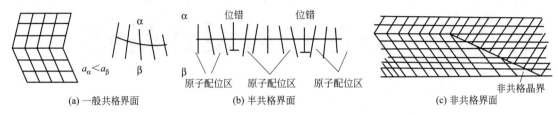

(a) 一般共格界面　　　　(b) 半共格界面　　　　(c) 非共格界面

图 3-1　界面处原子配位的类型

3.1.1.2　界面的润湿性

润湿性是用于描述液体在固体表面上自动铺展程度的术语，如，水在玻璃表面上铺展开来，汞滴在地面上凝聚成小珠等都与界面润湿性密切相关。润湿性是在描述复合材料工艺过程中增进结合或妨碍结合的机制方面的重要概念。润湿是形成复合材料界面的基本条件之一，两组分如能实现完全润湿，则界面的结合强度可超过基体的内聚能。

将一液滴置于固体表面上，形成了如图 3-2 所示的形状。在固、液、气三相界面上，固-气表面张力 σ_{SG}、固-液界面张力 σ_{SL}、液-气表面张力 σ_{LG} 与接触角 θ 之间的关系，服从着名的Young 方程，即：

$$\sigma_{SG} = \sigma_{SL} + \sigma_{LG}\cos\theta \tag{3-1}$$

Young 方程是研究液-固浸润作用的基础，一般地，接触角 θ 的大小是判断润湿性好坏的判据。

$\theta = 0°$，$\cos\theta = 1$ 时，液体完全润湿固体表面，液体在固体表面铺展。

$0° < \theta < 90°$时，液体可润湿固体表面，且 θ 越小，润湿性越好。

$90° < \theta < 180°$时，液体不完全润湿固体表面。

$\theta = 180°$时，完全不润湿，液体在固体表面凝聚成小球。

由 Young 方程可得：

$$\cos\theta = \frac{\sigma_{SG} - \sigma_{SL}}{\sigma_{LG}} \tag{3-2}$$

由式(3-2) 可知，降低液-固表面张力和液-气表面张力或者增大固-气表面张力，则接触角 θ 减小，有助于润湿。也就是说，只有当系统自由能减少时，液滴才能够展开，并润湿固体表面。反之，则不会出现完全润湿。

设有单位面积的 α-β 两相，其相界面张力为 $\sigma_{\alpha\beta}$，如图 3-3 所示，在外力的作用下分离为独立的 α 和 β 相，其表面张力分别为 σ_{α} 和 σ_{β}。

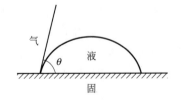

图 3-2　固体表面上的液滴

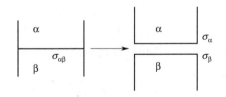

图 3-3　α 和 β 相的分离

在这一过程中，外界所做的功 W_a 为：

$$W_a = \sigma_\alpha + \sigma_\beta + \sigma_{\alpha\beta} \tag{3-3}$$

W_a 是将结合在一起的两相分离成独立的两相时外界所做的功，称作黏附功。

若将单位面积的均相物质分离成两部分，会产生两个新界面，如图 3-4 所示。则式(3-3)中 $\sigma_\alpha = \sigma_\beta$，$\sigma_{\alpha\beta} = 0$，则有：

$$W_c = 2\sigma \tag{3-4}$$

式中，W_c 为内聚功或内聚能。物体的内聚能越大，将其分离产生新表面所需的功也越大。黏附功和内聚能是表面化学中两个重要的物理量。

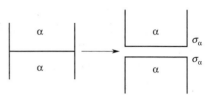

图 3-4　均质物质的分离

对固-液界面，将式(3-4) 中的下标 α 换成 S，β 换成 L，又因为平衡体系不是在真空中，固-液两相分别与气相达到平衡，所以有：

$$W_{SL} = \sigma_{SG} + \sigma_{LG} - \sigma_{SL} \tag{3-5}$$

与 Young 方程结合可得：

$$W_{SL} = \sigma_{LG}(1 + \cos\theta) \tag{3-6}$$

式(3-6) 称为 Young-Dupre 方程，它将固-液界面之间的黏附功与接触角联系起来。接触角越小，润湿性越好，则固-液两相间的黏附功越大，固-液两相结合得越牢固。

润湿性和结合性的关系：良好的结合意味着相邻两相沿着整个界面形成均匀的、原子或分子水平的接触。其结合强度可以从弱的范德华力到强的共价键。结合可以在固态相与液态相之间发生，也可以在固相与固相之间发生。润湿性指的是固体、液体在分子水平上紧密接触的可能程度。润湿角低 ($\theta < 90°$) 表明润湿性良好；润湿角高 ($\theta > 90°$) 则表明润湿性差。润湿性只用于说明不同物态（特别是固相与液相）之间的接触情况。润湿性用来评价复合材料体系工艺的可行性和质量，结合性用来评价和估计复合材料的性能。润湿性好将促进结合。

综上所述，要表征增强相的润湿性，需要测试增强相对某种液体的接触角及其相应的表面张力。

润湿性的测量：由 Young 方程可知润湿性的优劣是通过接触角 θ 的大小来判断的。润湿角度的测量有很多种方法。在高温下熔化的基体材料，一般采用图 3-5 所示的液滴试验模型。通常将构成增强体的固态材料制成光滑平板，将固态的基体材料（如热塑性高聚物或金属）切割成立方体置于其上，送入石英玻璃管中用高频感应加热。当温度升至基体材料熔化温度以上时开始定时拍照。随着温度不断升高，熔化的基体材料由立方体形状逐渐变成圆球、椭圆球、半圆球、球缺直至铺展。记录与各种形状液滴相对应的温度，即可确定该固体材料与基体材料体系的润湿条件。在所拍摄的照片或底片上测量气-液表面与液-固表面之间的角度，即可确定润湿角 θ。热固性高聚物基体，则直接将其液滴滴于增强体材料的平板上测量其润湿角。

图 3-5 示出了液体对固体的润湿条件。

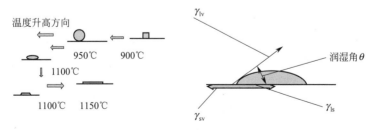

图 3-5　测量润湿性的液滴模型

关于纤维对液体的接触角测量方法如下。

① 单丝浸润法。将纤维单丝用胶带粘在试样夹头上，然后悬挂在试样架上，纤维下端挂一重锤，使纤维垂直与液面接触，由于表面张力的作用，与纤维接触部位的液面会沿纤维上升，呈弯月面，在放大镜下读得液面上升的最大高度 $h_{\max}$，则可按下式求出接触角：

$$\frac{\cos\theta}{1+\sin\theta}=\frac{r}{a}e^{\left(\frac{h_{\max}}{r}-0.809\right)} \tag{3-7}$$

式中，$a=\sqrt{\sigma_L/\rho g}$；σ_L 为液体的表面张力；ρ 为液体的密度；g 为重力加速度；r 为纤维的半径。

实验测出液面上升的最大高度 $h_{\max}$ 以及纤维的半径 r，就可代入式(3-7)，求出液体对纤维的接触角 θ。

② 单丝浸润力法。如图 3-6 所示，设一根纤维浸在某液体中，纤维的另一端挂在电子天平的测量臂上。用升降装置使液面逐渐下降，纤维经（b）状态脱离液面进入（c）状态，在纤维脱离液面的瞬间，由于表面张力消失发生了力的突变。

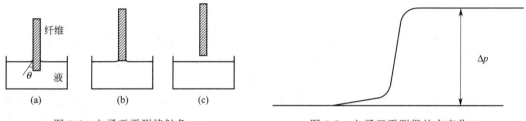

图 3-6　电子天平测接触角　　　　　图 3-7　电子天平测得的力变化 Δp

电子天平测出该变化过程中力的变化 Δp，由记录仪记下如图 3-7 所示的曲线。

如果液体与纤维之间的接触角为 θ，则有：

$$\Delta p=2\pi r\sigma_L\cos\theta \tag{3-8}$$

若纤维的半径 r 和液体表面张力 σ_L 已知，则用电子天平法测出 Δp 后，由式(3-8)可求出纤维接触角 θ。

③ 毛细浸润法。如图 3-8 所示，在塑料管中充填一束纤维，充填率 $\approx 0.47\sim0.53$。纤维束与液面接触时，因毛细现象，液体沿着纤维间空隙上升，用电子天平测出质量增加量 m 随浸润时间的变化，可得如图 3-8 所示的润湿曲线。

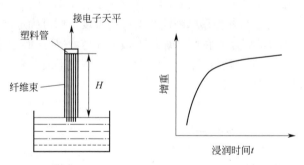

图 3-8　纤维束测接触角示意图及润湿曲线

通过流体力学分析，可推导得出如下公式：

$$m^2=\frac{W_1^3\sigma_1\cos\theta}{H^2\eta W_f A_f\rho_f}t \tag{3-9}$$

式中 m——在润湿时刻 t 时的质量增加量，由实验记录；

W_1——平衡时总的质量增加量，由实验测定；

H——纤维的充填高度，可量取；

η——浸润液黏度，可查取；

W_f——纤维的充填质量，可称取；

A_f——纤维的比表面积，可查取或测定；

ρ_f——液体的密度，可查取或测定；

σ_1——液体的表面张力，可测定或查取。

按式(3-9)，以 m^2-t 作图，可得直线，该直线的斜率即为式(3-9) 中 t 的系数，由斜率即可求出接触角 θ。

3.1.2　复合材料界面结合类型与界面模型

3.1.2.1　界面结合类型

根据界面结合力产生的方式，界面结合可分为五类（图 3-9）。

（1）机械结合　基体与增强体之间仅仅依靠纯粹的粗糙表面相互嵌入（互锁）作用进行连接，称为机械结合或机械互锁。纤维的表面粗糙度有助于基体的嵌合，基体的收缩有助于对纤维箍紧。

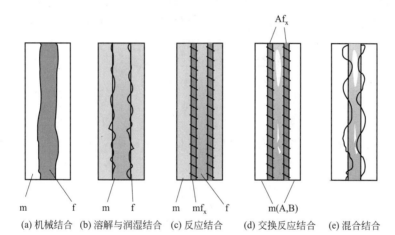

(a) 机械结合　(b) 溶解与润湿结合　(c) 反应结合　(d) 交换反应结合　(e) 混合结合

图 3-9　复合材料界面结合的主要类型

m—基体；f—纤维增强体；mf$_x$—m 与 f 反应层；Af$_x$—A 与 f 反应层

机械结合最突出的例子是硼纤维增强铝基复合材料（B$_f$/Al）。采用化学气相沉积（CVD）方法生产的硼纤维，表面是玉米棒状，与金属铝进行固态扩散复合时，由于温度升高，铝变软。经外力压实，铝填充硼纤维的粗糙表面，形成与硼纤维的机械结合。另外，对钨丝增强铝基复合材料（W$_f$/Al）的实验研究证明，对光滑的钨丝进行腐蚀，使其表面粗糙，再涂覆石墨以防止与铝反应，然后采用真空液态渗铝方法得到 W$_f$/Al 复合材料，该复合材料也具有机械结合界面。这种复合材料的纵向强度可达到混合定律估算值的 90%。观察 W$_f$/Al 复合材料试样拉伸试验后的钨纤维，发现其有许多颈缩，这是塑性材料断裂前的特征，表明机械互锁界面保证了由基体向纤维传递载荷，从而使纤维发挥了增强作用，有效承担了纵向拉伸载荷而不被拉断。

事实上，纯粹的机械结合（即无任何化学作用）是不存在的。基体与增强体之间总会有弱的范德华力存在，故机械结合更确切地讲是机械结合占优势的一种结合，而在大数情况下是机械结合与反应结合并存的一种混合结合。另外，机械结合只有当平行于界面施力时，其载荷传递才是有效的。陶瓷基复合材料中的界面，大多以机械结合为主。

（2）**溶解与润湿结合**　在复合材料制造的过程中基体与增强体之间首先发生润湿，然后相互溶解，所形成的结合方式称为溶解与润湿结合。润湿作用通常是主要的，而溶解是次要的，因为在高温下原子的扩散时间很短，在这种情况下，组分之间的相互作用出现在电子等级上，即短程范围，这意味着这些组分所进行的是原子尺度的接触。

（3）**反应结合**　基体与增强体之间发生化学反应，在界面上形成一种新的化合物而产生的结合称为反应结合。这是一种最复杂、最重要的结合方式。

反应结合受扩散控制，能够发生反应的两种元素或化合物，只有通过相互接触和相互扩散才能发生某种化学反应。扩散包括反应物质在组分物质中的扩散（反应初期）和在反应物质中的扩散（反应后期）。不能笼统地认为基体与增强体发生的反应都会产生反应结合，只有当反应后能产生界面结合的体系才能算是反应结合，如果反应后界面产生大量脆性化合物，造成界面弱化，这不仅不能称为反应结合，反而应称为反应阻碍结合。要实现良好的反应结合，必须选择合适的制造工艺参数（温度、压力、时间、气氛等）来控制界面反应的程度。

（4）**交换反应结合**　当增强体或基体成分中含有两种或两种以上元素时，除发生界面反应外，在增强体、基体与反应产物之间还会发生元素交换，所产生的结合称为交换反应结合。交换反应结合的典型例子是硼纤维/钛合金（Ti-8Al-1V-1Mo）复合材料，即（B_f/Ti）系。

硼与钛的界面首先发生反应结合：

$$Ti(Al) + B \longrightarrow (Ti \cdot Al)B_2$$

再发生交换反应：

$$(Ti \cdot Al)B_2 + Ti \longrightarrow TiB_2 + Ti(Al)$$

用电子探针分析证实了界面的最终反应产物是 TiB_2（图 3-10）。产生交换反应的原因是 Ti-B 的结合力大于 Ti-Al 的结合力。

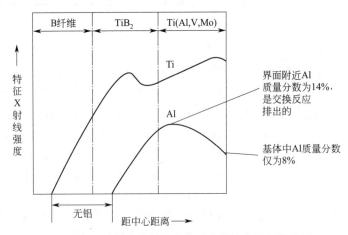

图 3-10　B_f/Ti 复合材料的交换反应带（电子探针分析）

（5）**混合结合**　当由增强体和基体（如某种金属）组成复合材料时，此金属基体表面存在致密的氧化膜。此氧化膜常常逐渐被某种工艺因素或化学反应破坏，使增强体与基体之间的界面从非化学结合向化学结合过渡，在过渡过程中，界面既存在机械结合又存在化学结合，称为混合结合。混合结合的典型例子是硼纤维增强铝合金（6061）复合材料，即［B_f/Al］系。该复合材料一般采用热压扩散结合方法制造，制造温度约为550℃。在此温度和压力下，硼纤维与铝合金基体的接触时间约为0.5h。研究发现，将B_f/Al复合材料在550℃温度下加热0.5h、5h、12h和165h后，拉伸强度分别为593MPa、524MPa、442MPa和317MPa。以上结果表明，拉伸强度随时间增加而减少，这是因为随着时间延长，铝的氧化膜逐渐破坏，B与Al之间由机械结合过渡到机械结合与反应结合并存，B与Al之间的化学反应导致硼纤维的强度降级，从而引起复合材料性能下降。

3.1.2.2 界面模型

建立界面模型的目的是为了在界面研究中突出主要矛盾，省略各种复杂的非本质因素，以了解界面区域中最具影响的因素与性能及它们之间的关系。这些因素和性能的表征及通过调整它们以控制基体与增强体之间的结合程度的途径，如果对此能够达到基本的了解，将为在复合材料体系匹配和工艺过程中通过控制界面来保证复合材料性能提供可能性。

在早期的研究中，将复合材料界面抽象为：界面处无反应、无溶解，界面厚度为零，复合材料性能与界面无关。后来，则假设界面强度大于基体强度，这就是所谓的强界面理论。强界面理论认为：基体最弱，基体产生的塑性变形将使增强体至增强体的载荷传送得以实现。复合材料的强度受增强体强度的控制。预测复合材料力学性能的混合定律是根据强界面理论导出的。由上述可见，对于不同类型的界面，应当有与之相应的不同模型。

（1）Ⅰ型复合材料的界面模型 Cooper和Kelly于1968年提出的Ⅰ型界面模型是界面存在机械互锁，且界面性能与增强体和基体均不相同的模型。复合材料性能受界面性能的影响，影响程度取决于界面性能与基体、增强体性能差异程度的大小，Ⅰ型界面模型包括机械结合和氧化结合两种界面类型。

Ⅰ型界面控制复合材料的两类性能，即界面拉伸强度（σ_i）和界面剪切强度（τ_i）。受界面拉伸强度控制的复合材料性能包括横向强度、压缩强度以及断裂能量；受界面剪切强度控制的复合材料性能包括纤维临界长度（或称有效传递载荷长度，l_c）、纤维拔出情况下的断裂功以及断裂时基体的变形。

（2）Ⅱ、Ⅲ型复合材料的界面理论模型 Ⅱ、Ⅲ型界面模型认为复合材料的界面具有既不同于基体也不同于增强体的性能，它有一定厚度的界面带，界面带可能是由元素扩散、溶解造成的，也可能是由反应造成的。

不论Ⅱ型还是Ⅲ型界面，都对复合材料性能有显著影响。例如B/Ti复合材料界面属于Ⅲ型，其横向破坏是典型的界面破坏。

Ⅱ、Ⅲ型界面控制复合材料的10类性能，即基体拉伸强度、纤维拉伸强度、反应生成物拉伸强度、基体/反应生成物界面拉伸强度、纤维/反应生成物界面拉伸强度、基体剪切强度、纤维剪切强度、反应生成物剪切强度、基体/反应生成物界面剪切强度和纤维/反应界面强度。

反应生成物拉伸强度是最重要的界面性能。反应生成物的强度、弹性模量与基体和纤维的有很大不同。反应生成物的断裂应变一般小于纤维的断裂应变。反应生成物中裂纹的来源有两种，即在反应生成物生长过程中产生的裂纹（反应生成物固有裂纹）和在复合材料承受载荷时先于纤维出现的裂纹。

反应生成物裂纹的长度对复合材料性能的影响与反应生成物厚度的大小直接相关。反应生成物裂纹的长度一般等于反应生成物厚度。当少量反应时（反应生成物厚度小于

500nm），反应生成物在复合材料受力过程中产生的裂纹长度小，反应层裂纹所引起的应力集中小于纤维固有裂纹所引起的应力集中，所以，复合材料的强度受纤维中的裂纹控制；当中等反应时（反应生成物厚度为500～1000nm），复合材料强度开始受反应生成物中的裂纹控制，纤维在一定应变量后发生破坏；当大量反应时（反应生成物厚度为1000～2000nm），反应带中产生的裂纹会导致纤维破坏，复合材料的性能主要由反应生成物中的裂纹所控制。

由上述分析可见，在Ⅱ、Ⅲ型界面的复合材料中，反应生成物裂纹是否对复合材料性能发生影响，取决于反应生成物的厚度。可以认为存在一个反应生成物的临界厚度，超过此临界厚度，反应生成物裂纹将导致复合材料性能显著下降；低于此临界厚度，复合材料的纵向拉伸强度基本上不受反应生成物裂纹的影响。影响反应生成物临界厚度的因素有以下几种。

① 基体的弹性极限。若基体弹性极限高，则裂纹开裂困难，此时，反应生成物临界厚度大，即允许裂纹长一些。

② 纤维的塑性。如果纤维具有一定程度的塑性，则反应生成物裂纹尖端引起的应力集中将使纤维发生塑性变形，从而使应力集中程度降低而不致引起纤维断裂，此时的界面反应生成物临界厚度值大；若纤维是脆性的，则反应生成物裂纹尖端造成的应力集中很容易使纤维断裂，此时的临界厚度就变小。例如不锈钢丝增强铝复合材料系中，由于纤维是韧性的，反应生成物裂纹尖端产生的应力集中使纤维发生塑性变形（产生了滑移带），如图3-11所示。又例如，碳纤维增强铝复合材料系中，纤维是脆性的，反应生成物裂纹产生的应力集中使纤维断裂，见图3-12。可见后者的界面反应生成物临界厚度小于前者。

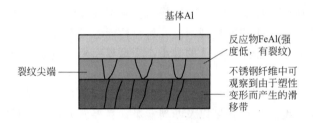

图3-11 反应无裂纹尖端产生的应力集中
使塑性纤维发生塑性变形

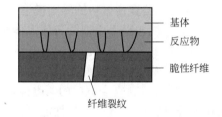

图3-12 反应无裂纹尖端产生的应力集中
使脆性纤维发生断裂

3.1.3 复合材料的界面反应与控制

复合材料制备和使用过程中会发生不同程度的界面反应，形成复杂的界面结构和结合强度，因此，要制备出高性能的复合材料，必须严格控制界面反应程度，以获得合适的界面结合强度。

界面反应的主要表现行为有以下三种。

① 增强了基体与增强体界面结合强度。界面结合强度随界面反应强弱的程度而改变，强界面反应将造成强界面结合。同时界面结合强度对复合材料的残余应力、应力分布、断裂过程均产生极其重要的影响，直接影响复合材料的性能。

② 产生脆性的界面反应产物。界面反应结果一般形成脆性相，如 Al_4C_3、AlB_2、$MgAl_2O$ 等。界面反应物在增强体表面上呈块状、棒状、针状、片状，严重反应时则在纤维、颗粒等增强体表面形成围绕纤维的脆性层。

③ 造成增强体损伤和改变基体成分。严重的界面反应对增强体，如碳纤维、硼纤维等产生侵蚀和缺陷；同时反应还可能改变基体的成分，如碳化硅与铝液反应使铝合金中的硅含

量明显升高。这类界面反应的产生将严重破坏复合材料的性能，要严格避免。

综上所述，可以将界面反应程度分为三类。

① 弱界面反应。它有利于基体与增强体的湿润、复合和形成最佳界面结合。由于这类界面反应轻微，所以无大量界面反应产物，不会发生纤维等增强体损伤和性能下降。界面结合强度适中，能有效传递载荷和阻止裂纹向纤维内部扩散。界面能起到调节复合材料内部应力分布的重要作用，因此希望发生这类界面反应。

② 中等程度界面反应。它会产生界面反应产物，但没有损失纤维等增强体的作用。同时增强体性能无明显下降，而界面结合则明显增强。由于界面结合较强，在载荷作用下不发生因界面脱黏使裂纹向纤维内部扩展而出现的脆性破坏，因此应控制制备过程的工艺参数，避免发生这类界面反应。

③ 强界面反应。反应产生大量界面反应产物，形成聚集的脆性相和界面反应产物脆性层，造成纤维等增强体严重损伤，强度下降，同时形成强界面结合，使得复合材料的性能急剧下降，甚至低于没有增强的基体的性能。因此应严格避免这类界面反应的发生。

界面反应程度主要取决于复合材料基体和增强体的组分性质、制备工艺技术和服役环境等。随着温度的升高，基体和增强体的化学活性均迅速增高。温度越高、停留时间越长，反应的可能性越大，反应程度越严重。因此，要制备出高性能的复合材料必须充分考虑其热力学因素和动力学因素，以及合理地控制界面反应获得合适的界面结合强度。

从界面反应热力学角度出发，通过控制基体与增强体（包括表面涂覆层）的成分，控制二者的化学位差，进行合理匹配，可从根本上对界面反应进行设计和控制。复合材料各相的化学稳定性可以用热力学平衡来判断和测定。相之间的化学反应在吉布斯自由能变为负值时能够进行，如吉布斯-泽尔曼方程式所示：

$$\Delta G_{298}^{\ominus} = \Delta H_{298}^{\ominus} - T\Delta S_{298}^{\ominus} \tag{3-10}$$

式中，$\Delta G_{298}^{\ominus}$，$\Delta S_{298}^{\ominus}$ 为可能反应的原始产物和最终产物的标准生成热和标准熵的变化。高温下产物生成热和熵的变化情况如下：

$$H_T^{\ominus} = H_{298}^{\ominus} + \int_{298}^{T} \Delta C_p \mathrm{d}T \tag{3-11}$$

$$S_T^{\ominus} = S_{298}^{\ominus} + \int_{298}^{T} \frac{\Delta C_p}{T} \mathrm{d}T \tag{3-12}$$

因此，在高温条件下可得：

$$G_T^{\ominus} = H_{298}^{\ominus} - T\Delta S_{298}^{\ominus} + \int_{298}^{T} \Delta C_p \mathrm{d}T - \int_{298}^{T} \frac{\Delta C_p}{T} \mathrm{d}T \tag{3-13}$$

如果已知热容量与温度之间的关系，就可按式(3-13)进行计算，这种方法能够准确地确定在要求的温度下，相与相之间进行反应的可能性。有时常采用简化的计算法，如设 $\Delta C_p = 0$ 时，则：

$$\Delta G_T^{\ominus} = \Delta H_{298}^{\ominus} - T\Delta S_{298}^{\ominus} \tag{3-14}$$

或者 $\Delta C_p = a$ 时，即热容量与温度无关：

$$\Delta G_T^{\ominus} = \Delta H_{298}^{\ominus} - T\Delta S_{298}^{\ominus} - aT\left(\ln\frac{T}{298} + \frac{298}{T} - 1\right) \tag{3-15}$$

从界面反应动力学角度出发，可通过控制界面反应速度、反应时间来控制界面层厚度，而反应速度主要由扩散控制。界面反应层厚度与时间的关系如式(3-16)所示：

$$x^2 = Dt \tag{3-16}$$

式中，x 是界面反应层厚度（即扩散距离）；t 为时间；D 是扩散系数，可用式(3-17)表示：

$$D = A\exp\left(-\frac{Q}{kT}\right) \tag{3-17}$$

式中，Q 是激活能；k 为玻尔兹曼常数；T 为热力学温度；A 为常数，与增强体和基体的成分及气氛等有关。

因此，可以通过调节反应时间、温度及扩散激活能来控制界面反应层的厚度。通常可采用增强体的表面处理、基体成分调控以及优化制备工艺方法和参数等来实现界面反应层厚度的控制。

在增强体表面处理方面，典型的例子为纤维表面涂层/改性。纤维的表面涂层处理/表面改性能够有效地改善其与基体的润湿性、防止发生严重的界面反应。常用的纤维涂层工艺有直接法和间接法。直接法的涂层材料在涂层前后不发生化学变化，例如物理气相沉积、等离子喷涂喷射等。间接法涂层的涂层材料是在涂覆过程中通过化学合成或者转化而形成的，例如化学气相沉积法、溶胶-凝胶法、聚合物先驱体陶瓷裂解法、原位合成和电镀等。

（1）化学气相沉积(CVD)法制备纤维涂层　化学气相沉积是在高温还原性气氛中，使烃类、金属卤化物等还原成碳或碳化物、硅化物等，在纤维表面形成沉积膜或生长出晶须，以改善纤维的表面形态结构。该方法常用于金属基和陶瓷基复合材料的纤维涂层/改性，可在纤维表面涂覆 Ti-B、SiC、TC、B_4C 等涂层以及 C/SiC、C/SiC/Si 复合涂层等。

CVD 过程的化学反应十分复杂，其中代表性的反应有以下四种。

热分解反应：　　　　　　　$CH_4 \xrightarrow{\triangle} C\downarrow + 2H_2$
　　　　　　　　　　　　　　　表面沉积碳

氢还原反应：　　　　　　　$SiCl_4 + 2H_2 \longrightarrow Si\downarrow + 4HCl$
　　　　　　　　　　　　　　　生长硅晶体

复合反应：　　　　　　　　$3SiCl_4 + 4NH_3 \longrightarrow Si_3N_4\downarrow + 12HCl$

与纤维表面反应：　　$SiCl_4 + 2H_2 + C（基材）\longrightarrow SiC\downarrow + 4HCl$
　　　　　　　　　　　生长晶须

CVD 方法的涂层厚度为几纳米至几微米，适用于连续纤维、晶须和纤维编织物涂层。其主要特点是涂层工艺过程对纤维的损伤小；可以根据不同的要求来控制涂层的成分、厚度和结构；采用循环变化源气成分的方法，可以制得纳米级厚度、不同材料叠层结构的复合涂层。CVD 方法的主要缺点是沉积在纤维表面的无机物可能不均匀，从而影响处理的效果。

（2）溶胶-凝胶(sol-gel)法制备纤维涂层　Sol-gel 法涂层是将醇盐或其混合物溶于溶剂，用以浸渍纤维，溶液先"胶化"形成胶体（即溶胶），溶胶经过一定时间后水解（或氨化）转变为凝胶。凝胶在加热过程中通过蒸发脱去所含液相，并经一定温度烧结成为涂层。可形成的涂层物质为氮化物或氧化物等，如 Al_2O_3、SiO_2、SiC、Si_3N_4 等陶瓷涂层。Sol-gel 法的优点是设备和工艺过程简单，生产成本低；通过调整原料的纯度和控制反应过程，可以获得成分准确、纯度高的涂层，甚至可以获得非晶态涂层；涂层厚度均匀，且可通过多次重复均匀增加涂层厚度（超过 $200\mu m$）；可通过在循环中采用不同配方，制备具有多层结构的复合涂层；烧成温度低，涂覆过程中对纤维损伤小。Sol-gel 涂层法的缺点是凝胶中含有较多液相，液相蒸发后产生的收缩会在涂层中形成微裂纹或孔隙。但如果加以控制，也可利用这一特点获得多孔界面相。

（3）聚合物先驱体陶瓷裂解法制备纤维涂层　聚合物先驱体陶瓷裂解法涂层的工艺是

以液态陶瓷先驱体（聚氮硅烷、聚碳硅烷等）浸渍纤维，在一定的温度和保护气氛下使先驱陶瓷聚合物裂解，生成包覆于纤维的陶瓷涂层。该方法的主要问题是聚合物先驱体的陶瓷转化率不高（<80%）；裂解时产生大量气体，逸出时易形成气孔甚至使涂层开裂或在涂层内部形成气泡，因此一般应采用多次涂覆和多次裂解的方法，但这将增加工艺的复杂性和制备成本。

以 B 纤维增强 Ti 复合材料为例，B/Ti、B（SiC）/Ti、B（B_4C）/Ti 的反应动力学行为（反应层厚度平方与反应时间的关系）如图 3-13 所示。在同样条件下，有 B_4C 涂层的硼纤维与钛的反应性最小，反应层厚度最小，因此 B（B_4C）/Ti 复合材料的性能较好；而未涂层的硼纤维与钛的界面反应最严重，反应层厚度最大，致使复合材料性能最差。

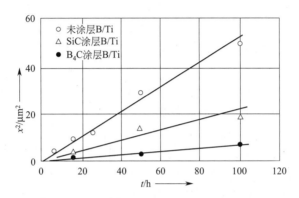

图 3-13　B 纤维增强 Ti 复合材料反应层厚度平方与反应时间的关系

通过改变基体成分来控制界面反应的典型例子为金属复合材料的基体合金化，在金属基体中加入适当的合金元素，能够有效地改善金属液体与增强体的润湿性，阻止有害的界面反应，形成稳定的界面结构。例如，在铝合金基体中加入少量的 Ti、Zr、Mg 等元素，可以很好地抑制碳纤维和铝基体的反应，能够形成良好的界面结构，获得高性能的复合材料。在相同制备方法和工艺条件下，含有 0.34% Ti 的铝基体与 P55 石墨纤维的界面反应微弱，界面上几乎不见脆性 Al_4C_3 反应产物，拉伸强度为 789MPa；而不含 Ti 的纯铝基体界面上有大量脆性界面反应产物 Al_4C_3，拉伸强度只有 366MPa，仅为前者的一半。

3.2　复合准则与复合效应

3.2.1　复合准则

复合材料的设计目的是通过两相或多相的复合，改善或提升单相材料的某种性能。然而，如果在制备复合材料的过程中没有遵照一定的准则、原理进行，可能会达不到性能提升的目的，甚至会导致性能的恶化。因此，在进行复合材料设计时一定要充分考虑各物相之间的内在本质联系，遵照和利用一定的复合准则、原理，只有这样才能充分发挥复合材料各相的作用，取长补短、相辅相成，只有这样才能为开发新型复合材料提供必要的理论依据。在复合材料设计和制备中应该考虑的主要复合准则、原理包括如下 5 个方面。

（1）**组分选择**　复合材料的性能取决于各组分的性质。要针对目标性能选择相应的组成及其分布、晶粒尺寸和形状等，并利用合适的生产工艺、制备方法。同时要考虑固-液相的润湿性，合理控制界面反应程度，还要充分考虑相组分的弹性和热力学性能的相容性。复合材料组分的选择是一个非常综合的过程，是决定复合材料性能的基础和关键。

（2）化学相容性　复合材料要获得优异的性能，各相间必须具有良好的化学相容性，也就是说复合材料在制备和使用过程（尤其是高温环境）中必须完全符合化学稳定性的规定要求，避免相互之间发生激烈化学反应（可能在相界面生成化合物层），不发生相互间的完全溶解。良好的化学相容性是指在高温时复合材料中的两组分之间处于热力学平衡且两相反应速率十分缓慢。然而，除共晶复合材料和原位生长复合材料外，一般复合材料都不属于组分之间能够处于热力学平衡的体系。这是因为在选择材料组分时，通常只孤立地考虑组分各自的力学和物理性能。当把两个组分放在一起形成复合材料时，不能保证它们之间的热力学平衡，相反，大多数组分所构成的体系都存在一个促使两组分发生某种反应而使体系达到热力学平衡状态的驱动力。可见，热力学和动力学对研究复合材料的化学相容性和界面特性具有十分重要的意义。例如，在确定复合材料界面最终的平衡状态时，需要查阅两组元（或三组元）的相图，还有相关反应动力学的技术资料，如一个组元在另一个组元中的扩散系数，可提供关于系统达到一种平衡状态及其过程方面的信息。因此，为了确定组分之间的化学相容性，人们在热力学和动力学数据方面还必须进行大量的实验以获取更为全面的数据库。

（3）物理相容性　复合材料除了要具有良好的化学稳定性外，还要满足一定的物理相容性。复合材料的物理相容性主要包括润湿性、热膨胀匹配性和组分之间元素的相互溶解性等。对润湿性来说，为了保证复合效应的充分发挥，基体和增强体在制备过程中要发生良好的润湿行为，以免复合材料界面结合太弱，使其传递载荷的功能不能充分发挥。对热膨胀匹配性来说，由于复合材料组分之间的热膨胀系数不同，会产生热残余应力，它是使用（或制造）过程中所处的温度偏离复合材料成型温度时，在组元和界面处产生的结构内应力。这种残余应力与复合材料所受外载荷产生的应力相叠加，将影响复合材料的承载能力。在特殊情况下，残余应力值可能接近甚至超过组元或界面的破坏应力，在复合材料中造成微裂纹，使复合材料丧失承载功能，甚至破坏。这种热残余应力对复合材料的性能具有不可忽视的影响。较高的拉伸残余应力会引起较软的基体产生塑性变形。例如在采用液态金属浸渗法制造的钨丝增强铜复合材料系（W_f/Cu 系）中，铜熔液从 $1100^\circ C$ 冷却至室温时，界面附近的钨丝表面产生轴向压应力，而在界面附近的铜基体中产生轴向拉应力，拉应力导致屈服强度较低的铜发生塑性变形，进而使界面附近的铜基体与远离界面处的铜基体具有更高的位错密度。类似的，在碳化硅纤维增强铝复合材料（SiC_f/Al 系）中也发现界面附近铝基体位错密度增高的现象。热残余应力对复合材料的性能也不是一直都是有害的，通过合理设计可以利用它使其对复合材料起到增强和增韧的作用。比如，热残余应力使基体中产生轴向压缩残余应力时，将对复合材料产生增强和增韧的作用。当纤维热膨胀系数大于基体热膨胀系数，即 $\alpha_f > \alpha_m$（常见于陶瓷基复合材料）时，复合材料由制备时的高温冷却至室温，在界面附近的基体中产生轴向压缩应力，这个预压缩应力使脆性较大的陶瓷基体在复合材料承受拉伸载荷时抵抗变形和开裂的能力增加，从而产生增强和增韧效果。

（4）各相表面设计　组成复合材料的各相物质的表面自由能以及比表面积直接决定了其表面活性、分散性、界面反应程度与界面结合强度等，是决定复合材料性能的关键因素。颗粒尺寸越小，比表面积越大，反应活性越强，但会导致其难以均匀分散。此外，液相对固相的润湿性也对复合材料的界面结合与分散性具有重要的作用，因此要尽量获得良好的润湿性。

（5）相界面强度控制　拥有合适的界面结合强度是获得高性能复合材料的先决条件。过强或过弱的界面结合强度都不利于获得性能优异的复合材料。因此，需要根据各组分的物理化学性质，从其热力学、动力学等多角度综合考虑，同时利用合理的制备工艺条件获得符合既定性能要求的界面结合强度。

3.2.2 复合效应

复合效应是复合材料特有的效应，就其产生复合效应的特征可分为两类：一类为线性复合效应；另一类则为非线性复合效应。这两类复合效应无论是对结构复合材料的设计还是对功能复合材料的设计都起着重要的作用。表 3-1 列出了复合材料的几类典型复合效应。

表 3-1　复合材料的几类典型复合效应

复合效应			
线性效应		非线性效应	
平均效应	相补效应	相乘效应	共振效应
平行效应	相抵效应	诱导效应	系统效应

（1）平均效应　平均效应是复合材料所显示的最典型的一种复合效应。它们可以表示为：

$$P_c = P_m V_m + P_f V_f$$

式中，P 为材料性能；V 为材料体积分数；角标 c、m、f 分别表示复合材料、基体和增强体。例如，复合材料的弹性模量，若用混合律（或混合法则）表示，则为：

$$E_c = E_m V_m + E_f V_f$$

（2）平行效应　显示这一效应的复合材料中的各组分，在复合材料中均保留其本身的作用，既无制约，也无补偿。增强体（如纤维）与基体界面结合很弱的复合材料所显示的复合效应，可看作是平行效应。

（3）相补效应　组成复合材料的基体与增强体，在性能上可互补，从而提高综合性能，显示出相补效应。脆性的高强度纤维增强体与韧性基体复合时，两相间若能得到适宜的结合而形成复合材料，其性能显示为增强体与基体互补。

（4）相抵效应　基体与增强体组成复合材料时，若组分间性能相互制约，限制了整体性能提高，则复合后显示出相抵效应。例如，脆性的纤维增强体与韧性基体组成的复合材料界面结合很强时，复合材料整体显示为脆性。在玻璃纤维增强塑料中，当玻璃纤维表面选用适宜的硅烷偶联剂处理后，其与树脂基体组成了复合材料，由于强化了界面的结合，故材料的拉伸强度比未处理纤维组成的复合材料高出 30%～40%。

（5）相乘效应　相乘效应是在复合材料两组分之间产生可用乘积关系表达的协同作用。例如把两种性能可以互相转换的功能材料——热形变材料（以 X/Y 表示），与另一种形变-电导材料（Y/Z）复合，其结果是由于各组分的协同作用得到一种新的热电导（X/Z）功能复合材料，可用下列通式来表示：

$$(X/Y) \times (Y/Z) = X/Z$$

式中，X、Y、Z 分别表示各种物理性能。上式符合乘积表达式，所以称为相乘效应。借助类似关系可以通过各种单质功能材料复合成各种各样的功能复合材料，常用的复合材料乘积效应见表 3-2。

表 3-2　常用的复合材料的乘积效应

A 相性质 X/Y	B 相性质 Y/Z	复合后的乘积性质(X/Y)×(Y/Z)＝X/Z
压磁效应	磁阻效应	压敏电阻效应
压磁效应	磁电效应	压电效应
压电效应	场致发光效应	压力发光效应

A 相性质 X/Y	B 相性质 Y/Z	复合后的乘积性质(X/Y)×(Y/Z)＝X/Z
磁致伸缩效应	压阻效应	磁阻效应
光导效应	电致伸缩效应	光致伸缩效应
闪烁效应	光导效应	辐射诱导效应
热致变形效应	压敏电阻效应	热敏电阻效应

（6）**诱导效应**　在一定条件下，复合材料中的一个组分材料可以通过诱导作用使另一组分材料的结构改变从而改变整体性能或产生新的效应。此外，相界面也可以通过诱导作用使某一相的结构影响另一相。复合材料中存在结晶的无机增强体诱导部分结晶聚合物在界面附近产生横晶，如在碳纤维增强尼龙或聚丙烯体系中，由于碳纤维表面对基体的诱导作用，界面上的结晶状态与数量发生了改变，出现了大量的横向穿晶，这是典型的诱导效应。

（7）**共振效应**　两个相邻的材料在一定条件下，会产生机械的电或磁共振，由于不同材料组分组成的复合材料的固有频率不同于原组分的固有频率，当复合材料中某一部分的结构发生变化时复合材料的固有频率也会发生改变。对于结构复合材料来说，可根据外部工作频率，改变复合材料固有频率而避免共振效应引起材料在工作时的共振破坏。对于功能复合材料来说，可以利用共振效应产生更好的功能。比如吸波材料，可以根据使用频率范围需求，同时引入磁性相和介电相，设计相应磁损耗和介电损耗的量，产生合适的电磁共振，达到更优异的吸波性能。

（8）**系统效应**　系统效应是一种复杂的材料复合效应，在诸多实际现象中存在，但到目前为止，这一效应的机制尚不清楚。例如，彩色胶片是以红、蓝、黄三色感光材料膜组成的一个系统，显示出各种色彩，但材料膜单独存在时无此作用。又如交替叠层镀膜的硬度大于原来各单一膜的硬度和按线性混合律来估算的值等。

3.3　复合材料的强韧化机制与设计

金属、陶瓷以及聚合物是组成金属基复合材料、陶瓷基复合材料和聚合物基复合材料的重要基材。由于其键合类型、原子排布等不同而拥有各自明显的优缺点。例如金属材料是由金属键构成，因此金属材料中位错移动的晶格阻力小，纯金属的屈服强度低，但是具有良好的延展性；陶瓷材料是由强共价键、离子键构成，因此其位错移动需要克服很高的晶格阻力，所以陶瓷材料具有非常高的屈服强度，但是这类材料的断裂韧性很差，在较低的应力作用下就会发生断裂，呈现明显的脆性。由此，长久以来广大材料科研工作者一直致力于如何提高金属材料的强度和降低陶瓷材料的脆性的研究。下面我们将着重介绍一下金属材料、陶瓷材料的强、韧化机制及设计方法。

3.3.1　金属基复合材料的增强机制与设计

金属材料屈服强度低的本质是完美的晶体缺乏阻碍位错运动的阻力，因此提高金属基复合材料的本质就是在完美晶体中引入适当的缺陷，提高位错运动阻力，进而起到增强作用。其主要方法如下。

（1）**固溶强化(零维缺陷强化)**　引入间隙原子或置换原子等点缺陷(空位除外)形成固溶态合金原子或者杂质原子，利用这些缺陷点破坏完整晶体的周期性均匀结构，并使其与晶体中的位错之间产生交互作用，使位错在这些点缺陷附近经过时遇到额外的阻力，从而提高材料的屈服强度。人们将晶体中的固溶原子通过各种交互作用增加位错移动阻力而使屈服强度提高的现象，称作固溶强化。

（2）应变强化(一维缺陷强化)　晶体材料中往往存在大量一维缺陷——位错。这些位错之间可以在应力场的作用下，产生交互作用、相互切割和位错反应三种方式的互相作用，使得移动位错的运动受到其他位错的影响，阻碍位错运动而使屈服强度提高，这就是应变强化。由于这类相互作用产生强化的典型表现是金属冷加工变形过程中的加工硬化，所以这种强化又被称作加工硬化。

（3）细晶强化、晶界强化(二维缺陷强化)　晶体中的二维缺陷是各类界面，其中最为典型的就是晶界。由于晶界两侧的晶体存在位向差，一个晶粒中的位错，移动到晶粒边界部位时会受到晶界的阻碍而被阻塞于晶界附近，不能跨越晶界进入到相邻晶粒之中，对位错运动起到阻碍作用，从而使屈服强度升高，这种强化作用被称作晶界强化。其具体表现为材料的屈服强度随着晶粒尺寸的减小而提高，因此又被称为细晶强化。晶粒中来自同一位错源的位错不断向晶界运动，形成位错塞积，并逐渐积累在晶界前缘形成位错塞积群。这种位错塞积群会在其周围的晶体中建立应力场，如果外加作用应力不断升高，会使位错源放出的位错数量不断增加，亦即使塞积群中位错数量增多。此时，位错塞积群的应力场不断增强，该应力场强度达到一定数值时，能够促使相邻晶粒中的位错源开动，这就意味着晶体发生宏观塑性变形。因此，相邻晶粒中位错源开动时的外应力就对应金属材料的屈服强度。晶界强化又称为细晶强化的原因是晶界前缘位错塞积个数 n 随着位错源到晶界的距离增加而增大（也就是说 n 正比于晶粒直径 d），位错塞积数量的增加会引起更大的应力场。减小晶粒尺寸从而减少了位错塞积群中位错塞积的数量，由此产生的结果是减轻了材料中的局部应力集中，因此使得相邻晶粒中位错源的开动更多地依靠外应力来驱动，即需要更大的外力才能使材料屈服，达到提高屈服强度的作用，对应的屈服强度和晶粒尺寸满足 Hall-Petch 关系：

$$\sigma_S = \sigma_0 + kd^{-\frac{1}{2}} \tag{3-18}$$

式中，k 值反映了屈服强度对晶粒尺寸的敏感性。

通过上面的分析可知，细小的晶粒能够避免因应力集中而过早地产生微裂纹，使塑性变形更加均匀，吸收能量的能力也有所提高。因此，细化晶粒还能够提高材料的韧性。细化晶粒既提高材料的屈服强度，又不降低韧性，是一种同时提高材料的强度与韧性的方法。

（4）第二相强化(三维缺陷强化)　晶体中，任何一个方向上的大小都比原子直径高出至少一个数量级的缺陷称作三维缺陷，其典型代表是第二相质点。在第二相质点所处范围内，基体材料原有的原子排列情况将被完全改变。第二相质点处于位错的滑移面上时会阻挡位错的移动，位错线必须绕过或者切割第二相粒子才能继续移动，人们将这种第二相粒子对位错运动的阻力所产生的强化称作第二相强化。如果产生强化作用的第二相粒子是在高温下溶解于基体金属中，然后较低温度下通过固态相变析出的，则它所产生的强化称作沉淀强化。如果第二相质点是人为加入基体材料中的，或者是通过内氧化等原位方式使金属转变成氧化物质点的，且它们在高温下不溶解，一旦生成不再改变，加热过程中也基本上不发生熟化长大，这样的第二相质点产生的强化称作弥散强化。

（5）纤维强化　所谓纤维强化是在金属基体中分散地加入各种高强度、高弹性模量的金属、非金属纤维，由基体与纤维共同使复合材料强化的一种方法。如果具有高弹性模量的非连续纤维分散地分布在低弹性模量的基体中组成复合材料，则在纤维方向承受载荷时，纤维能够承受比基体更高的载荷，这就是纤维强化。但需要指出的是，要使纤维增强复合材料达到最优的效果，必须保证纤维具有足够大的长径比，即"临界长径比（l_c/d，l_c 为临界纤维长度，d 为纤维直径）"。

当纤维长径比 l/d 超过临界值时，基体能在纤维发生断裂以前便通过塑性变形把应力传递到纤维，使纤维真正起到承载体的作用。纤维和基体的强度差别越大，临界长径比就越高，纤维就越细长。因此，基体的作用之一就是要将纤维隔离，以防它们相互接触降低了长径比。当纤维长度 $l<l_c$ 时，即用小于临界长度的纤维制作不连续纤维增强材料时，无论对复合材料施加多大应力，纤维应力都不会达到纤维的拉伸强度，即纤维不可能充分发挥其承载能力，不可能断裂，增强效果不佳。当纤维长度 $l>l_c$ 时，由于一般情况下金属基体的塑性都好于纤维，纤维先于基体发生破断，这样便能充分发挥纤维在复合材料中的增强效果。所以，在不连续纤维增强金属基复合材料中，纤维长度 l 应大于临界长度 l_c，同时基体延伸率也应大于纤维的延展率，以利于短纤维在复合材料中充分承载，起到强化基体的作用。

3.3.2 陶瓷基复合材料的增韧机制与设计

陶瓷材料的脆性问题一直是制约其进一步应用的瓶颈。因此，提高陶瓷材料的韧性具有重要的理论和实际应用价值，其主要方法包括以下几种。

3.3.2.1 延性颗粒增韧

在基体中加入延性相是提高陶瓷材料韧性的最有效方法之一。根据增韧金属相在陶瓷基体中的分布形态可分为弥散颗粒型（MgO/Fe、Al_2O_3/Ni、Al_2O_3/Mo 和 B_4C/Al 等）、连续或部分连续网络结构型（Al_2O_3/Al、AlN/Al、ZrO_2/Zr 和 TiB_2/Ti 等）以及纤维或板片状结构型（镍纤维增韧 MgO、铝合金纤维增韧 Al_2O_3、铌片增韧 $MoSi_2$ 以及 Al_2O_3/Ni 层状复合材料等）。延性相对陶瓷材料的增韧机制包括裂纹偏转机制、裂纹屏障机制以及裂纹桥连机制等。陶瓷材料易发生脆性断裂的一个主要的原因是裂纹在形成和扩展过程中易在裂纹尖端形成严重的应力集中。若在陶瓷材料中引入延性相，裂纹尖端在扩展的过程中会遇到延性相，起到减缓应力集中的效应，对裂纹进一步扩展起到屏蔽作用。裂纹还可能偏离主裂纹方向而沿着金属和陶瓷的界面扩展，形成裂纹偏转。同时在裂纹尖端应力场的作用下延性相可以发生大量的塑性变形，进而吸收能量，提高韧性。此外，随着裂纹的进一步扩展，被裂纹切过的延性相随着裂纹的张开逐渐被拉伸，直至断裂，这一过程也会消耗很多的能量，从而提高了材料的韧性。这种产生大量塑性变形的桥连作用是延性相增韧陶瓷材料的最主要途经（图 3-14）。

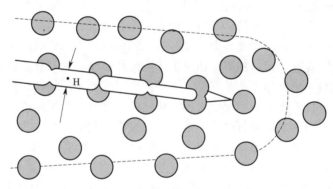

图 3-14　延性金属相的增韧机制示意图

如前所述，延性相对裂纹表面的桥接作用可以显著提高脆性陶瓷的断裂韧性，桥接增韧作用的充分发挥是以延性相在断裂之前发生大规模的塑性变形为前提的，而裂纹与延性相的相互作用取决于基体和延性相的特性，因此，设计延性颗粒增韧的陶瓷复合材料时，必须满足一定的条件才会获得显著的增韧效果。①合适的相界面结合强度。过低的界面结合强度将造成延性颗粒在材料断裂过程中未发生塑性变形即被拔出，起不到增韧作用；而界面结合强度太高则会限制界面的局部脱离，塑性变形小，降低增韧效果。②热膨胀系数和弹性模量的匹配性。基体与延性相应该具有相匹配的热膨胀系数和弹性模量。线膨胀及弹性模量失配容易造成陶瓷基体产生裂纹，降低材料的强度，或者容易造成裂纹避开延性颗粒而仅仅在基体中扩展，起不到增韧效果。③选择合适的金属延性相。如果金属相的强度远高于陶瓷基体，容易出现延性相发生塑性变形和断裂之前基体在相界面附近断裂的情况，从而限制延性相的塑性变形并降低增韧效果。研究表明，延性相具有较低的屈服强度，有利于增韧作用的充分发挥。④控制适当的界面反应。对界面反应程度进行适当控制将改善金属相与基体的相容性，有利于桥接作用的发生和材料断裂强度的提高，过度的界面反应会恶化材料的力学性能。

3.3.2.2 ZrO$_2$ 陶瓷相变增韧

含氧化锆的陶瓷受力后在裂纹尖端的周围，亚稳的 t-ZrO$_2$ 相向稳定的 m-ZrO$_2$ 转变会吸收断裂能而起到增韧作用，其相变增韧机制主要包括 5 个方面。

（1）应力诱导相变增韧　如果四方氧化锆晶粒足够细小，或者基体对其约束力足够大，相变就可被抑制，四方相可以保持到室温甚至以下而以亚稳态存在。当裂纹受到外力作用而扩展时，在裂纹尖端形成较大的张应力，使基体对四方相的约束得到松弛，那么四方相就会相变为单斜相，此时相变粒子产生 3%～5% 的体积膨胀和 1%～7% 的剪切应力，并对基体产生压应力，使裂纹停止扩展，以至于需要更大的能量才能使主裂纹延伸。也就是说，在裂纹尖端应力场作用下，氧化锆粒子发生马氏体相变而吸收能量，从而提高了断裂韧性（图 3-15）。

陶瓷材料中保留亚稳四方相 ZrO$_2$ 是应力诱导相变增韧的基本条件。通常，在基体材料的弹性束缚下，四方晶 ZrO$_2$ 处于亚稳状态。但在受外力作用时，裂纹周围特别是裂纹前端存在着张应力区，在这种应力作用下，一旦驱动裂纹扩展的动力参量（如应力强度因子 K）超过裂纹扩展的临界阻力参量值，裂纹便向前扩展。而在含细分散 t-ZrO$_2$ 的陶瓷基体中，裂纹前端存在的这种张应力场解除了基体对四方相 ZrO$_2$ 的束缚，四方相 ZrO$_2$便相变转化为单斜相 ZrO$_2$。对于氧化锆陶瓷要得到良好的应力诱导相变增韧效果，就必须做到：复合体中保留的亚稳四方相 ZrO$_2$ 体积分数尽可能大；复合体的弹性模量尽可能大。

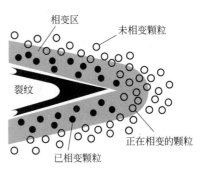

图 3-15　应力诱导相变增韧示意图

（2）相变诱发微裂纹增韧　在复合体中，若四方相 ZrO$_2$ 的粒径大于临界粒径，则在烧结后期的冷却过程中四方相 ZrO$_2$ 便会相变为单斜相 ZrO$_2$。这种转变所伴随的体积膨胀和剪切应变使单斜相 ZrO$_2$ 周围产生大量的微裂纹和微裂纹核。当这些微裂纹处于主裂纹前端作用区时，会吸收驱动主裂纹扩展的一部分能量，实际上增加了主裂纹扩展所需的能量，减少了主裂纹端部的应力集中，有效地抑制了裂纹扩展，因此可以提高陶瓷材料的断裂韧性（图 3-16）。微裂纹增韧效果随晶粒尺寸倒数（$1/d$）的增大而增大，即晶粒尺寸小，取得的增韧效果好。因此，陶瓷材料的断裂韧性随着 ZrO$_2$ 的体积分数的增加和晶粒尺寸的减小而增加，但 ZrO$_2$ 粒子在基体材料中的分布应尽量均匀，否则 ZrO$_2$ 粒子相变形成的微裂纹会局部集中，形成有损于材料强度和韧性的裂纹，降低材料的强度和韧性。

（3）裂纹偏转和弯曲增韧　微裂纹偏转增韧和裂纹弯曲增韧是裂纹与颗粒之间相互作用的结果，单斜相 ZrO$_2$ 颗粒周围的残余应力应变场使主裂纹偏转或弯曲，延长主裂纹扩展路径，提高韧性。研究发现，在 ZrO$_2$ 中加入单斜晶 ZrO$_2$ 后断裂韧性增大，但不存在相变

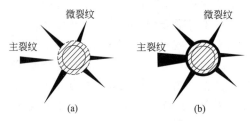

图 3-16　微裂纹增韧机制示意图

增韧，也无微裂纹生成，这就是微裂纹的偏转和弯曲所致。其实质是由于单斜相 ZrO_2 弥散粒子的钉扎作用，主裂纹偏离原扩散方向或绕过第二相继续扩展，增加裂纹扩展路程，耗散更多能量，起到增韧作用。产生了裂纹偏转或裂纹弯曲增韧［图 3-17(a)］。

（4）**裂纹分叉增韧**　主裂纹在扩展过程中，与微裂纹相互作用，产生分叉、偏转、弯曲并促进封闭的晶界开口或伸展，吸收能量，使裂纹前端的应力得以松弛，同时，裂纹的分叉、偏转和弯曲也会增加断裂表面能，改善韧性。如果在基体材料中粒径较大的四方相 ZrO_2 产生较大的内应力，使得某些晶界变弱和分离，在主裂纹端部产生微裂纹区，它与主裂纹之间的相互作用使得裂纹分叉，并使封闭的晶界开口或伸展，吸收能量，缓和裂纹端部的应力集中，裂纹路径的倾斜与弯曲就会增加断裂表面积，提高韧性［图 3-17(b)］。

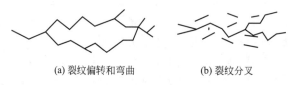

(a) 裂纹偏转和弯曲　　　　(b) 裂纹分叉

图 3-17　微裂纹的偏转、弯曲和分叉增韧机制示意图

（5）**表面相变增韧**　表面相变增韧是通过表面研磨、喷砂、低温深冷处理以及化学处理等手段诱导表面四方晶转化为单斜晶，产生体积膨胀，形成压缩表面层，从而强韧化陶瓷。具有压缩表面层的陶瓷不再对表面的微小缺陷敏感，处于压缩状态的表面缺陷不易发展至产生破坏（图 3-18）。

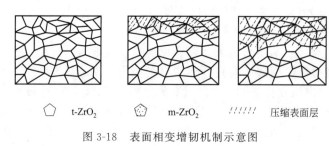

⬠ t-ZrO_2　　⬡ m-ZrO_2　　/////// 压缩表面层

图 3-18　表面相变增韧机制示意图

3.3.2.3　纤维增韧

引入纤维是提高陶瓷基复合材料韧性的一个重要途径，其主要机制包括：基体预压缩应力、裂纹扩展受阻、纤维拔出、纤维桥联、裂纹偏转等。

（1）**基体预压缩应力**　当纤维的轴向热膨胀系数高于基体的热膨胀系数（$\alpha_f > \alpha_m$）时，复合材料由制备时的高温冷却至室温（或使用温度）后，基体会产生与纤维轴向平行的压缩内应力。当复合材料承受纵向拉伸载荷时，此残余应力可以抵消一部分外加应力而延迟基体开裂，吸收更多能量，提高韧性。

（2）**裂纹扩展受阻**　当纤维的断裂韧性比基体的断裂韧性大时，基体中产生的裂纹垂直于界面扩展至纤维，裂纹可以被纤维阻止甚至闭合。因为纤维受到的残余应力为拉应力，具有收缩趋势，所以可使基体裂纹压缩并闭合，阻止了裂纹扩展，起到增韧作用。

（3）**纤维拔出**　具有较高断裂韧性的纤维，当基体裂纹扩展至纤维时，应力集中导致结合较弱的纤维与基体之间的界面解离，在进一步应变时，将导致纤维在弱点处断裂，随后纤维的断头从基体中拔出，吸收更多能量，提高韧性。在纤维断裂和纤维拔出机制中，纤维的断裂和克服摩擦力从基体中拔出的机制消耗能量最多，增韧效果最为显著。

（4）**纤维桥联**　在基体开裂后，纤维承受外加载荷，并在基体的裂纹面之间架桥。桥联的纤维对基体产生使裂纹闭合的力，消耗外加载荷做功，从而增大材料的韧性。

（5）**裂纹偏转**　裂纹沿着结合较弱的纤维、基体界面弯折，偏离原来的扩展方向，即偏离与界面相垂直的方向，因而使断裂路径增加，裂纹可以沿着界面偏转，或者仍按原方向扩展，但在越过纤维时产生了沿界面方向的分叉。图 3-19 展示出纤维增强陶瓷基复合材料中的裂纹偏转。原始状态基体被界面结合力固定［图 3-19(a)］；施加外力，基体萌生裂纹并沿垂直于纤维、基体界面的方向开始扩展，到达界面时，裂纹被阻止［图 3-19(b)］；纤维、基体界面结合弱，基体剪切和纤维、基体的横向收缩，使界面解离［图 3-19(c)］；裂纹偏转至界面方向，经过弛豫后裂纹又重新沿原方向扩展［图 3-19(d)］；纤维在其弱点处断裂；纤维断头克服界面摩擦阻力从基体中拔出［图 3-19(e)］。

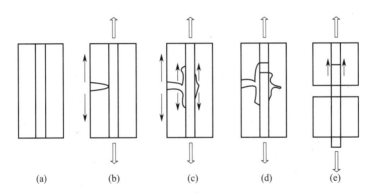

图 3-19　纤维增强陶瓷基复合材料中的裂纹偏转

纤维与基体界面解离、裂纹偏转和纤维拔出等耗能机制，与纤维和基体之间的界面结合强度密切相关。需要根据实际需要设计合理的纤维和基体之间的界面结合强度，并通过合适的复合材料制备工艺加以实施。

3.3.2.4　晶须增韧

晶须增韧陶瓷复合材料的主要增韧机制包括晶须拔出、裂纹偏转、晶须桥联和微裂纹区增韧。晶须桥联增韧机制的特点与纤维桥联类似，晶须桥联也可对基体产生一个阻碍裂纹张开、使裂纹趋于闭合的力，对断裂的阻抗随着裂纹的张开和扩展而急剧增大，从而使断裂功增加，这种由晶须与基体共同增韧的过程，称为"一级增韧"。在晶须架桥过程中，由于晶须往往与裂纹面不相垂直，以及晶须与界面相的弹性失配，因此在被桥联的裂纹尖端参加桥联的晶须的根部发生界面解离（称为后续解离），这种后续解离进一步蓄积弹性能，再次增加了对断裂的阻抗，其中提供的增韧效果，称为"二级增韧"。

后续解离增韧作用与晶须的方位角有关。方位角是晶须轴与裂纹面法线之间的夹角 φ（图 3-20）。当 $\varphi=0°$ 时，后续解离的长度最小，此时只显示一级增韧行为；当 $\varphi\neq0°$ 时，由于晶须桥联的已解离界面与尚未解离的界面交界处应力集中，诱发了晶须根部界面的后续解离，可以产生二级增韧。当$\varphi \leqslant 45°$时，后续解离的长度最大，二级增韧效果最显著；当$\varphi > 45°$时，晶须根部附近的局部基体损坏，导致晶须失去桥联作用，已不能产生二级增韧作用。

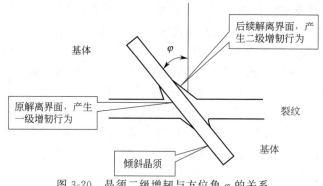

图 3-20　晶须二级增韧与方位角 φ 的关系

思考题

1. 什么是复合材料的界面？
2. 界面润湿与界面结合之间的关系是什么？如何测量液体对纤维的界面润湿性？
3. 复合材料的界面结合类型有哪些？
4. 如何实现复合材料界面反应的有效控制？
5. 复合材料的复合准则都包括哪些内容？
6. 简述复合材料的复合效应。
7. 简述金属基复合材料的增强机制。
8. 简述陶瓷复合材料的增韧机制。

参考文献

[1] 高建明. 材料力学性能 [M]. 武汉：武汉工业大学出版社，2004.
[2] 顾淑英，任杰. 聚合物基复合材料 [M]. 北京：化学工业出版社，2013.
[3] 黄勇，汪长安. 高性能多相复合陶瓷 [M]. 北京：清华大学出版社，2008.
[4] 倪礼忠，周权. 高性能树脂基复合材料 [M]. 上海：华东理工大学出版社，2010.
[5] 李云凯，周张健. 陶瓷及其复合材料 [M]. 北京：北京理工大学出版社，2007.
[6] 祖国胤. 层状金属复合材料制备理论与技术 [M]. 沈阳：东北大学出版社，2013.
[7] 杨王玥. 材料力学行为 [M]. 北京：化学工业出版社，2009.
[8] 李荣. 陶瓷-金属复合材料 [M]. 北京：冶金工业出版社，2004.
[9] 曾黎明. 功能复合材料及其应用 [M]. 北京：化学工业出版社，2007.
[10] 金培鹏，韩丽. 轻金属基复合材料 [M]. 北京：国防工业出版社，2013.
[11] 李凤生，杨毅. 纳米功能复合材料及应用 [M]. 北京：国防工业出版社，2003.
[12] 于化顺. 金属基复合材料及其制备技术 [M]. 北京：化学工业出版社，2006.

第**4**章 金属基复合材料

4.1 概述

4.1.1 定义

金属基复合材料（metal matrix composite，MMCs）是指以金属、合金或金属间化合物为基体，添加无机非金属（或金属、金属间化合物）等增强体的复合材料。金属基复合材料与普通的合金材料相比，其特征在于基体与增强体在复合材料中各自保持原有的物理与化学特性，不会完全地相互溶解或融合，可以被物理识别出来，相互之间存在界面；金属基复合材料的增强体可以为不同种类、不同尺寸的长纤维、短纤维、晶须、颗粒等金属、陶瓷材料（或碳材料），与金属或合金相复合后，能够保持各组分材料性能的优点，又具有单组分不具备的综合特性，复合材料的性能具有可设计性。例如：硼纤维增强铝、镁、钛（B/Al、B/Mg、B/Ti）及其合金；碳纤维增强铝、镁（C/Al、C/Mg）及其合金；碳化硅纤维增强铝、镁、钛（SiC/Al、SiC/Mg、SiC/Ti）及其合金；氧化铝纤维增强铝及其合金（Al_2O_3/Al、Al_2O_3/Al-Li）；钨丝增强铜（W/Cu）；铬丝增强镍铝金属间化合物（Cr/Ni-Al）。

通常情况下，金属基体在复合材料中占有很大的体积分数，连续纤维增强金属基复合材料中基体约占 $50\%\sim70\%$；颗粒增强金属基复合材料中，根据不同性能的要求，基体体积分数可在 $25\%\sim90\%$ 范围内变化，多数为 $80\%\sim90\%$；短纤维、晶须增强金属基复合材料中，基体体积分数在 70% 以上，一般为 $80\%\sim90\%$。

（1）金属基体在复合材料中的主要作用

① 固结增强体，与增强体一同构成复合材料整体，保护纤维使之不受环境侵蚀；

② 传递和承受载荷，在颗粒增强金属基复合材料中基体是主要承载相，在纤维增强金属基复合材料中，基体对力学性能的贡献也远大于聚合物基体和陶瓷基体在复合材料中的贡献；

③ 赋予复合材料一定的形状，保证复合材料具有一定的可加工性；

④ 复合材料的强度、刚度、密度、耐高温、耐介质、导电、导热等性能均与基体的相应性质密切相关。

（2）金属基体的优势

① 金属是最古老、最通用的工程材料之一，它们有许多成熟的成型、加工、连接方法可供金属基复合材料借鉴。在使用寿命、性能测试等方面有丰富的技术资料，在金属基体自身的性能积累方面有丰富的数据，对它们在使用中的优缺点的判断拥有丰富的经验。

② 金属材料的模量和耐热性高。

③ 金属基体强度高。金属材料还可以通过各种工程途径来进行强化。

④ 金属的塑性、韧性好，是强而韧的材料。

⑤ 金属的电、磁、光、热、弹性等性能好，有应用于多功能复合材料的发展潜力。

4.1.2 性能

不同于化合物和合金材料，复合材料中的组分材料始终作为独立形态的单一材料而存在，没有明显的化学反应。金属基复合材料的性能取决于所选用的基体金属或合金本身的性能、增强体的特性、含量、分布、尺寸以及界面状态等参数。通过优化组合复合材料可以获得既有金属特性，又兼具增强体的比强度、耐热、耐磨等的综合性能。相对于基体金属材料而言，金属基复合材料的性能优势主要有如下 6 个方面。

（1）力学性能　在金属基体中加入适量的高强度、高模量、低密度的纤维、晶须及颗粒等增强体，可显著提高复合材料的比强度和比模量。如：碳纤维密度只有 $1.85g/cm^3$，最高强度可达 7000MPa，比铝合金强度高出 10 倍以上。石墨纤维的最高模量可达 900GPa，比普通钢材要高 4 倍以上，而 B 纤维、SiC 颗粒的密度也只有 $2.5\sim3.4g/cm^3$，其强度高达 $3000\sim4500$MPa，模量为 $350\sim450$GPa。此类增强材料加入后作为复合材料的主要力学承载体，其比强度、比模量均数倍高于相应基体和合金材料。

（2）导热、导电性能好，热膨胀系数小、尺寸稳定性好　由于金属基复合材料中金属基体占有很高的体积分数，一般在 60％ 以上，因此仍保持金属所特有的良好导热性和导电性，在电子封装领域，金属基复合材料制造集成电路底板和封装件可以迅速有效地降低温度梯度，提高集成电路的可靠性。另外，由于 C 纤维、B 纤维、SiC 纤维和颗粒等增强体普遍具有高模量和低膨胀系数，尤其是超高模量的石墨纤维具有负的膨胀系数，通过调整增强体的类型和数量，可有效地控制整体材料的线膨胀系数，避免膨胀系数不匹配导致的变形开裂和虚焊。

（3）耐磨性好　金属基复合材料的增强体一般均为高硬度、高强度的陶瓷纤维和颗粒，尤其是纳米级别的陶瓷颗粒，在复合材料中起到类似于耐磨合金中弥散强化的第二相的作用，不仅可提高材料的强度和刚度，还可提高复合材料的硬度和耐磨性。目前 SiC、TiB_2 增强的铝基复合材料耐磨性甚至优于铸铁，已在汽车、机械工业中初步用于发动机部件、刹车盘、活塞等重要零部件。

（4）良好的高温性能　高温环境下增强体起到主要的力学承载作用，只要增强体具备远比基体材料更高的高温强度和模量，复合材料的高温性能必将大大提高。一些高温金属纤维、陶瓷纤维和颗粒可将高温性能保持至接近熔点，如：石墨纤维增强铝基复合材料在 500℃下仍有 600MPa 的高温强度，而基体材料强度在 300℃时已降至 100MPa。

（5）良好的断裂韧性和抗疲劳性能　金属基复合材料的断裂韧性和抗疲劳性能取决于增强体与金属基体的界面结合状态（增强体在金属基体中的分布以及金属基体、增强体本身的特性，特别是界面状态）最佳的界面结合状态既可有效地传递载荷，又能阻止裂纹的扩展，提高材料的断裂韧性。

（6）不吸潮、不老化、气密性好　与聚合物相比，金属性质稳定、组织致密，不存在老化、分解、吸潮等问题，也不会发生性能的自然退化，这比聚合物基复合材料优越，不会分解出低分子物质污染仪器和环境，有明显的优越性。

总之，金属基复合材料所具有的高比强度、比模量，良好的导热性、导电性、耐磨性、高温性能，低的热膨胀系数，高的尺寸稳定性等优异的综合性能，且便于制造、成型、加工、连接和精整，使金属基复合材料在航空航天、电子、医疗、汽车、先进武器系统中均具有广泛的应用前景，将对装备性能的提高发挥巨大作用。

4.1.3　国内外发展现状

金属基复合材料是近几年迅速发展起来的一种高技术的新型工程材料，它具有高的比刚度、比强度，优良的高温性能，低的热膨胀系数，以及良好的耐磨、减摩性。由于其优良的加工、成形性能，明显的性能价格比优势，在世界许多国家，如美国、英国、日本、印度、巴西等对它的研究和应用开发正多层次大面积展开。金属基复合材料的成功应用首先是在航空航天领域，如美国宇航局（NASA）采用硼铝复合材料制造飞机中部 20m 长的货舱桁架；美国洛克希德·马丁公司采用二硼化钛颗粒增强铝基复合材料制造机翼。近年来金属基复合材料已逐渐被用于要求更精密的关键零部件，英国航天公司从 20 世纪 80 年代起研究采用颗粒和晶须增强铝合金制造三叉戟导弹制导元件，美国 DWA 公司和英国 BP 公司已制造出专用于飞机和导弹的复合材料薄板和型材，以及航空结构导槽等。随着复合材料研究的深入，其应用范围也开始从军工（飞机、导弹零部件）扩展到民用（汽车、摩托车、纺织、石油、化工）等行业，尤其在制造领域有着十分广阔的应用前景。

我国结合国防军工及高技术发展的需要，已开展颗粒与纤维增强铝基、钛基、镁基、铁基、铜基等各类金属基复合材料的研发，已有较好的研究基础。颗粒增强铝基复合材料的研究已形成了自身的特色，不仅基础研究工作的深度和水平处于国际前列，研制的铝基复合材料的性能也达到了国际先进水平，而且应用研究正在和国外应用研究接轨，并努力将材料推向实际应用。结合铝基复合材料的应用要求，我国还开展了复合材料的导热性、热膨胀性、摩擦磨损特性、疲劳特性、尺寸稳定性等应用基础研究，为铝基复合材料的实际应用打下了良好的基础。在铝基复合材料的复合和成形技术研究方面，已基本掌握了精密铸造、挤压成形、超塑成形、搅拌铸造、真空压力浸渍等技术，并达到了国际先进水平。

4.2　分类

可以作为基体的金属及其合金的种类繁多，增强体的种类也很多，而纤维晶须、颗粒等不同形态的组合就更多了，由此可以看出，金属基复合材料具有多样性特点，于是相应出现了多种分类方法。从材料研究和工程应用的角度，按照以下方式分类有利于把握复合材料的基本属性和适用范围。

4.2.1　按基体类型分类

金属基复合材料的适用范围很大程度上由基体的物理特性所决定。其设计的初衷是改善基体合金的某些物理性能、力学性能（特别是高温力学性能）的不足，复合材料仍然保留着原始基体的物理化学特性，所以其适用对象也往往与基体合金所代表的一类合金相似，常见的有铝基、镁基、铜基、铁基、钛基、镍基以及金属间化合物基等。例如，铝基复合材料保持了铝合金的低密度、高导热特性，而改变的主要是膨胀系数、弹性模量、屈服强度等；镁基复合材料遗传了镁合金的轻质和阻尼等特性，因此比铝基复合材料有更高的比强度、比刚度和较好的阻尼性能；钛基复合材料可以发挥出更加优异的高温强度并保持低密度等特点。

4.2.2 按增强体类型分类

复合材料的强化机制强烈依赖于增强体，与增强体的种类、形态，体积分数、分散方式直接相关。增强体的选择并不是随意的，选择一个合适的增强体需要从复合材料的应用情况、制备方法以及增强体的成本等诸多方面综合考虑，不仅要求与复合材料基体结合时的润湿性较好，并且增强体的物理、化学相容性好，载荷承受能力强，尽量避免增强体与基体合金之间产生界面反应等。

金属基复合材料按增强体类型分类，可分为颗粒增强型、短纤维/晶须增强型、连续纤维增强型以及弥散增强型等。几类材料的强化数学模型与物理模型有所不同。

颗粒增强与短纤维、晶须增强均属于非连续增强型，金属基体和增强体共同承担载荷（不是平均分配）。非连续增强体的加入主要是为了弥补金属基体的刚度、热膨胀、高温性能等的不足。单晶体的晶须比短纤维具有较高的强度和断裂韧性，颗粒增强容易获得力学性能和物理性能的各向同性特征，其性能与颗粒的形状、物理化学性质有关，但主要依赖于增强体的尺寸和体积分数。

连续纤维增强金属基复合材料主要由纤维承受载荷。连续纤维增强复合材料展现了最好的强度、刚度和断裂韧性。然而，由于纤维是定向排列的，材料存在力学性能和物理性能的各向异性。

弥散增强型主要指原位增强复合材料和纳米复合材料。原位增强复合材料是在基体中析出亚微米或纳米尺寸的金属间化合物，形成弥散强化，而金属基纳米复合材料的纳米增强体是依靠工艺方法加入基体合金中的。纳米复合材料的强化机制尚不十分明确，但是普遍认为以弥散强化为主，被强化的基体承受更多的载荷。

4.2.2.1 颗粒增强型

用于改善复合材料的力学性能，提高断裂功、耐磨性和硬度以及增强耐腐蚀性能的颗粒状材料，称为"颗粒增强体"。

颗粒增强体可以通过三种机制产生增韧效果。

① 当材料受到破坏应力时，裂纹尖端处的颗粒发生显著的物理变化（如晶型转变、体积改变、微裂纹产生与增殖等），它们均能消耗能量，从而提高了复合材料的韧性，这种增韧机制称为"相变增韧"和"微裂纹增韧"；

② 复合材料中的第二相颗粒使裂纹扩展路径发生改变（如裂纹偏转弯曲、分叉、裂纹桥接或裂纹钉扎等），从而产生增韧效果；

③ 以上两种机制同时发生，称为"混合增韧"。

按照变形性能，颗粒增强体可以分为刚性颗粒和延性颗粒。刚性颗粒主要是陶瓷颗粒，其特点是高弹性模量、高拉伸强度、高硬度、高的热稳定性和化学稳定性。刚性颗粒增强的复合材料具有较好的高温力学性能，是制造切削刀具、高速轴承零部件及热结构零部件等的优良候选材料；延性颗粒主要是金属颗粒，加入陶瓷、玻璃和微晶玻璃等脆性基体中，目的是增加基体材料的韧性。颗粒增强复合材料的力学性能取决于颗粒的形貌、直径、结晶完整度和颗粒在复合材料中的分布情况及体积分数。

4.2.2.2 短纤维/晶须增强型

在非连续体增强金属基复合材料中，基体是主要承载相，基体的强度对复合材料的性能具有决定性的影响。欲获得高性能的复合材料，必须选用高强度的、能热处理强化的合金为基体。它们与增强体的相容性涉及能否实现复合，因此也是必须考虑的重要条件。

晶须是以单晶结构生长的直径小于 3pm 的短纤维。它的内部结构完整，原子排列高度有序，晶体中缺陷少，是目前已知纤维中强度最高的，其强度接近于相邻原子间成键力的理论值。晶须可用作高性能复合材料的增强材料，如增强金属、陶瓷和聚合物。常见的晶须有金属晶须，如铁晶须、铜晶须、镍晶须、铬晶须等；陶瓷晶须，如碳化硅晶须、氧化铝晶须、氮化硅晶须等。

用晶须制备的复合材料具有质量轻、比强度高、耐磨等特点，在航空航天领域，可用作直升机的旋翼，飞机的机翼、尾翼、空间壳体、起落架及其他宇宙航天零部件，在其他工业方面可用在耐磨零部件上。

在机械工业中，陶瓷基晶须复合材料已用于切削刀具，在铝镍基耐热合金的加工中发挥作用；塑料基晶须复合材料可用于军用零部件的黏结接头，并局部增强零部件应力，集中承载力大的关键部位、间隙增强和硬化表面。

在汽车工业中，玻璃基晶须复合材料已用作汽车热交换器的支管内衬。发动机活塞的耐磨部件已采用 SiC_w/Al 复合材料，大大提高了使用寿命。目前正在研究开发晶须塑料复合材料汽车车身和基本构件。

4.2.2.3 连续纤维增强型

在连续纤维增强的金属基复合材料中，基体的作用是保证纤维性能的充分发挥。因为纤维在复合材料中是主要承载相，它们本身的强度非常高（如高强度碳纤维的最高强度已高于7GPa），足以承担复合材料的大部分外载荷，并不需要基体也有高强度和高模量，也不需要基体金属具有热处理强化等性质。但要求基体有好的塑性和与纤维良好的相容性。

用于制造纤维增强金属复合材料的方法很多。较新的是在 20 世纪 70 年代和 80 年代以后开发的。尽管 MMC 可以通过二次加工最终成型，但是，改进工艺的重点主要在于能够降低加工成本的净成形工艺，因为这将是 MMC 商业化成功的关键。

在制成复合材料之前，金属基体材料可以是熔融、粉末、分子或板箔形式。选择金属基复合材料组元时要考察纤维的力学性能与化学性能、纤维与基体二者的物理和化学相容性和注意基体材料可承受的加工温度与工作温度。复合材料设计的主要工作就是选择复合材料体系，确定组元，确定纤维的体积分数、堆积与排列方式和复合材料的工艺设备及工艺参数。

在选择复合材料的工艺成型方法时必须注意操作过程中能够保护增强体和金属基体的强度，力求最大限度地减小复合过程中对增强体的损伤，并使增强体与金属的优良性能得以叠加和互补；使增强体以设计的体积分数和排列在基体中达到预定的定向与分布；尽量避免增强体与金属基体之间发生各种不利的化学反应，得到合适的界面结构和性能，以充分发挥增强体的增强效果；工艺方法简单易行，适于批量生产，尽可能净成型而将二次加工量减至最低限度。

20 世纪 70 年代以来 MMC 制造方法日趋成熟，主要分为：固态制造工艺、液态制造工艺和其他制造工艺。前两种方法中，有时要先对纤维进行表面处理（称为纤维表面改性）或制作纤维、基体预制丝，然后固结或二次加工成为复合材料。

纤维表面处理一般是指纤维表面涂覆适当的薄涂层，其目的为：

① 防止和抑制界面反应（涂层可以是阻挡层或牺牲层），以获得合适的界面结构和结合强度；

② 在复合过程中改善增强体与基体间的润湿与结合；

③ 涂层有助于纤维规则排列（当用磁性涂层时）；

④ 涂层可减少纤维与基体之间的应力集中（当涂层较厚或有塑性时），但这种涂层会造成制造工艺复杂化从而使成本提高。

纤维表面处理的典型例子是硼纤维的 SiC 涂层和硼纤维的 B_4C 涂层，它们分别用作 Al 基、Ti 基复合材料的增强体。具有 SiC 涂层的硼纤维商品名为 Borsic。SiC 涂层和 B_4C 涂层均由化学气相沉积法（CVD 法）制备，原料为氢气与甲基三氯硅烷，涂层厚度为 $2\sim3\mu m$。用处理后的硼纤维制造铝基复合材料，允许采用较高温度（$>500℃$）固态热压，所制成的 B_f-SiC/Al 复合材料能够在高温环境（$>300℃$）下工作；B_4C 涂层厚度约 $5\mu m$，涂层微观组织结构为非晶态。涂层后的硼纤维与 Al、Ti 合金复合后，高温力学性能好于未经增强的基体金属材料。

纤维表面处理的另一个例子是 C_f/Al 体系的纤维表面处理。采用 CVD 方法在碳纤维表面沉积 Ti-B，通过 Zn 蒸气还原 $TiCl_4$ 和 BCl_3，将产物 Ti-B（主要为 TiB_2）共沉积在碳纤维上。涂层厚度与热处理工艺参数有关：在 $650℃$ 下热处理 6min，涂层厚度为 20nm。沉积 Ti-B 的 C_f 束丝（也可称为预制丝）通过熔融 Al 液浸渍，制成 C_f/Al 预制丝（或带），铺排后固态热压得到 C/Al 复合材料构件。

纤维表面处理的技术还包括：梯度涂层（即覆以双重或多重涂层）、物理气相沉积、溶胶-凝胶处理、电镀和化学镀等。

4.2.3 按材料特性及用途分类

不同的基体合金与不同的增强体的组合可以获得不同的材料特性，同一类材料组分，采用不同的制备方法所获得的复合材料特性也大不相同。按材料特性分类可将金属基复合材料分为结构复合材料和功能复合材料两大类。

4.2.3.1 结构复合材料

结构复合材料主要用作承力结构，具有高比强度、高比模量、尺寸稳定、耐热等特点，用于制造各种航天航空、电子、汽车、先进武器系统等高性能构件。结构复合材料以高比强度、高比模量、耐热为主要性能特征，其细分还有很多。例如，可以将结构复合材料分为仪表级复合材料、光学级复合材料、结构级复合材料等几类。其中仪表级复合材料主要特征是尺寸稳定、热膨胀系数适中、高比刚度、易精密加工，用于精密机械零部件；光学级复合材料主要特征是尺寸稳定、低膨胀、高比刚度、高致密度，用于光学反射镜、红外反射镜基底材料；结构级复合材料主要特征是高比强度、高强韧性和一定的塑性，主要用于高比强度、高比刚度、耐高温结构件，在航空航天、地面运输领域有广泛的用途。

对用于各种航空航天、汽车、先进武器等的结构复合材料金属基体的要求是：高比强度和比刚度、高的结构效率。不同基体金属基复合材料的使用温度范围可以大致划分为：铝、镁及其合金 $450℃$ 以下；钛合金 $450\sim650℃$；金属间化合物、镍基、铁基耐热合金 $650\sim1200℃$。

4.2.3.2 功能复合材料

功能复合材料是指除力学性能外还有其他物理性能的复合材料，这些性能包括电、磁、热、声、力学（指阻尼、摩擦）等。该材料可用于电子、仪器、汽车、航空航天、武器等。例如，其中的电子级复合材料用于电子封装、大功率电子器件热沉等部件。

对电子、信息、能源、汽车等工业用功能复合材料金属基体的要求是：较高的力学性能、高导热、低热膨胀、高导电、高抗电弧烧蚀、优良的摩擦性能。例如由于电子领域集成电路的集成度提高，单位体积中的元件数增多导致发热严重，需要用导电好、热膨胀系数小、热导率高，又有较高强度和刚度的材料做基板、电极和封装零部件。单一金属材料难以满足这些综合要求。

用作电子工业的金属基复合材料有：碳化硅/铝、碳化硅/铜、石墨纤维/铝、石墨纤维/铜、金刚石颗粒/铝、金刚石颗粒/铜、石墨晶须/铝、石墨晶须/铜、硼纤维/铝。

用作耐磨零部件的金属基复合材料有：碳化硅、氧化铝颗粒、晶须、纤维和石墨颗粒增强铝、镁、锌、铅等金属和合金。

用作集电和电触头的金属基复合材料有：碳（石墨）纤维、金属丝、石墨颗粒增强铝、铜、银等金属和合金。

用于耐腐蚀的电池极板的金属基复合材料主要是：碳（石墨）纤维增强铅（合金）。

4.3 设计的基本原则

材料设计的范围很宽广，按照研究对象的尺度，可以划分为纳观层次（纳米尺度）、微观层次（微米尺度）、介观层次（毫米尺度）、宏观层次（米尺度）等不同层次的材料设计，各个层次（层面）材料设计的基础理论有所不同。例如，纳观层次的设计主要以分子动力学、第一性原理为基础，以合金元素为基本设计要素；而树脂基复合材料的性能设计多偏重于宏观力学、介观力学；金属基复合材料设计目前处于微观和介观层次的较多见，是以金属学和细观力学为基础的设计。

金属基复合材料设计的基本任务，是根据使役性能的要求或者研究者的兴趣（在科学探索中可以不考虑背景需求，而由科学家的兴趣导向）在基体成分、增强体性质与分布、界面形态等要素中找到合适的匹配，再选择合适的制备工艺以求得各个要素间的耦合最佳效能。从工程应用的角度来说，设计制备出满意的材料之后任务并没有完结，需要进行工程上服役过程的考核。使役行为是材料在服役环境下的性能表现与变化（多是退化），如精密加工性能、腐蚀行为、辐照行为、蠕变行为、服役或者储存寿命及其失效模式等。材料性能设计需要根据使役行为进行最终评价和调整。从这里可以看出，工程问题与科学问题一直是交织在一起不可断然分开的。

目前金属基复合材料性能设计的基本理论很不完善，还是以经验型为主，现有的较为零散的理论基本上是以金属学、金属工艺学以及力学理论为基础而展开的，还远没有形成自身的体系。

金属基复合材料设计原理可以从基体、增强体和界面这三者入手进行分析。

4.3.1 基体合金的选择与设计原则

对于连续纤维增强的金属基复合材料，选择基体主要应考虑它与增强材料的相容性。对于非连续体（颗粒、晶须、短纤维）增强的金属基复合材料，选择其基体时除了要求与增强体的相容性外，还应考虑基体材料自身的强度，正确地选择基体种类及成分，才能与增强体有效复合，并发挥基体金属和增强材料的性能特点，以优异的综合性能来满足使用要求。

基体材料是金属基复合材料的重要组成部分，是增强体的载体，在金属基复合材料中占有很大的体积分数，其作用是将增强体连接成整体并赋予一定的形状，能够传递载荷、保护增强体免受外界环境的破坏。金属基体的力学性能和物理性能将直接影响复合材料的力学性能和物理性能。在选择基体材料时，应根据合金的特点和复合材料的用途选择基体材料。从理论上讲，任何一种金属都可以作为复合材料的基体，但是从材料设计的角度，首先要根据性能要求和服役环境考虑如下因素：

① 密度、膨胀系数、热导率、电导率等的物理性能；

② 力学性能特别是高温力学性能；

③ 与增强体的相容性，包括化学相容性和物理相容性；

④ 性价比。

金属基复合材料的增强形式不同，基体成分设计的要点也不同。在连续增强复合材料中，纤维起到承担主要载荷的作用，复合材料强度受纤维强度控制，因此，基体的主要作用就是将载荷有效地传递给纤维，并在纤维断裂时能够钝化裂纹，这样基体合金就要有较高的韧性和塑性；对于非连续增强的金属基复合材料，基体材料对复合材料的强度特别是高温强度的贡献不可忽视，因此基体材料的强度是要考虑的重要因素；为保证复合材料在制备过程中不发生有害的反应，要考虑基体与增强体的化学相容性；为获得较好的服役性能和寿命，要考虑基体与增强体热膨胀系数的匹配性，以避免复合材料服役过程中微观应力松弛，引起尺寸不稳定和疲劳。对于仪表级、光学级复合材料这一类尺寸长期稳定性要求高的材料而言，还必须要考虑合金的成分，要满足析出相的比容积变化尽量小的原则。

常用的基体金属包括铝、钛、镁、钨、镍、高温合金以及金属间化合物等。到目前为止，铝合金是应用最广泛的基体材料，主要原因是其具有质量轻、易加工、塑性好以及价格低廉等优势。有必要指出的是，现行的金属基复合材料的研究大多采用现成牌号的铝合金，这并不是最优方案，铝合金成分的设计是基于析出相沉淀强化理论而设计的，在金属基复合材料的前提下，合金中加入了 $10\%\sim60\%$ 的陶瓷增强体，最初的合金沉淀强化的设计思想可能打折扣甚至失效。另外，界面有元素偏聚，甚至伴有界面反应，这样一来基体合金的时效析出热力学与动力学行为都要发生变化，初始的合金强化设计思想不能完全体现出来。因此，针对金属基复合材料设计专用基体合金的研究势在必行。

4.3.2 增强体的选择与设计原则

金属基复合材料的增强体是复合材料中人工添加的组分，是以改善基体合金性能或将复合材料赋予某种功能而设计的，是复合材料的关键组成部分。理论上讲，金属氧化物、碳化物、氮化物、硼化物等无机非金属材料都可以作为增强体使用，其他如碳材料、硅材料以及比基体合金熔点高的其他金属也可以作为增强体。如何选用取决于所追求的性能设计目标以及与基体之间的物理性能和化学性能的相容性。通常，石墨纤维、B 纤维、SiC 纤维或晶须、Al_2O_3 晶须、SiC 和 TiC 颗粒等对提高基体材料的强度、耐热性、耐磨性等十分有效，而 SiO_2 空心球增强可以获得阻尼与撞击吸能特性，加入 B_4C 增强体往往是为获得中子吸收功能，而加入金刚石颗粒可以获得低膨胀和高导热功能。

增强体材料的形态也是设计的基本要素。增强体的形态决定了复合材料的微观构型。连续纤维增强复合材料的纤维是主要承载组分，纤维排布角度与外加载荷的方向直接影响材料力学性能和破坏损伤行为，所以纤维的微观构型成为材料设计的重要内容。对于非连续增强体，增强体的主要作用是通过对基体塑性变形的约束作用提高变形抗力从而提高强度，强度提高幅度与颗粒直径和颗粒间隔以及颗粒本身的弹性模量有关，找到这些因素对性能的影响规律并加以有效利用便是材料设计的任务。

4.3.3 界面的设计原则

界面是基体与增强体之间的过渡区，具有传递载荷、阻碍材料裂纹扩展或提供阻尼等功能的作用，由于界面反应物的形态种类都直接影响增强体性能的发挥，所以界面是金属基复合材料性能设计的关键。界面结构主要受基体和增强体的化学相容性制约，与二者之间的反应自由能、扩散系数等因素有关，而这些因素又直接受制备方法及工艺参数的影响，因此界面问题与制备工艺密切相关。界面设计是金属基复合材料研究的重点和难点，获得所期望的界面状态是复合材料制备工艺研究中要解决的首要问题。

金属基复合材料的界面设计的实质是增强体与基体相容性改善和界面反应产物与微观结构控制问题，这些问题可分成两类：一是用被动防护方法，减少有害界面反应、改善润湿性；二是用主动控制方法，杜绝有害界面反应、制造有益界面反应、生成功能性界面。

基体与增强体的相容性，主要包括物理相容性（润湿性、热膨胀匹配性）和化学相容性（能否形成合适的、稳定的界面，是否发生有害的化学反应）。在制造金属基复合材料过程中，如果基体不润湿增强体、或与增强体发生化学反应，则它们之间的相容性不好。所以，需选用既有利于基体与增强体良好润湿，又有利于形成合适的、稳定的界面的合金元素。如在碳/纯铝复合材料的基体中加少量钛；不宜选用易破坏碳纤维结构的铁、镍基合金作为碳纤维复合材料的基体。

被动防护方法主要包括通过化学气相沉积、氧化处理、溶胶-凝胶法等在增强体表面涂覆 SiC、B_4C、TiC、Al_2O_3、SiO_2 等陶瓷涂层，Cu、Ni 等金属涂层及 C/SiC 等复合涂层等。其目的是形成新的界面，改善增强体与基体的润湿性，阻止不良反应。这些方法是有效的，但是需要增加工艺复杂性、增加成本以及引起环境污染问题。

主动控制方法主要包括通过控制制备工艺改善界面反应产物生成动力学条件；基体合金化控制是通过改善合金成分、改变界面润湿角和界面反应产物生成热力学条件，以控制界面产物和形态，阻止不良反应。

国内外文献报道的界面控制方法中，大部分为纤维表面改性之类的被动控制方法，但从环境保护的角度出发，这类方法并不是最优的选择。国内外研究者在主动控制方法方面做了大量工作，20 世纪 90 年代张国定等通过基体合金化等方法实现了界面结构的改善。Wang 等进一步通过基体合金化的方法，将 Al_4C_3 这一有害界面反应转化为 Al_3Mg_2 有益界面反应，使 C_f/Al-Mg 复合材料的弯曲强度由 425 MPa 提高到 1400 MPa。赵敏等为获得自润滑复合材料，采用对 TiB_2 颗粒预氧化的方法，在颗粒表面生成 TiO_2 和 B_2O_3 界面层，制成 TB_2/AL 复合材料之后在使用过程中原位生成 H_3BO_3，获得自润滑的效果，从而制成自润滑复合材料，这些例子都是界面设计的一些成功的尝试。

实践证明，通过合金化和工艺方法控制界面反应是科学而有效的，如运用得当，可以在几乎不增加成本的情况下获得有益的界面状态，用简单的方法可以解决复杂的问题。

4.4 制备工艺

金属基复合材料大多数情况下是将粉末、纤维、晶须等不同形态的无机非金属陶瓷与金属相复合而成的新材料。金属与陶瓷润湿性不好，所以，复合工艺方法在金属基复合材料研究中显得十分重要，也在很大程度上决定了复合材料的结构、性能、应用和制造成本等，因为这是决定材料品质高低的关键，也是基础理论研究的前提。金属基复合材料的复合方法有很多种，随着工艺技术进步，新方法还在不断地增加。在增强体为固相的前提下，按照基体金属的物理状态不同可以分成固态法、液态法和两相反应法。

固态法是指在制造金属基复合材料的过程中，基体基本上处于固态，当然，在某些方法中（如热压）也会有少量液相存在。固态法制备金属基复合材料的整个工艺过程温度较低，金属基体和增强体都处于固体状态，所以金属基体与增强体之间的界面反应不剧烈。典型的工艺有粉末冶金法、固态热压法、热等静压法、轧制法、热挤压法、热拉拔法和爆炸焊接法等，其工艺过程是先将基体合金和增强体按设计要求均匀混合或排列，经过冷压、热压或烧结等工艺制成复合材料零部件。固态法生产工艺复杂，产品形状受限制，生产成本高，难以获得广泛的应用。

液态法是金属基体处于熔融状态下与固态的增强体复合的工艺过程，可以采用加压浸渗、增强体表面（涂覆）处理、基体中添加适当合金元素等辅助措施。液态法有利于复合材料在高温高压下克服润湿的问题，对增强体和基体的选择范围宽，利于材料设计，相对于固态成形具有工程消耗小、易于操作、可以实现大规模工业生产和零部件形状不受限制等优点，适用范围十分广泛，但是工艺控制难度大，特别是在材料体量较大时材料品质不高（主要表现为材料致密度低、有气孔夹杂、增强体不均匀、界面反应强烈等）。制备工艺包括挤压铸造法、搅拌铸造法、液态金属浸渍法、热喷涂法等。

制造金属基复合材料的其他方法包括：原位自生成、物理气相沉积、化学镀、电镀、复合镀、自蔓延等。

4.4.1 固态法

4.4.1.1 粉末冶金

粉末冶金法（P/M）是最早开发用于制备颗粒增强 MMC 的工艺。1961 年，Kopenaal 等用粉末冶金法制备碳/铝复合材料（纤维体积分数为 20%～40%）成功。这种方法可用于制造颗粒、短切纤维或晶须增强金属基复合材料构件。还可以制造复合材料坯件，再经挤压、轧制、锻压、旋压等二次加工方法成型复合材料制件。美国 DWA 公司已用此法制造出各种铝基复合材料的管材、型材、板材和用于汽车、飞机和航天器的各种零部件。它们具有很高的比强度、比模量和耐磨性。

P/M 技术具有以下优点：工艺简单灵活，成本适中；由于烧结温度不高（通常在基体合金的两相区温度以下），所以界面反应不强烈，经过致密化处理之后的材料可以达到较高强度和塑性的匹配；增强体的体积分数可以在大范围内精确调整，增强体的选择余地较大，理论上，只要是粉末状的增强体材料都可以制成复合材料，所以容易实现材料的性能设计；制备的复合材料具有优良的综合性能。这种方法对设备要求不高，工艺过程也比较容易控制，应用十分广泛。粉末冶金法还可以直接制成形状不太复杂的复合材料零部件，从而解决材料的设计制备与零部件成型一体化的问题。其缺点是：制造成本高；受压机吨位和工作台面尺寸限制，制造太大尺寸的零部件和坯件有困难。随着粉末冶金技术的进一步完善，此方法正逐渐成为一项制备非连续增强 MMC 的较为成熟的技术。据统计，目前全球近 100 家生产 MMC 的公司中有 29% 采用 P/M 工艺；就应用领域而言，航空航天及国防用 MMC 有 57% 采用 P/M 法制造；微电子及汽车领域的 MMC 分别有 31% 和 43% 采用 P/M 工艺制造；用粉末冶金法制备 TiC 颗粒增强钛合金（Ti-6Al-4V）基复合材料（颗粒体积分数为 10%），其使用温度提高 100℃（为 650℃）。此外，采用 P/M 工艺制备的轻金属基复合材料在要求高性能、低密度的航空航天领域具有不可替代的优势。

粉末冶金法的主要技术步骤一般包括：首先采用超声波或球磨等方法将增强体粉末与金属基体粉末按照预先设定的比例混合，然后在模具中冷压预制成型，得到复合坯件，最后在真空环境下高温除气、热压或热等静压致密化、二次加工（挤压、锻造、轧制、超塑性成型等）使坯件致密化。P/M 工艺结合二次加工不仅可以获得完全致密的坯锭或产品，同时可满足所设计材料对结构性能的需求，也可以直接将混合粉末进行高温塑性加工，在致密化的同时达到最终成形的目的。这是目前最为成熟、应用最为广泛的一种方法。

粉末处理是保证复合材料质量的一个重要环节，基体合金粉末和颗粒（晶须）的混合均匀程度及基体粉末防止氧化的问题是整个工艺的关键。由于粉体颗粒细小，表面带有电荷，混合时产生的增强体颗粒团聚在后续挤压过程中难以有效进行分散。为实现增强体的均匀分布，一些高能高速的工艺手段，如机械合金化工艺被引入其中，通过高能球磨实现部分或全部的固态合金化转变，同时使得增强相均匀分布在基体合金之中。P/M 工艺的成本一般介于液相工艺与连续纤维复合材料之间，但材料的综合性能高于液相法制备的 MMC，且使用范围更加广泛。采用 P/M 工艺研制 MMC 时需要从产品的各项要求出发，综合考虑各个环节对产品性能的影响，如基体、增强体的选择，粉末处理，粉末固结，坯锭二次加工和其他后续处理过程等。

4.4.1.2 固态热压法

固态热压法的工艺是：在较长时间高温及一定塑性变形下，依靠金属粉末之间和金属粉末与增强体之间接触部位原子间的相互扩散进行复合。热压法亦称扩散黏结法或扩散焊接法。金属粉末之间的扩散黏结过程可分为三个阶段：相接触的金属粉末之间表面接触——→界面扩散和体扩散——→界面消失。影响扩散黏结的工艺因素：温度、压力、气氛和一定温度及压力下保持的时间等。

（1）预制件的制作　固态热压工艺通常要求先将纤维与金属基体制成复合材料预制件（丝、片、带）。复合材料预制片的制作方法有：等离子喷涂法、液态金属浸渍法和离子涂覆法等。离子涂覆法是将纤维用可挥发的黏结剂贴在金属箔上，得到的预制片称为无纬布。无纬布中的纤维与金属基体仅靠黏结剂相连而并未复合，因此，这种预制片也称"生（green）片"。

不同纤维可用不同的方法制成预制丝，如 SiC/Al 预制丝采用超声浸渗法；C/Al 预制丝采用超声浸渗法或者采用化学气相沉积法。采用超声浸渗法制备的 C/Al 预制丝横截面图片见图 4-1。由图可见，碳纤维在铝基体中分布均匀，C-Al 界面结合较好。

无纬布也是固态热压法常使用的中间材料，其制造方法是：将纤维或纤维束在包有衬底（铝箔或钛箔）的圆筒芯模上用缠绕机沿圆筒周向平行缠绕，使纤维或纤维束相邻圈紧密排列，一般要用可挥发的黏结剂将纤维固定。缠绕排布一定宽度后沿着与纤维垂直的一条圆筒的母线切开，

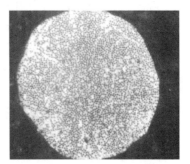

图 4-1　C/Al 预制丝的横截面

展开即得到无纬布。为了在操作中纤维不至散开，也可以在圆筒上裹一层金属基体材料的箔片，即得到带有基体金属衬箔的无纬布。将无纬布按照所需大小和方向进行裁剪，与基体金属薄片交替叠层，并封装在不锈钢模具中，即可进行后续的热压工序。

（2）固态热压法工艺　以 B_f/Al 复合材料为例来说明固态热压（扩散黏结）工艺。按照设计的纤维体积分数与纤维取向，把裁剪的硼纤维无纬布与一定厚度的铝箔交替铺层、堆垛至一定厚度，封装在不锈钢模具中，抽真空状态下加热排除有机黏结剂，最后在高温固态下加压。铝箔塑性变形填充纤维缝隙，并形成层间结合，把纤维固结在其中，形成 B_f/Al 复合材料。

（3）固态热压法的工艺参数　固态热压法的温度一般在稍低于基体合金的固相线或在固相线与液相线之间，后者是为了在热压时有少许液相存在以增强结合，但温度过高，会导致纤维与基体之间发生反应。固态热压法的压力可在较大范围内变化，一般控制在 100MPa 以下；保压时间为 10～20min；固态热压可在抽真空或空气中进行。

固态热压法适用于用直径较粗的纤维（如 CVD 法制造的硼纤维、SiC 纤维）和束丝纤维的预制丝增强铝基、钛基复合材料的制造，或应用于钨丝/超合金、钨丝/铜等复合材料的制造。硼纤维增强铝基复合材料主要用在航天飞机主舱框架承力柱、发动机叶片、火箭部件。SiC 纤维增强铝基复合材料主要用在导弹壳体、舱口盖构件。钨丝/超合金、钨丝/铜等复合材料用在叶片。图 4-2 示出了 SiC_f/Al 热压截锥壳体中纵向和横向纤维。

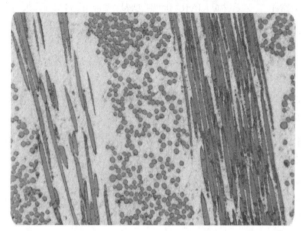

图 4-2　SiC_f/Al 热压截锥壳体中的纵向和横向纤维

4.4.1.3　热等静压法

热等静压法也可归结为固态热压法一类。热等静压法用惰性气体加压，在热等静压装置中，零部件在各个方向上受到均匀压力作用而成型。热等静压工艺有三种：①先升压后升温；②先升温后升压；③同时升温升压。

热等静压工艺过程为：在高压容器内装置加热器；将金属基体（粉末或箔）与增强材料（纤维、晶须、颗粒）按一定比例混合或排布后，或用预制片叠层后放入金属包套中；抽气密封后装入热等静压装置中加热、加压，得到金属基复合材料。

热等静压工艺参数：温度、压力、保温保压时间。温度一般低于热压温度，可在几百摄氏度至 2000℃范围选择；压力根据金属基体材料的变形难易来选择，一般高于扩散黏结压力（约在 100～200MPa）；保温时间根据零部件尺寸大小来确定，一般为 30min 至几小时。

热等静压适用于制造多种复合材料的管、筒、柱及形状复杂零部件；特别适用于制造钛基、金属间化合物基和超合金基复合材料件。

热等静压法的优点是产品组织均匀致密，无缩孔、气孔等缺陷，形状、尺寸精确，性能均匀。缺点是设备投资大、工艺周期长、成本高。

4.4.1.4　热轧、热挤压和热拉拔法

通过热轧法将已用粉末冶金或热压工艺复合的颗粒、晶须、短纤维增强金属基复合材料（如 SiC_p/Al、SiC_w/Cu、Al_2O_{3w}/Al、Al_2O_{3w}/Cu 等）锭坯进一步加工成板材，或将由金属箔和连续纤维组成的预制片（如铝箔与硼纤维、铝箔与钢纤维）轧制成板材。

热挤压和热拉拔法主要是将颗粒、晶须、短纤维增强金属基复合材料坯料进一步加工制成各种形状的管材、型材、棒材等。其工艺要点大致是在金属基体材料上钻孔，将金属丝（或颗粒、晶须）插入其中然后封闭，再挤压或拉拔成复合材料。通过挤压、拉拔，复合材料组织更均匀、减少或消除缺陷，因而性能明显提高。如果增强体是短纤维和晶须，则它们还会在挤压或拉拔过程中沿着材料流动方向择优取向，从而可大幅度提高该方向上的拉伸强度。图 4-3 是热拉拔法制备金属基复合材料的工艺示意图。

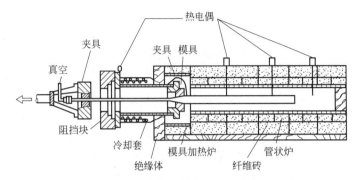

图 4-3　热拉拔法制备金属基复合材料的工艺示意图

4.4.1.5　放电等离子烧结法

放电等离子烧结法（spark plasma sintering，SPS）技术起源于 20 世纪 30 年代美国科学家提出的脉冲电流烧结原理。到了 60 年代末，日本研究了原理类似但更为先进的烧结技术——电火花烧结，并获得了专利授权。

SPS 工艺过程是将金属及陶瓷等粉末装入石墨材质的模具内，利用通电电极对烧结粉末预加压，电极通入直流脉冲电流时瞬间放电产生等离子体，使烧结体内部各个颗粒间产生焦耳热并使颗粒表面活化，同时施加压力，伴随热塑性变形而制成复合材料。这种技术和粉末冶金技术不同，是利用放电等离子体进行烧结的。一般认为（尚无定论），颗粒间放电产生的等离子体，可以冲击清除粉末颗粒的表面杂质和吸附的气体；高温可使表面局部熔化、表面物质剥落；同时在外界压力的作用下使材料致密成型。

SPS 技术具有升温速度快、烧结时间短、组织结构可控、节能环保等鲜明特点，可用来制备金属材料、金属基复合材料、陶瓷材料。这种技术方法实用性很强，例如，理论上增强体的体积分数可以从 0 到 100% 无限制地混合，当然，"0" 状态复合的是纯金属，100% 就变成了陶瓷，也可以容易地实现梯度材料的制备，这是其他方法难以实现的。

这种工艺技术面临的困难是当材料厚度方向尺寸过大，或平面尺寸过大时，难以保证电流密度的均匀性，因此目前制备大尺寸材料较为困难。

4.4.1.6　爆炸焊接法

爆炸焊接法是利用炸药爆炸瞬间产生的强大压力，使材料发生塑性变形、接触处产生焊接而成型复合材料的。爆炸焊接前应将金属丝等固定或编织好。基体与金属丝必须除去表面的氧化膜和污物。爆炸焊接用的底座材料的密度和声学性能应尽可能与复合材料的接近。一般是将金属平板放在碎石层或铁屑层上作为焊接底座。爆炸焊接法适合于制造金属层合板和金属丝增强金属基复合材料，例如钢丝/铝、钼丝/钛、钨丝/钛、钨丝/镍等。

爆炸焊接法的优点是：因爆炸产生的瞬间压力高且作用时间短，所以组分材料之间界面发生反应的可能性小；用爆炸焊接可以制造形状复杂的零部件和大尺寸的板材，还可以一次作业制得多块复合材料板。

4.4.2 液态法

液态法就是将液态金属渗入增强体孔隙中来形成复合材料的工艺。液态法种类较多，主要有搅拌铸造法、压力浸渗（也称为压力铸造、挤压铸造）等。不同的液态法分别具有各自的工艺特点，制备的复合材料的力学性能和物理性能也有很大差别，可以满足不同的使用要求。

4.4.2.1 搅拌铸造

搅拌铸造法是将基体金属加热到熔融状态或者固液两相区状态，然后利用机械猛烈搅拌使液态的合金形成涡流，边搅拌边缓缓加入增强体颗粒，严格控制金属熔体的温度和流动方向，使颗粒均匀地分散在金属熔体中，最后，达到一定温度后浇铸成型即可得到复合材料。最初这种工艺是在大气环境下实施的，在复合材料中难免残留大量气孔，影响复合材料品质。20 世纪 80 年代中期由加拿大 Alcan 公司研究开发了 Duralcon 液态金属搅拌法，采用了真空或有惰性气体保护的措施，搅拌器在真空或氩气条件下进行高速搅拌，通过搅拌器的形状结构、搅拌速度改善金属熔液的流动方式，从而改善增强体的分布均匀性，提高复合质量。

这种方法因生产工艺简单，制造成本低，适合工业化大规模生产，适用于铝合金、镁合金、锌基合金等各种合金，而且可以制备出几百千克大体量的复合材料坯体，已经成为金属基复合材料生产研究的主要方法。这个方法的另一个显著特点是可以再次重熔铸造，解决了金属基复合材料复杂构件的成型问题，这种方法在搅拌制备过程中，为保证金属熔液的流动性，增强体的体积分数不宜过高，一般在 20% 以下。另外，为克服陶瓷颗粒与基体的表面张力，要尽量减小增强体的比表面积，所以适合于加入较大尺寸的颗粒。搅拌铸造法制备的复合材料的界面强度不高，所以这类复合材料往往不是追求高强度，其设计目标是增大基体合金的弹性模量、降低膨胀系数和增加耐磨性等。

搅拌铸造法制备金属基复合材料还存在一些技术缺陷，主要有以下几点。

① 增强体与基体金属的润湿性问题，有些增强体与金属熔体润湿性较差，例如，陶瓷晶须等增强体不易进入并和基体金属相结合，增强体难以均匀分散，容易产生团聚现象；

② 在搅拌过程中会有空气进入材料的情况出现，且增强体在加入的过程中，其自身也带有一定的气体，这就导致所制备的复合材料中有大量气孔，使复合材料致密度下降，材料性能不佳；

③ 当增强体与基体金属的密度不同时，停止搅拌浇铸凝固的过程中增强体会因为密度的不同而上浮或下沉，从而导致增强体分布不均匀。

因此，要用搅拌法制备出性能优良的金属基复合材料还需要对生产工艺进一步完善，其工艺流程如图 4-4 所示。

4.4.2.2 挤压铸造

挤压铸造法亦称压力浸渗法，是指利用外界加压力将液态金属强行浸渗到增强体预制件的孔隙中，并在静水压力下凝固成型获得复合材料的方法。挤压铸造是液态法中最重要的一种方法，也是目前制备非连续增强金属基复合材料最成功的工艺，且成本低，增强材料及其预制件不需进行表面预处理。挤

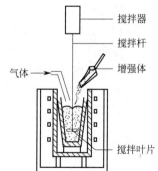

图 4-4 搅拌铸造法制备轻金属基复合材料的工艺流程

压铸造通常用于制造陶瓷短纤维、颗粒或晶须增强的非铸造型铝合金（如不含硅的铝合金）和镁合金的零部件。

挤压铸造的工艺过程是先用增强体制出复合材料的预制体，将其预热到适当温度，置于模具下部，预制体的保温温度通常要高于模具温度，以延迟液体凝固的时间，减小金属液体的浸渗阻力。再将液态的基体合金浇铸到模具上部，通过机械压力使液态金属渗入到增强体预制体的孔隙中，然后保持压力使复合材料在等静压下凝固，拔出上压头并由下部顶出装置，将复合材料坯料顶出，获得复合材料坯体。也可将预制体做成确定的形状，放置在模具的某个部位固定，然后铸入基体合金，在压力下铸造成型，获得的零部件是由基体合金和复合材料局部强化的镶嵌体。例如，发动机活塞环局部强化就是利用这种典型的工艺。这种方法形式上更接近于压铸工艺，所以也称为挤压铸造，其复合的物理过程与压力浸渗差别不大。

挤压铸造法的优势在于成本低、工艺简单，对增强体形态种类及基体合金成分等几乎没有限制，增强体体积分数可调范围大，可以制备近净成型产品。例如，金属氧化物、金属碳化物、金属氮化物、碳等不同种类，连续纤维、不连续纤维、晶须和颗粒等不同形态的增强体，以及各种金属基体，所以可以在较宽的范围进行金属基复合材料组分设计。另外，由于基体合金在高压下浸渗和凝固，可以依靠高压来克服浸渗阻力，省去增强体的表面处理，大大改善增强体和基体合金的结合状况，减少铸造缺陷，提高材料的致密度，从而改善复合材料的力学性能。熔体与增强体的高温接触时间容易缩短，因此界面反应也易于控制。

但挤压铸造法受产品形状和尺寸的影响，对大体积零部件的适应性不高，而且对模具和设备要求较高。挤压铸造的模具型腔尺寸和形状要求接近零部件的最终尺寸和形状，金属熔体不会在挤压中从模具内溅出；在模具结构中应考虑排气通道的合理安排，使它既能顺畅排气，又不致使金属熔体溅出。挤压铸造的压力比较高，因此要求模具有足够的强度，同时也要求预制件具有足够的强度，在制备纤维预制件时加入少量颗粒可以提高预制件强度和防止纤维在挤压过程中发生不均匀移位。通过磁场或静电处理，可以使短纤维和晶须在预制件中定向排列，从而提高复合材料的单向性能。

挤压铸造的压力既影响熔体在预制件中的渗入，也影响预制件的变形。渗透压力与纤维直径和纤维的体积分数有关。一般来说，纤维直径大时所需的渗透压力小，晶须则需要相当高的压力。

预制件的制备技术直接影响到增强体颗粒在基体合金内的分布情况，继而对复合材料力学性能产生影响，同时挤压压力会损害预制件的完整性，使其应用受到一定的限制。在挤压铸造工艺中，预制件、模具和金属是分别加热的，浸渍过程有大量的热量损失，而高压下凝固约有 $10\sim25℃$ 的温度升高。考虑这些因素，在确定预制件预热温度和熔体加热温度时应预设较大的过热。具体的过热温度视所选用的预制件和基体金属而定。

4.4.2.3 热喷涂

热喷涂法包括等离子喷涂法和氧乙炔焰喷涂两种，金属基复合材料制造主要采用了等离子喷涂法。等离子喷涂是利用微波、灯丝、射频等激励等离子体产生等离子弧，高温将基体熔化后喷射到基底上，冷却并沉积下来的一种复合方法。基底为固定于金属箔上的定向排列的增强纤维。

等离子喷涂的工艺参数主要有：基体金属的粉粒直径（不小于 $2\mu m$，通常为 $10\sim45\mu m$）；等离子体的组成（向氩气中添加 $5\%\sim10\%$ 的氦以提高功率）；真空度或保护性气氛的压力与流量；喷枪与纤维的距离、粉末的供给速度。

等离子喷涂法适用于直径较粗的单丝纤维（如 B 纤维、SiC 纤维）增强铝基、钛基复合材料预制片的大规模生产；束丝纤维，需先使纤维松散，铺成只有几倍纤维直径厚的纤维层，将其作为基底。

等离子喷涂法得到的预制片还需要用热压或热等静压才能制成复合材料零部件。用等离子喷涂法还可以制造 SiC、Al_2O_3 颗粒增强铁基、镍基合金的耐热和耐磨的复合涂层。等离子体喷涂法可用于制造层合板，其中可含两种或多种金属；可用于制备脆性增强物/塑性基体（如碳化物/超合金）、塑性增强物/塑性基体（如钼丝/超合金）复合材料。

4.4.2.4 无压浸渗

美国 Lanxide 公司于 1989 年在直接金属氧化法（DIMOX）工艺的基础上提出了一种复合材料无压浸渗制备方法。其大致过程是：先将增强体粉末制成预制体（通常需加入胶黏剂成型或者预先烧结成型），再将基体金属放置于预制体的上部或者下部，在氮气或氩气气氛保护下加热至金属熔化，依靠金属与增强体之间的润湿性和毛细管作用使液态金属渗透到预制体的间隙之中，最后凝固定型。无压浸渗适合于高体积分数复合材料的制造，通常体积分数在 60% 以上，最高可以达到理论体积分数 70% 左右。这样的复合材料有利于获得低膨胀、高模量和高导热等特性。无压浸渗法可以制备出平面尺寸较大（米量级）的板材，也可以制出复杂的表面形状，工艺成本和设备成本都较低，适合于大批量生产。无压浸工艺目前需要解决的问题主要是致密度问题和工艺稳定控制问题。就致密度而言，需要严格控制预制体微观空隙尺寸的均匀性和连通性，同时减小助渗剂的残留和不良界面反应。上述问题也是工艺控制的关键，目前复合材料的复合质量受工艺参数的影响较大，需要浸渗理论的深入研究。

4.4.2.5 液态渗浸

液态金属浸渍法的装置见图 4-5。它是指用液态金属连续浸渍长纤维得到预复合带、丝的方法，也称为连铸法。为了改善熔融金属对纤维的润湿性，纤维要预先经过表面涂覆处理。如用化学气相沉积法在碳（石墨）纤维表面涂覆 Ti-B 或金属钠（或钾）。碳纤维表面的金属和化合物涂层还可用电镀、化学镀、超声振动、溶胶-凝胶等方法得到。

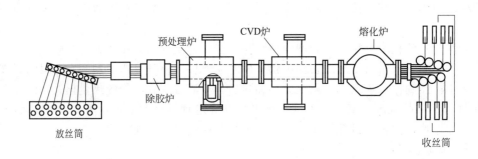

图 4-5　液态金属浸渍法装置简图

采用液态浸渗工艺能够制备组织致密、性能良好的复合材料，是一种比较经济的复合方法。但增强体如碳纤维、碳化硅颗粒等与基体合金（如铝）之间的不润湿性，以及二者之间存在的物理性能和化学性能及力学性能方面的不相容性都容易造成复合材料制备的难度。另外由于成形过程是在高温下进行的，往往会影响复合材料界面结构甚至发生界面反应，削弱了增强体本身的力学性能，同时在基体合金中生成了大量的脆性金属化合物，成为复合材料组织中的裂纹源或应力集中源，降低了材料的强度及韧性。因此改善复合材料的增强体和基体之间的润湿性和相容性，减少二者之间的化学反应，改善复合材料的界面结构和界面性质是今后液态浸渗制备金属基复合材料的重要课题，通过进一步深入研究增强体的表面改性、基体金属的合金化、复合材料液态成形理论以及复合材料制备的工艺优化是制备优质复合材料的重要途径。

4.4.3 两相反应

4.4.3.1 气-液反应法

气-液反应法由 M. J. Koczak 等发明并申报了美国专利。其工艺是将含有 C 或 N 等的气体通入高温合金液中，使气体中的 C 和 N 与合金液中的个别组分反应，在合金基体中形成稳定的高硬度、高弹性模量的碳化物或氮化物，冷却凝固后即获得这种陶瓷颗粒增强的金属基复合材料。该工艺一般包括气体的分解，气体与基体金属或合金的化学反应及增强颗粒的形成等过程。为了保证上述两个过程的顺利进行，一般要求较高的合金熔体温度和尽可能大的气-液两相的接触面积，并应采取适当的措施抑制有害化合物的产生。

另外，有学者研究了原位 TiC/Al-Cu 复合材料的气-液反应工艺，将混合气体 $CH_4 + Ar$ 通过一个特制的多孔气泡分散器，导入含有 Ti 的 Al-4.5%Cu 合金液中，结果表明，这种工艺能保证上述两个过程充分进行，并认为 CH_4 的分解、C 与 Ti 的反应时间和温度取决于气体的分压、合金的成分以及所需的 TiC 颗粒的大小、分布和数量。国内崔春翔在真空熔炼条件下，利用气动步风板将含有 N 和 C 的混合气体注入 Al-Ti 合金液中，获得原位 ALN（$0.2 \sim 1.2 \mu m$）和 TiC（$2 \sim 5 \mu m$）粒子复合增强的铝基复合材料。研究还发现通过控制气体中 N_2 分压和合金熔体中 C 的活度以及加入一定量的合金元素，可抑制 Al、Ti 和 AlC 等有害化合物的生成。目前，气-液反应法主要用于制备 Al 及其合金基复合材料，其增强体种类由于受反应气体的限制一般为 TiC、TiN、Ti（CN）和 ALN 等，且其体积分数一般小于5%。另外，通入过量的气体及分解后不参与反应的气体会使材料产生气孔缺陷，因此，必须对凝固成形后的铸锭再进行热挤压等后续处理。

4.4.3.2 固-液反应法

（1）**直接反应法** 将固态碳粉或硼粉直接加入到合金熔体中，使 C 或 B 同合金液中的个别组元反应，就在基体中形成碳化物或硼化物的增强粒子。A. Chrysanthou 等在氮气保护下，将化学计量配比的碳粉加入 1500℃的 Cu-Ti 合金液中，发现碳粉开始浮于熔体的表面，随着保温时间的延长，碳粉与熔体中的 Ti 不断发生反应生成 TiC，使得熔体表面的碳粉不断减少，直到完全消失，搅拌浇注后即获得 TiC/Cu 复合材料。D. M. Kocherginsky 等从理论上计算和分析 Al-Si-C 三元系中原位形成 SiC 颗粒的热力学条件，并在 1200℃保温一段时间后，使 Al-30%Si 合金液中的 Si 与加入的碳粉完全反应，生成了原位 SiC 粒子增强的铝基复合材料。认为 SiC 的生成并不是按照常规的形核-长大机制进行的，而是按照固态碳粉粒子由表及里逐渐与扩散而来的 Si 发生反应即扩散-反应机制进行的，另外，B. S. Terry 等用这种方法也制备了原位 TiC/Fe 复合材料。

（2）**还原反应法** 此方法利用了化学上的还原反应的原理，即将不稳定的化合物加入合金熔体中，使合金熔体中的组元与加入的化合物发生热还原反应，生成所需要的更加稳定的陶瓷增强颗粒。日本的小桥真等将 CuO、ZnO、SnO、Cr_2O_3，TiO_2 和 SiO_2 等氧化物加入到 1000℃ 左右的铝液中，探讨了制备原位生长的 Al_2O_3 粒子增强铝基复合材料的可能性。结果表明，CuO-Al 的反应最为强烈，生成的 Al_2O_3 颗粒细小且分布均匀，而 Al-Cr_2O_3 的反应困难。另外 J. W. Luster 等的研究认为，在 CuO-Al 合金反应体系中加入一定量的 Mg 可形成反应中间相 $MgAl_2O_4$，它可促进铝热反应的进行。国内，宠生中等对 CuO/Al 反应体系也进行了低温（1000℃）反应合成 Al_2O_3/Al 复合材料的研究。还原法制备金属基复合材料，由于原材料来源广泛且成本低，正逐渐引起人们的重视。

（3）挤压反应铸造法　此方法是将合金液挤压渗透到预制件中，使合金液中的合金元素在高温作用下与预制件中的某一组元发生化学反应产生新的增强体，从而达到强化基体的目的。在此方法中，由于增强体的形成与液态金属的挤压成型同时进行，因此，材料组织致密，生产效率高，但材料中增强体的数量和种类又由于工艺条件而受到很大的限制。

（4）共喷沉积　喷射沉积法也属于固-液两相法。喷射沉积技术是英国斯旺西大学 A. R. E. Siager 教授于 1968 年首先提出的，并于 1970 年首次公开报道。随后由英国 Ospray 金属有限公司实现工业化生产。喷射共沉积法是制备各种不连续增强体增强的金属基复合材料的非常有效的方法，经常用来制造不同基体的复合材料，其工艺流程图如图 4-6 所示。

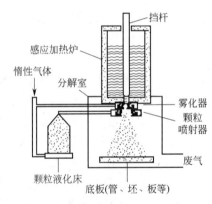

图 4-6　喷射沉积法制备轻金属基复合材料的工艺流程

喷射沉积是在真空状态下将熔融液态金属，通过雾化喷嘴喷射成雾状，与此同时，另一路由惰性气体喷射出的具有一定速度的增强体颗粒，在喷射途中与液滴汇合，使金属包裹在陶瓷颗粒表面形成混合液滴，混合液滴喷向经过水冷的成型模具的衬底上，凝固形成金属基复合材料的方法。根据沉积坯形状和冷却速度的要求，雾化器和衬底的移动受计算机控制，保持基体的下降速率与沉积坯长大速率一致，经过雾化液流的多次往返扫描沉积，最终成型为坯件。这时的坯料是疏松的，后续必须进行类似于粉末冶金法那样的热塑性成型使其致密化，同时制成复合材料型材。

喷射沉积法的特点是基体合金的选择较为灵活，铁、钴、镍、铜、铝、钛、镁等均可以作为基体合金实现复合；工艺简单快速、效率高，适用面广（适应各种基体金属及化合物、颗粒和产品形状）；能快速成型，雾化速率可达 25~200kg/min，沉积凝固迅速；冷却速度大（金属液滴达 10^3~10^6 K/s），增强体的加入依靠计算机实时控制，粉末与液态金属接触时间短，可以避免有害界面反应的发生，所得复合材料无成分偏析，晶粒细且分布均匀。但是这种方法制备的坯料中气孔和疏松多，凝固的雾化颗粒、沉积层之间不能完全冶金结合，加入的增强体颗粒的体积分数较小。因此后续必须进行热挤压、热轧、热压实等二次加工，对其进行有效的热致密化加工。

4.4.3.3 液-液反应法

该方法由美国 Sucek 公司发明并申请美国专利。它是将含有某反应元素（如 Ti）的合金液与含有另一反应元素（如 B）的合金液同时注入一个具有高速搅拌装置的保温反应池中混合时，两种合金液中的反应组分充分接触，并反应析出稳定的增强体（如 TiB_2），随后将混合金属液铸造成型和快速喷射沉积，即可获得所需的复合材料。A. K. Lee 等已利用这种方法制备了具有良好稳定性和导电性能的原位 TiB_2/Cu 复合材料，并将其用于电力元件的制备。

（1）**自蔓延高温合成法（SHS）** SHS 法是苏联 A. G. Merzhanov 等于 1967 年提出来的，它是利用高放热反应的能量使两种或两种以上物质压坯的化学反应自动持续蔓延下去，生成金属陶瓷或金属化合物的方法。目前，用 SHS 法已制备了 300 多种材料，包括复合材料、电子材料、陶瓷、金属间化合物、超导材料等。在金属基复合材料方面，已制备了原位生长的 TiC、TiB 和 SiC 等粒子增强的 Al、Cu、Ni 和 Ti 等复合材料及金属表面陶瓷涂层复合材料。尽管这种方法有许多优点，但其中一个明显的不足是所制备的材料多为疏松开裂状态，因此，SHS 的致密一体化是该工艺的一个发展方向。常与 SHS 技术相配合的致密化工艺过程有反应烧结、热挤压熔铸和离心铸造等，其中 SHS-熔铸法和 SHS-热压反应烧结工艺是目前用 SHS 法制备致密材料的热点研究内容。

（2）**XD^{TM}法** XD^{TM} 法又称弥散放热法（exothermic dispersion），该方法是由美国 Marln Marietta 实验室发明的。它是将固态的反应元素粉末和金属基体粉末混合均匀并压实除气后将压坯快速加热到金属熔点以上的温度，这样在金属熔体介质中，两固态反应元素相互扩散、接触并不断反应析出稳定的增强体，然后再将熔体进行铸造挤压成型。另外，也可以利用 XD^{TM} 法先制备出增强体含量很高的母体复合材料，然后在重熔的同时，加入适量的金属基体进行稀释，铸造成型后即得所需增强体含量的金属基复合材料。目前，利用 XD^{TM} 法，已制备了 TiC/Al、TiB_2/Al、TiB_2/Al-Li 等复合材料。

（3）**接触反应法** 该方法是在综合了 SHS 法和 XD^{TM} 法优点的基础上，发展起来的又一原位制造金属基复合材料的方法。首先，将反应元素粉末按一定的比例混匀，并压实成预制块，然后，用钟罩等工具将预制块压入一定温度的金属液中，在金属液的高温作用下，预制块中的元素发生化学反应，生成所需的增强体，搅拌后浇注成型。目前，用这种工艺制备了 TiC/Al、TiC/Al-Si 等复合材料，组织中 TiC 尺寸细小（$1\mu m$）且分布均匀，材料具有良好的力学性能。

（4）**混合盐反应法** 该方法是英国 London Scandinarian Mellurgieal 公司（LSM）的专利技术。它是将含有 Ti 和 B 的盐类（如 KBF_4 和 K_2TiF_6）混合后，加入高温的金属熔体中，在高温的作用下，所加盐中的 Ti 和 B 就会被金属还原出来而在金属熔体中反应形成 TiB_2 强粒子，除不必要的副产物，浇注冷却后即获得了原位 TiB_2 增强的金属基复合材料。J. V. Wood 等在 Al-70%Si-0.3%Mg 合金液中，通过加入 KBF_4 和 K_2TiF_6，在基体中获得了尺寸为 $0.5\sim2\mu m$、质量分数为 $4\%\sim8\%$、且分布均匀的原位 TiB_2 粒子，所获得的 TiB_2/Al 复合材料与外加相同质量分数 SiC 的 SiC/Al 复合材料相比，具有更高的力学性能和耐磨性能。

4.4.3.4 原位自生成技术

原位自生成技术是指在复合材料制造过程中，增强体不是预先制成而是在基体内部就地生成和生长的方法。其基本原理是：把预期反应生成增强相的两种或多种组分粉末与基体金属混合均匀，或者在熔融基体中加入能反应生成预期增强相的元素或者化合物，在一定温度下，元素之间发生放热反应，在金属基体内原位生成一种或几种细小、弥散、高强度、高弹性模量的陶瓷增强体，从而达到强化基体的效果。增强相的含量可以通过反应元素的加入量来控制。反应生成的增强相种类繁复，Al_2O_3、TiC、SiC、TiN 等常用的陶瓷颗粒均可通过反应制备。

与传统的工艺相比，该工艺具有以下的特点。

① 增强体是从金属基体中原位形核、长大的热力学稳定相，因此，增强体表面无污染，避免了与基体相容性不良的问题，且界面结合强度高；

② 通过合理选择反应元素（或化合物）的类型、成分及其反应性，可有效地控制原位生成增强体的种类大小、分布和数量；

③ 省去了增强体单独合成处理和加入等工序，因此其工艺简单，成本较低；

④ 基于在液态基体中可原位形成增强体的特点可用铸造的方法制备形状复杂、尺寸较大的近净型构件；

⑤ 在保证材料具有较好的韧性和高温性能的同时，可较大幅度地提高材料的强度和弹性模量。

虽然原位自生复合材料具有很多的优点，但这些技术要达到工业应用还需要解决些关键问题。

① 控制材料的显微结构，保证增强体颗粒分布均匀；

② 控制增强体（碳化物、氮化物、氧化物、硼化物等）产生、生长及稳定性的因素是原位开发金属基复合材料（MMC_S）必须要了解的基本内容；

③ 增强体尺寸、种类、体积分数的选择，要根据不同材料的不同性能来选择；

④ 凝固问题，从性能要求上应避免凝固过程中增强体颗粒偏析至晶间；

⑤ 含有增强体颗粒的流体流变学的研究，流变学因素如黏度凝固因素是液相法制备 MMCs 的重要问题；

⑥ 如何实现连续大规模生产的问题，以及如何实现一次成型或接近一次成型的问题等。

尽管存在这些问题，但颗粒增强 MMCs 的原位制造技术提供了工业上成功的可能性。相信这种技术会在将来的复合材料市场里找到应有的位置。

金属基复合材料的制备方法还远不止这些，随着技术的进步还会出现更多的方法，任何一种制备方法都有明显的技术优势，也同时有各自的局限性，不同制备方法所获得的材料的特性也有所不同，分别适用于不同的服役环境要求。不过，对于任何一种制备方法，需要解决的科学问题与技术问题是较为集中的，主要包括提高界面润湿性、抑制不良界面反应、增强体均匀分散或按照预定方式分布、提高材料致密度等。工艺技术上要解决的材料品质问题主要涉及复合材料的致密度提高（减少组织中的气孔和缩松）、不良界面反应的控制以及增强体的分散。随着复合材料应用技术的发展，复合材料设计、制备与成型一体化的问题已经引起广泛关注，这必将进一步推动复合材料制备工艺技术的进步。

4.5 应用领域及发展趋势

4.5.1 应用领域

（1）**航空航天** 在航空航天领域，对基体金属的性能要求有：比强度高、比模量高、尺寸稳定性高。作为航天飞行器和卫星的构件时，基体应选用密度小的轻金属合金（镁合金、铝合金），增强体应选用高强度、高模量的连续石墨纤维、硼纤维等。

在高性能发动机领域（如喷气发动机增压叶片），对基体金属的性能要求有：高比强度、比模量，优良的耐高温持久性能，能在高温氧化性气氛中长期工作。基体选用钛基合金、镍基合金及金属间化合物，增强体选用碳化硅纤维（增强钛合金）、钨丝（增强镍基超合金）等。

金属基复合材料主要应用领域是航空航天和军事领域，已成功地用于人造卫星支架、L频带平面天线、空间望远镜及照相机波导和镜筒、红外反射航空航天汽车工业及基础设施镜、人造卫星抛物面天线等。在航空航天工业方面，美国宇航局（NASA）的LEWIS研究中心正在开发采用金属基复合材料制造航空用先进燃气涡轮发动机。美国DWA特种复合材料公司用25%碳化硅6061铝复合材料代替7075铝制造航空结构导槽、角材。

发展目标是代替铝合金、钛合金、钢等用于制造高性能的构件，减轻质量并提高性能和仪器精度。美国已从 $\phi455mm$ 圆坯中挤压出质量为 $182kg$ 的碳化硅铝复合型材，并轧制出尺寸为 $3050mm\times1320mm\times3mm$ 的板材，制造了火箭发动机、导弹和卫星上的零部件。加拿大Cercast公司试制了颗粒增强铝基复合材料（PRA）用于光学底座、万向支架等精密铸件，以及液压管、压气机涡壳和卫星反动轮，代替铝合金，减轻质量并提高了使用性能。美国DWA公司用碳化硅颗粒增强6092铝基复合材料代替铝合金，大规模用于F16战斗机的垂直尾翼，提高使用寿命达17倍；代替树脂基复合材料用于波音777的P&W4000发动机风扇出口导流叶片，大幅提高了使用寿命并降低33%的成本。美国DWA公司和英国AMC公司将碳化硅铝复合材料批量用于EC-120和EC-135直升机旋翼系统，大幅提高构件刚度和使用寿命。这些关键结构件的成功应用，说明美国和英国对这种材料的应用研究已相当成熟。

（2）汽车领域 在汽车发动机领域（如发动机活塞、缸套、连杆等零部件）对基体金属的性能要求有：耐热、耐磨、热膨胀系数小、一定的高温强度、成本低廉和适合于批量生产。基体选用铝合金，增强体选用碳化硅颗粒、氧化铝短纤维和碳短纤维等。

金属基复合材料用于汽车工业主要是颗粒增强和短纤维增强的铝基复合材料、镁基复合材料。目前，铝基复合材料通常采用铝硅合金。常用的填充增强剂有陶瓷纤维、晶须和微粒等。与常用汽车材料铝合金相比，铝基复合材料具有质量轻、比强度高和弹性模量高、耐热性和耐磨性好等优点，是汽车轻量化的理想材料，已经在活塞及活塞环、缸套、连杆、汽车制动盘、制动鼓及刹车盘、保持架、驱动轴、传动轴、轴承、发动机等零部件上得到应用。

目前，由低密度金属和增强陶瓷纤维组成的高性能铝活塞已有所应用。国外推出了氧化铝纤维增强活塞顶的铝活塞、氧化铝增强的镁合金制造的活塞、氧化铝纤维及不锈钢纤维增强的铝基复合材料连杆等，进一步扩大了复合材料在活塞上的应用。

铝基复合材料也被用于刹车轮，其特点是可使质量减轻 $30\%\sim60\%$，而且导热性好。美国某汽车公司已研制出用碳化硅粒子增强的铝-10%硅-镁基复合材料制成的刹车轮。目前，中国上汽集团已经和有关高校合作，进行铝基复合材料汽车制动盘的研制，将用于上汽集团独立开发、具有自主知识产权的轿车刹车系统。

（3）工业、娱乐和基础设施工业领域 电子工业领域（如集成电路散热元件和基板等）对基体金属的性能要求有：高导电、高导热、低热膨胀系数。基体选用导电、导热性能优异的银、铜、铝等，增强体选用高模量石墨纤维等。

金属基复合材料的其他应用涵盖制造业、光学仪器、电子工业、体育休闲及基建领域，既包括硬质合金、电镀及烧结金刚石工具、铜基及银基电触头材料等成熟市场，也包括碳化钛增强铁基耐磨材料、三氧化二铝纤维增强铝基输电线缆、碳化四硼增强铝基中子吸收材料等新兴领域。这些新兴领域的表现在很大程度上决定着金属基复合材料的未来增长点。

铁基复合材料的制备和应用是提高钢铁材料性能的重要研究方向。低密度、高刚度和高强度的增强体颗粒加入钢铁基体中，在降低材料密度的同时，提高了它的弹性模量、硬度、耐磨性和高温性能，可应用于切削、轧制、喷丸、冲压、穿孔、拉拔、模压成型等方面。目前应用最多的是碳化钛颗粒增强铁基复合材料，例如注册商标为 Ferro-TiC, Alloy-TiC 和 Ferro-Titanit 的钢基硬质合金，用于抗磨材料和高温结构材料，性能明显优于现有的工具钢。

工业应用包括硬质合金、金属陶瓷、电镀和浸渍金刚石刀具、铜和银金属基复合材料电触头、石化行业的抗腐蚀涂层。碳化钛增强的铁和镍合金具有出色的硬度和良好的耐磨性能，在工业中应用广泛：切削、轧制、制粒、冲压、冲孔、金属热加工、拉拔、模锻、钻孔等；制作的零部件包括：锻锤、冲压模、罐装工具、压纹辊、止回阀、挤压机喷嘴、弯曲模、挤压模、热锻模模衬等。

金属基复合材料在娱乐市场的应用包括比赛用自行车管材、线路道钉、长曲棍球球杆。自行车轮缘的制动表面上涂一层金属基复合材料有利于改进耐磨性能，减小制动距离。

基础设施应用包括盛装核废料的铝-碳化四硼和高架电缆用的铝-三氧化二铝。金属基复合材料产品能将电力输送量提高 $200\% \sim 300\%$，若能广泛应用于基础电网，能带来巨大的经济效益。

微电子器件对环境稳定性要求极高，SiC 颗粒增强铝复合材料可以调节 SiC 颗粒的含量使其热膨胀系数与基材匹配，并且导热、导电性好，尺寸稳定性好，密度低，适于钎焊，用它代替钢/钼基座，可以改善微电子器件的性能。硼-铝复合材料用作多层半导体芯片支座的散热冷却板材料，由于这种材料导热好、热膨胀系数与半导体芯片非常接近，能大大减少接头处的热疲劳，因此碳化硅颗粒和晶须增强铝基复合材料可用来制作微波电路插件、电子封装器件。

石墨纤维增强铜基复合材料的强度和模量远比铜高，又保持了铜的优异的导电和导热性能，并且可以通过调节材料中石墨纤维的含量及排布方向，使其热膨胀系数非常接近任何一种半导体材料，因此它被用来制作大规模集成电路的底板和半导体装置的支持电极，防止了底板的翘曲和半导体基片上微裂纹的产生，提高了器件的性能及其稳定性。

4.5.2 发展趋势

金属基复合材料应用广度、生产发展的速度和规模，已成为衡量一个国家材料科技水平的重要标志之一。以用量计算，美国、英国、日本是位列前三的金属基复合材料消费大国，超过消费总质量 2/3 的金属基复合材料为其所用，这与其作为发达国家的地位相符。金属基复合材料一开始因价格比较昂贵，首先应用于航空航天和军事领域。而随着新的材料制备技术的研制成功和廉价增强物的不断出现，金属基复合材料正越来越多地应用于汽车、机械、冶金、建材、电力等民用领域，显示出广阔的应用前景和巨大的经济效益和社会效益。随着科学技术的不断发展，以及相关领域研究工作的不断深入，金属基复合材料的理论基础和制备技术将会有更大的突破，在各方面均有越来越广阔的应用前景。

航空航天、轨道交通、通信、电子等领域的技术提升，特别是面对人类能源问题而引发的轻量化需求，金属基复合材料会显示出更加明显的技术优势，在某些领域已经成为不可或缺的材料。未来工业技术对金属基复合材料的需求将是多样化的，金属基复合材料的发展在材料设计新思维和以低成本为特征的新制备技术两个方面会有突出的表现，特别是受材料基因组计划的引领，在完善金属、无机非金属等的材料数据库的基础上，融合高通量计算（理论）和高通量实验（制备和表征）技术，可以将材料设计的理念和模式由"经验型"的传统模式逐步向"理论预测、实验验证"的新模式转变。

4.5.2.1 材料仿生设计

自然界生物经历了亿万年的进化，物竞天择，生存下来的生物具有最合理的微观组织和宏观结构，就目前的技术水平来说，在一个较长的时期内，仿生或许是材料设计的极致。但是从认识论的角度分析，超越生物材料性能与功能的人工材料也必然能够实现。从微观结构层面上进行仿生设计是复合材料性能与功能设计的一个创新思路，目前发展较快的有以下几类。

（1）**层叠结构设计** 通过对海洋生物蚌壳的微观结构分析。发现微观上的叠层结构可以达到材料强度、韧性的最佳要求。受其启发，研究者设计制备出金属/金属、金属/陶瓷等叠层材料，通过叠层结构设计制成吸能界面，补偿单层材料各自性能的不足，满足高强韧性的要求。进一步拓展其设计思路，将热物理性能进行叠层设计，获得的层状复合材料有望用于耐高温材料、热障涂层等领域。

（2）**微结构设计** 蝴蝶的翅膀有五彩缤纷的颜色，产生这些颜色的机制是翅膀具有特殊的微观结构（纳米结构），不同的微观结构对可见光中不同波长光波的反射和吸收系数不同造成了各种绚丽的光彩。微观结构的尺度必须是纳米量级，因为只有这个尺度才能与光的波长相当，从而产生不同波长的选择反射。张获在这个领域做了开创性的工作，他以生物材料为模板，通过保留其生物原始结构，置换化学组分的方法，制备出具有生物精细分级结构的功能材料。这里的精细分级结构遗传了自然生物精细形态，将这种材料称为"遗态材料"（morphology genetic materials）。由于特殊的光学吸收和反射作用，这类材料可以产生光分配、光汇聚、光增强等作用，可用于太阳能电池、生物传感器、数据传输等领域。地球上蝴蝶和蛾类有十七万五千余种，因此，材料学家可以建立起一个具有完整三维纳米结构的宝库，创造百万计的独特的金属微结构，这些纳米结构具有大量潜在应用。

（3）**微孔结构设计** 通过对啄木鸟颅骨的高强度、耐冲击减振特性分析，发现颅骨是一种微孔材料，微孔材料在减振、吸声、吸能等方面有着特殊的功效。人类制成的各种微孔材料可以用于汽车工业的吸能结构、各种缓冲器、宇宙飞船的防冲击吸能等领域。微孔材料或者材料的微孔结构设计可以催生新的材料设计理论，目前已经在阻尼夹层材料、减振基座材料——减振防护罩、汽车防撞结构以及建筑吸声等领域有初步的应用。Wu 等采用压力浸渗技术制备出含有 60% 左右空心微珠的微孔铝基复合材料，其冲击吸能能力可达 40MJ/m^3，适用于高动能吸能。发泡铝也是一种新型的吸能材料，冲击吸能能力为 4MJ/m 左右，适用于低载荷低速度的吸能结构。

（4）**三维网络结构设计** 植物的躯干具有轻质高强度的特性，其微观结构是三维的网络状。这种三维的网络结构一方面满足了生物体新陈代谢功能，另一方面也提供了机械强度。近期关于三维硅结构增强铝的研究报道称，在 Si/Al 复合材料中使 Si 生成网络结构，从而得到了较高的强度和刚度，并使其平均线膨胀系数有所降低。耿林等研究者发明了钛基三维网络结构复合材料，通过成分和工艺控制，TiB_w 晶须增强体均匀地分布在基体颗粒周围，形成硬相包围软相的胶囊状结构，且 TiB_w 晶须增强体聚集区具有宏观上的三维连续性，保证优异的增强效果。相比于传统的钛基复合材料，网状结构 TiB_w/Ti 复合材料表现出更高的塑性以及更高的室温与高温增强效果，解决了粉末冶金法制备钛基复合材料的室温脆性大、增强效果低的瓶颈问题，通过调控网状结构参数（局部与整体增强相含量、网状尺寸）可获得不同性能特点（高强度、高塑性、高强韧性、高耐热性）。尽管这些报道的材料设计之初并不是以仿生结构设计为出发点，但却与植物结构不谋而合。

目前的仿生复合材料研究起步时间不长，在完美的生物材料面前，人工材料虽显得十分幼稚，但是其前景十分诱人。需要注意的是，天然生物材料不仅仅是单一的材料，更是材料与结构、结构与性能一体化的杰作，其微观结构与宏观形态与生物功能保持了完美的和谐，这一点或许是材料工作者面对的更高层次的追求。

4.5.2.2 纳米尺度增强体的应用

传统的纤维、晶须、颗粒增强体的尺度大多是微米级别的，近年来备受关注的纳米技术为金属基复合材料的性能设计带来了新的发展机遇。纳米增强体尺寸在 $1 \sim 10nm$ 之间，$10nm$ 的颗粒包含原子数约为 3 万个，表面原子所占的比例达到 20%，在纳米尺度下，单个的粒子处在原子簇和宏观物体交界的过渡区域，是一个典型的介观系统，不同于现有的增强体颗粒，纳米粒子的表面效应、小尺寸效应、宏观量子隧道效应以及原子扩散行为将会对金属基复合材料设计与制备带来崭新的现象和理论。分析表明，在金属基体中引入碳纳米管作为增强体，所得的金属基复合材料往往可以呈现出超出传统概念的高强度和可实用的塑性以及导电、导热、耐磨、耐蚀、耐高温、抗氧化等性能。姜龙涛等在平均 $150nm$ 的 Al_2O_3 颗粒增强 Al-Mg-Si 基体复合材料中发现近无（线型）位错、近无析出和高强度的现象。董蓉桦等在纳米 SiC 增强 6061 铝合金复合材料研究中发现当体积分数达到 30% 时，基体出现近无析出的特征，而且在高层错能的铝和铝合金基体中出现了层错缺陷，层错的出现增添了新的增强机制，复合材料获得了超出微米级颗粒增强复合材料的塑性并有 $1000MPa$ 以上的弯曲强度。尽管纳米增强体复合材料制备工艺的问题还远没有解决，然而其诱人的性能潜力已经显现，随着制备工艺技术的进步，纳米增强体的应用会对金属基复合材料研究和应用带来新的发展契机。例如，相比于传统增强体（包括陶瓷颗粒、碳纤维、碳纳米管等），近期出现的石墨烯具有最低的密度、最高的力学性能、最高的导热性能以及最低的热膨胀性能，如表 4-1 所示。如果能够与轻金属复合成功，将有希望带来金属基复合材料强度、塑性、导热、导电、阻尼等综合性能的飞跃。

表 4-1　石墨烯与金属基复合材料常用增强体的性能对比

材料	密度 $\rho/(g/cm^3)$	弹性模量/GPa	拉伸强度/GPa	热膨胀系数 $/(\times 10^{-6}{}^\circ C^{-1})$	热导率 $/[W/(m \cdot K)]$
SiC 颗粒	3.21	450	—	4.7	490
Al_2O_3 颗粒	3.9	400	—	7	30
C 纤维	$1.5 \sim 2$	<900	<7	$-0.7(// *)$	<1000
多壁碳纳米管(//)	<1.3	$200 \sim 950$	$13 \sim 150$	-2.8	3500
石墨烯	<1.06	>1000	>120	-7	4840

4.5.2.3 超常性能复合材料

如何突破传统金属材料的性能极限是材料工作者永恒的兴趣，而复合材料技术是突破传统材料性能极限的有效的手段。这里将超越传统合金的性能称为"超常性能"，获得某些超常性能是未来金属基复合材料发展的方向之一。当然，十全十美的材料技术是不存在的，为获得材料的某项超常性能，往往不得已需要牺牲另外一种性能，如强度、塑性、加工性能、脆性等。因此，所谓复合材料的超常性能是否有价值取决于服役环境的约束条件。目前研究热点集中在以下几个方面。

（1）**超低膨胀复合材料**　在空间机构、高精度测量仪表、光学器件等工程领域，超低膨胀复合材料具有重要的应用价值，因为低膨胀可以带来抗冷热冲击性能，在变温场合使用时能够保持较小的尺寸伸缩变化。为此，在金属基体中添加具有低膨胀甚至负膨胀系数的增强体来调节基体的热膨胀系数往往是有效的。例如，ZrW_2O_8、HfW_2O_8、$PbTiO_3$、Mn-Cu-Sn-N 等均具有负膨胀特性，笔者将钨酸锆（ZrW_2O_8）加入 Al 基体中，最终获得了 $2.9 \times 10^{-6} °C^{-1}$ 的超低膨胀系数。

（2）**超高导热复合材料**　热控材料是微电子技术、电源技术向着高功率密度发展的瓶颈之一。随着微处理器及半导体器件功率密度的加大（目前已经逼近 $1000W/cm^2$），产生的热量随之增多，如果得不到及时疏导就会降低半导体器件的工作效率和使用寿命。另一方面，空间电子器件的散热只有热传导、热辐射两种方式，通常采用热管来实现热传导的功能，但是会导致结构可靠性降低和结构质量增加。金刚石是低膨胀、高导热、性能优异的材料，近期用其增强的铝合金、铜合金分别达到了 $760W/(m·K)$ 和 $90W/(m·K)$ 的热导率，在某些低功率环境下接替热管的功能实现热传导是可能的。

（3）**高阻尼复合材料**　某些特殊的机械设备，如动量轮、高速离心机、高速往复运动机械设备的构件不仅要求轻质、高强的结构性能，还希望有较好的阻尼减振与降噪性能。在金属材料中，阻尼性能和高强度、高刚度性能通常是难以兼容的，而金属基复合材料通过引入具有高阻尼性能的增强体以及界面，使增强体与界面发挥阻尼的功能即可以获得高阻尼复合材料。笔者在铝合金中加入 60% 的飞灰空心微珠，阻尼系数可达基体合金阻尼的 5.7 倍；在铝合金中加入 50% 的 Ti-Ni 合金纤维，在相变点温度下阻尼系数较基体合金增加 50 倍。高阻尼增强体还包括铁磁性合金压电陶瓷（$PbTiO_3$）、碳纤维等。

4.5.2.4　高强度、高韧性复合材料

任何好的材料最终都是面向应用的，好的材料设计应是面向用户的设计。工程上往往希望材料强度高的同时塑性也要好，未来航空航天、高速交通的发展必然要求复合材料向着高韧性、高强度以及多功能、易加工等方向发展，以提高服役可靠性（包括高温强度、高温疲劳等）。但是纵观金属材料、陶瓷材料、有机高分子材料等主要工程材料的特性就会发现，往往强度高的材料塑性低，而塑性高的材料强度低。所以制备出具有高强度又有高塑性的材料成为材料工作者梦寐以求的目标。

纳米材料的发展为金属基复合材料的强塑性设计提供了一线希望。在石墨烯增强 Al 基和 Cu 基复合材料的研究中已经初见端倪，其获得了拉伸强度高于基体合金 2~3 倍同时具有 10% 左右延伸率的石墨烯增强铝复合材料，这对于金属基复合材料性能设计来说无疑是个令人兴奋的信息。

当今，相关学科与相关技术的发展或者非相关学科与技术的发展均使得金属基复合材料设计的视野不断扩大，复合材料设计工作的深入发展依赖于跨学科思维，跨学科、跨领域的合作，也依赖在原材料技术、基础物理、化学理论方面的突破。

4.5.2.5　制备技术的低成本化

金属基复合材料一直难以大面积工业化应用，其重要的原因是成本问题。因此，低成本化是金属基复合材料发展的重点。在金属基复合材料的成本链中，原材料的成本是一个方面，如 SiC 纤维、高模量碳纤维等增强体价格较贵，而多数颗粒增强体原材料成本

并不高，当材料设计方案确定之后，基体和增强体的选择基本确定，原材料成本优化的潜力不大，影响复合材料成本的关键是制备成本和加工成本。制备成本主要来源于工艺成本（包括工艺设备）和工艺成熟度（表现在材料成品率上），加工成本主要是切削刀具成本和加工效率。

综上所述，实现复合材料低成本技术大致有以下几个途径：一是提高成品率，降低现有工艺成本；二是开发新的制备工艺实现材料设计制备与成型一体化；三是设计高性能易加工的新型材料并突破高效率加工技术。

粉末冶金工艺是实现非连续增强金属基复合材料近净成形制备的有效手段，通过近净成形可以大大减少加工余量。无压浸渗法在高体积分数颗粒增强复合材料上显示了优越的制备、成型一体化的优势，它对设备要求较低，且成本不高，并适用于制造二维尺寸较大的构件。新型的 3D 打印技术为金属基复合材料技术发展带来了新的启发，在降低后期二次成型和机械加工成本等方面有着显著的优势。

4.5.2.6 废料再利用和回收技术

工业文明的重要标志是追求环境保护和资源再利用。金属基复合材料的重复利用率问题、再循环利用问题、废品回收问题、制备过程中的排放问题等对环境的影响目前尚未见到系统的研究和定量的评估。但是，金属基复合材料的应用从军事领域扩展到民用领域之后，需求量剧增，环保问题应该在材料设计一开始就引起研究者足够的重视，而不是在引发了社会问题之后。环保包含两个阶段的问题：第一阶段是在制备加工过程中的排放、废料处理、再生利用和节约能源的问题；第二阶段是复合材料零部件的回收、再生利用问题。面对全球日益严峻的环境和能源问题，金属基复合材料的生态化技术及回收和再生利用必然成为不可回避的工程问题和社会问题。

4.6 典型金属基复合材料

金属基复合材料常用的金属基体有：铝及其合金、镁及其合金、钛及其合金、铜及其合金、镍及其合金、不锈钢和金属间化合物。

4.6.1 铝基复合材料

纯铝是元素周期表中第三周期主族元素，面心立方点阵，无同素异构转变。密度为 $2.7g/cm^3$，熔点为 661℃，拉伸强度为 80MPa，延伸率为 30%～50%，断面收缩率为 80%，易于加工，可制成各种型材、板材。其具有优良的导电、导热性（仅次于 Ag、Cu、Au）；化学性质活泼，生成的氧化膜连续、致密，在大气中抗蚀（但不耐 NaCl 和 NaOH）。

纯铝的强度很低，不宜做结构材料。通过长期的生产实践和科学实验，人们逐渐以加入增强体及运用热处理等方法来强化铝，得到了系列的铝合金及铝基复合材料。与其他金属基复合材料相比，铝基复合材料的性能特点是轻质、高强、高韧性、导热性好、适用的制备方法多、工艺灵活性大、易于塑性加工、制造成本低，因此研究最为广泛和深入，制造技术也相对成熟。

目前已经研制成功的长纤维铝基复合材料主要有以下五种：硼-铝复合材料、碳（石墨）-铝复合材料、碳化硅-铝复合材料、氧化铝-铝复合材料和不锈钢丝-铝复合材料。氧化铝纤维增强铝基复合材料最成功的应用是日本丰田公司用来制造柴油发动机的活塞，年产量有几十万只。

铝基复合材料增强体还有短纤维、晶须和颗粒增强物。碳化硅晶须增强铝基复合材料用于制造导弹平衡翼和制导元件、航天器的结构零部件和发动机部件、战术坦克履带，以及汽车零部件如活塞、连杆、汽缸、气门挺杆、推杆、活塞销、凸轮随动机等，还用于飞机的机身地板和新型战斗机尾翼平衡器、星光敏感光学系统的反射镜基板、超轻高性能太空望远镜的管棒桁架、微波电话插件，高尔夫球杆和蹄铁等。

常用的增强颗粒主要包括碳化硅、四氮化三硅、三氧化二铝、碳化钛、二硼化钛、氮化铝、碳化四硼及石墨颗粒或金属颗粒等。到目前为止，制备颗粒增强铝基复合材料较为成熟的技术主要有 5 种：粉末冶金法、挤压铸造法、搅拌铸造法、喷射沉积法和原位复合法。随着纳米技术的发展，人们发现了碳纳米管（CNTs）、石墨烯（GR）、氮化硼纳米管（BNNTs）等在微观尺度上，具有十分优异的刚度和强度，将它们与铝基体复合，有望在宏观上发挥这些优异性能，获得很高的增强效率和增强效果。纳米尺寸的增强体和基体结构能够在铝基中发挥尺寸效应，通过发挥材料中的位错、晶界等微观缺陷，以及应力-应变分配行为等的作用来调控材料性能。

颗粒增强铝基复合材料具有高比模量、高比强度、良好的塑性和较高的疲劳极限，以及耐高温、抗腐蚀等性能。碳化硅颗粒增强铝基复合材料可用于制造卫星及航天器结构材料，如卫星支架、结构连接件、管材、各种型材、导弹翼、遥控飞机翼、制导元件；飞机零部件，如起落架支柱龙骨、纵架管、液压歧管、直升机阀零部件；金属镜光学系统，如红外探测器、空间激光镜、高速旋转扫描镜等；汽车零部件，如驱动轴、刹车盘、发动机缸套、衬套和活塞、连杆、活塞镶圈；此外还可用于制造微波电路插件、惯性导航系统的精密零部件、涡轮增压推进器、电子封装器件、自行车框架接头等。

纵观国内外，对铝基复合材料的应用研究主要集中在碳化硅颗粒增强铝基复合材料中，并且取得了很大的成就。少数国家（如美国、日本、加拿大等）已进入应用阶段，取得了显著的经济效益。铝基复合材料的应用领域包括交通运输、航空航天、兵器武装、电子和光学仪器等。从发展趋势看，今后非连续增强铝基复合材料不仅会成为航空航天和空间领域中不可替代的重要材料，而且会逐步拓宽民用市场，预计在 21 世纪将会大批量生产和应用。

4.6.2 镁基复合材料

镁为密排六方晶体结构，熔点为 651℃，密度为 $1.74g/cm^3$，大约是铝的 2/3，是铁的 1/4，它是实用金属中最轻的金属。镁基复合材料是继铝基复合材料之后又一具有竞争力的金属基复合材料，其不仅保留了基体金属的导电、导热及优良的冷热加工性能，而且具有更高的比强度、比刚度、高温蠕变性能和尺寸稳定性，同时还具有良好的耐磨性、耐高温性、耐冲击性、优良的减振性能及良好的尺寸稳定性和铸造性能等；此外，还具有电磁屏蔽和储氢特性等，是一类优秀的结构和功能材料，也是当今高新技术领域中最有希望采用的复合材料之一。

镁基复合材料可在汽车制造工业中用作方向盘减振轴、活塞环、支架、变速箱外壳等，在通信电子产品如手机、便携式电脑中也用作外壳材料；而且镁基复合材料具有高储氢容量，氢化动力学性能较好，正逐渐成为非常具有发展前景的储氢材料。目前已经有约 60 种汽车零部件，包括变速箱外壳、转向柱等应用镁基复合材料，如德国克劳斯塔尔工业大学用碳化硅增强镁基复合材料制成了汽车轴承、活塞和气缸内衬等零部件，美国 TEXTRON 公司、Dow 化学公司用这一复合材料制成螺旋桨、导弹尾翼和内部加强的气缸等。铬镁复合材料用于人造卫星抛物面天线骨架，使天线效率提高了 539%；美国海军卫星上已将镁基复合材料作为支架、轴套、横梁等结构件使用，其综合性能优于铝基复合材料。

构成镁基复合材料的基体合金主要分为铸造、变形和超轻等系列。铸造系包括镁-铝、镁-锌、镁-铝-锌、镁-铝-锆、镁-锌-锆稀土等，侧重于制造镁基复合材料；变形系包括镁-锰、镁-铝-锌、镁-锌-锆、镁-稀土等，侧重于挤压性能的复合材料应用；镁-锂系是目前最轻质的合金系，具有较强的抗高能粒子穿透能力，以及能显著降低构件质量、节约能量和满足某些高性能的要求。

增强体可以分为颗粒、晶须、纤维等几种，增强体的选择要从复合材料的应用情况、制备方法，以及增强体的成本等诸多方面考虑。常用的增强体主要有碳纤维、钛纤维、硼纤维、三氧化二铝短纤维、碳化硅晶须、碳化四硼颗粒、碳化硅颗粒和三氧化二铝颗粒等。

镁基复合材料中常用的制备方法有搅拌铸造法、熔体浸渗法、粉末冶金法、原位反应自生法、喷射沉积法。

4.6.3　钛基复合材料

钛是 20 世纪 50 年代发展起来的一种重要的结构金属，纯钛熔点为 1660℃，密度为 4.5g/cm^3，耐腐蚀、抗氧化（可在 550℃时长期使用）。钛具有同素异构转变：882℃以上，为 β-Ti（bcc）；882℃以下，为 α-Ti（hcp）。

钛基复合材料（TMCs）适用温度比铝、镁基复合材料更高，因其具有高比强度、比刚度，以及良好的抗高温、耐腐蚀性能，在航空航天、汽车等领域有着广阔的应用前景。国外对钛基复合材料的研究已有近 40 年的历史，发展相当迅速，开发的原位合成工艺、纤维涂层等制备技术已经成功用于制备高性能钛基复合材料。在美国，大型高性能涡轮发动机技术（IH-PTET）计划的执行，开发了大量不同的钛基复合材料部件，如空心翼片、压缩机转子、箱体结构件、连接件及传动机构等。随着在美国空军 F-22 中的引入，钛基复合材料已经进入了实际应用阶段。日本采用诱发电位金属（BEP/M）工艺制备出一系列民用耐磨性好的碳化钛和硼化钛颗粒增强的 β 钛复合材料，有望应用于汽车部件。

钛基复合材料分为连续纤维增强钛基复合材料（FTMCs）和颗粒（晶须）增强钛基复合材料（PTMCs）两大类，这两种复合材料都要求基体材料具有较好的力学和加工成型性能。目前研究较多的制备方法主要有：粉末冶金法、熔铸法、放热弥散法、自蔓延高温合成和机械合金化等。

4.6.4　镍基复合材料

耐热合金也称高温合金。是指在高温下具有抗氧化、抗腐蚀、抗蠕变和耐疲劳性能的金属材料。镍基高温合金以镍铬为主要成分；铁基高温合金以铁铬镍为主要成分。按加工工艺分为变形高温合金和铸造高温合金两类。

4.6.5　金属间化合物

在纯金属中加入合金元素后，可以形成固溶体或化合物。当溶质含量超过固溶体的溶解能力时，由于组元间相互作用，将形成金属-金属或金属-非金属的化合物，称为金属间化合物。金属间化合物是具有不同于母体金属结构的新相。它具有金属性能，如有金属光泽、金属键结合（但其电子云具有方向性）、导电、导热、熔点高、硬度高。同时，它还具有共价键特征。金属间化合物可以作为合金的强化相、定向凝固共晶复合材料中的强化相和用于制作耐高温、多功能复合材料。

以金属间化合物为基体的金属基复合材料分为结构类复合材料（如 Al/NiAl、Al/Al-

Cu_2、Ni/Ni_4W 等）和功能类复合材料（如铁磁性 $MnBi/Bi$、磁/阻材料 $InSb/NiSb$、半导体效应 $SnSe/SnSe_2$）。

4.6.6 铜基复合材料

纯铜为玫瑰红色，面心立方结构，无同素异构转变。熔点为 $1083℃$，密度为 $8.94g/cm^3$，拉伸强度为 $225MPa$，硬度为 HB40～50，延伸率为 50%。铜具有良好的导电性和导热性，良好的耐腐蚀性，在室温下轻微氧化形成薄的氧化膜，可承受冷加工和热加工。

思考题

1. 金属基复合材料基体的选择原则有哪些？请详细说明。
2. 简述金属基复合材料的各种界面结合机制。
3. 金属基复合材料界面的形成原理及控制方法是什么？
4. 制造金属基复合材料有哪些技术难点及解决的途径？
5. 比较金属基复合材料的几种主要液相制备方法的制备工艺、原理、优缺点和应用。
6. 如何将颗粒加入金属液中，并使其在金属液中及复合材料中分布均匀？
7. 金属基复合材料在高温环境下使用时应具备哪些性能？

参考文献

[1] 朱和国，等. 复合材料原理 [M]. 北京：国防工业出版社，2013.
[2] 王燕，朱晓林，朱宇宏，等. 金属复合材料概述 [J]. 中国标准化，2013 (5)：33-37，47.
[3] 张国赏，等. 颗粒增强钢铁基复合材料 [M]. 北京：科学出版社，2013.
[4] 武高辉. 金属基复合材料发展的挑战与机遇 [J]. 复合材料学报，2014 (5)：1228-1237.
[5] 张效宁，王华，胡建杭，等. 金属基复合材料研究进展 [J]. 云南冶金，2006，35 (5)：53-58，73.
[6] 曾星华，徐润，谭占秋，等. 先进铝基复合材料研究的新进展 [J]. 中国材料进展，2015，34 (6)：417-424，460-461.
[7] 李智，徐瑞雪. 镁基复合材料制备技术研究现状 [J]. 创新科技，2014 (12)：84-85.
[8] 李春新，刘许旸，陈杰，等. 原位合成钛基复合材料研究综述 [C]. 第三届钛资源综合利用新技术学术交流会. 重庆，2014.
[9] 高玉红，李运刚. 金属基复合材料的研究进展 [J]. 河北化工，2006，29 (6)：51-54.
[10] 张文毓. 铝基复合材料国内外技术水平及应用状况 [J]. 航空制造技术，2015 (3)：82-85.
[11] 李德溥，姚英学，袁哲俊. 颗粒增强金属基复合材料的特种加工研究现状 [J]. 机械制造，2006，44 (10)：65-68.
[12] 黄伯云，肖鹏，陈康华. 复合材料研究新进展（上）[J]. 金属世界，2007 (2)：46-48.
[13] 谢霞，余军，温秉权，等. 复合材料在汽车上的应用 [J]. 国际纺织导报，2010 (12)：56-58，60.
[14] 李晓宾，陈跃. 金属基复合材料的性能和应用 [J]. 热加工工艺，2006，35 (8)：71-74.

第**5**章 陶瓷基复合材料

5.1 陶瓷概述

陶瓷（ceramic）是以无机非金属天然矿物或化工产品为原料，经原料处理、成型、干燥、烧成等工序制成的产品。根据性能可以分为传统陶瓷和先进陶瓷。传统陶瓷分为陶器和瓷器两大类，合称陶瓷。它们是以黏土等天然矿物为主要原料，自古以来就主要用作日用器皿和建筑、卫生制品。先进陶瓷的原料主要是人工合成的高纯化工原料，如：SiC、TiC、Al_2O_3、ZrO_2、BN、Si_3N_4、TiB_2、ZrB_2 等。其成型工艺和烧结工艺都较传统陶瓷要先进，如热压烧结、微波烧结、放电等离子体烧结等技术就是在制备先进陶瓷材料的过程中被开发利用发展起来的新型烧结工艺。相对于传统陶瓷而言，先进陶瓷具有高强、耐高温、耐腐蚀、耐磨损等众多优良性能，有的还具备特种功能，例如压电、铁电、导电、半导体、磁性、湿敏、气敏、压敏等功能特性。这大大地推动了陶瓷材料的应用发展，在航空航天、能源化工、交通运输等领域发挥着重要的作用。但是，陶瓷本质上的脆性极大地限制了它的推广应用。为了克服陶瓷材料的脆性及使用性能可靠性低的缺点，材料科学工作者特别是陶瓷科技工作者在单相陶瓷中添加各种第二相材料以改善陶瓷的脆性和使用性能的可靠性，从而出现了各种类型的高性能陶瓷基复合材料（ceramic matrix composite，CMC）。

按照添加第二相的形态和结构特征，通常将陶瓷基复合材料分成以下四类：颗粒弥散增韧陶瓷复合材料，晶须补强增韧陶瓷复合材料，连续纤维增强增韧陶瓷复合材料，仿生层状陶瓷复合材料。其中连续纤维增强增韧陶瓷复合材料具有较高韧性和抗热震性能，当受外力冲击时，能够产生非失效性的破坏形式，使用可靠性能高，是最有效的复合方式之一。但其制备工艺复杂，而且成本较高，限制了其大规模的应用发展。目前，其应用主要集中在航天器热防护材料、航空发动机燃烧室等领域。颗粒弥散增韧陶瓷复合材料，虽然性能比不上连续纤维增强增韧陶瓷复合材料，但其制备工艺简单，易于制备形状复杂的部件，原料成本也低，在民用领域有广阔的应用前景。晶须补强增韧陶瓷复合材料，因晶须尺度与陶瓷颗粒相近，可以采用粉体陶瓷工艺来制备部件，工艺简单，虽然整体性能比连续纤维增强增韧陶瓷复合材料要低，但是性能要优于颗粒弥散增韧陶瓷复合材料，也具有较大的应用发展空间，常被用作制备陶瓷刀具、陶瓷轴承等耐磨承强部件。但是，也存在陶瓷晶须昂贵，成本较高的问题。仿生层状陶瓷复合材料是近年来人们模拟贝壳珍珠层结构设计出来的一种新型的仿生材料，其独特的结构使陶瓷材料克服了单相材料的脆性，在保证高强、抗氧化的同时，大幅度提高了材料的韧性和可靠性。因而可用于安全系数要求较高的领域，具有很大的发展潜力。

5.1.1 陶瓷的晶体结构

跟金属材料不同，多数陶瓷材料具有离子键结构，部分陶瓷材料由共价键构成。由于离子键中发生了电子转移，从构成陶瓷化合物的一种原子转移到另一种原子，即一个原子失去电子，另一个原子得到电子，整个离子键呈电中性，正电荷中心（阳离子）（cations）与负电荷中心（阴离子）（anions）相平衡。陶瓷材料一般具有化学计量比（stoichiometricratio），即阳离子和阴离子具有一定的比例关系，如：Al_2O_3（alumina）、BeO（berillia）、$MgAl_2O_4$（spinel）、SiC（silicon carbide）和 Si_3N_4（silicon nitride）等。非化学计量比（nonstoichiometricratio）的陶瓷化合物并不常见，只是在一些特定的缺陷反应中可能出现，如 $Fe_{0.96}O$。一般情况下，O 离子半径大于金属阳离子，因此，阳离子占据由阴离子（O 离子）排列而成的晶格的间隙位置。

陶瓷材料一般具有简单立方、立方密堆（FCC）和六方密堆（HCP）排列的晶体结构。简单立方又被称为氯化铯结构（$CsCl_2$）（cesium chloride），其晶体结构如图 5-1 所示。CsCl、CsBr、CsI 也具有简单立方结构。许多陶瓷材料具有 FCC 结构，又称为 NaCl 结构，其晶体结构示意图如图 5-2 所示，如：MgO、CaO、FeO、NiO、MnO、BaO 等；闪锌矿结构（zincblende structure）（ZnS）和萤石结构（fluorite structure）（CaF）也属于 FCC 结构。HCP 也是陶瓷材料常见的结构，其晶体结构如图 5-3 所示，如 ZnS、NiAs（nickel arsenide）和刚玉（corundum）等。

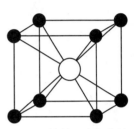

图 5-1　简单立方氯化铯（$CsCl_2$）晶体结构

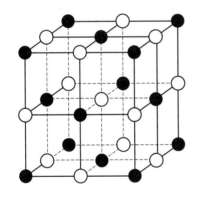

图 5-2　密排立方氯化钠（NaCl）晶体结构

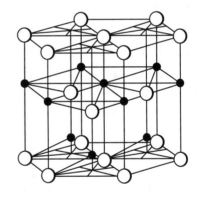

图 5-3　密排六方纤锌矿（h-ZnS）晶体结构

材料的键合类型也决定了其性能特征。表 5-1 列出了各类材料的键合类型和性能。以离子键或共价键结合的陶瓷材料具有较高的强度、弹性模量和硬度等特征，从而使其具有较为优良的抗变形能力，但是，高键能引起的缺陷敏感性，给陶瓷材料带来了致命的缺点——脆性，陶瓷材料的强韧化从本质上讲，就是降低其对缺陷的敏感性。

表 5-1　各类材料的键合类型和性能

材料类型	金属材料	有机高分子材料	陶瓷材料
键合类型	金属键	共价键和分子键	多数离子键，少数共价键和金属键
性能	导电性、导热性、不透光、韧性好	熔点低、易加工	耐热性好、电绝缘或半导体性、磁性及介电性，抗变形能力强，但韧性差

5.1.2 陶瓷基体材料的性能

常用陶瓷基体材料主要有氧化物陶瓷和非氧化物陶瓷。氧化物陶瓷材料主要包括氧化铝、氧化锆、氧化镁、董青石、钛酸铝和莫来石等。非氧化物陶瓷材料主要包括氮化硅、氮化硼、氮化铝、碳化硅、碳化硼和二硼化锆等，常见的陶瓷材料的基本性能如表5-2所示。

表 5-2　几种常见的陶瓷基体的有关性能

陶瓷种类	密度 $\rho/(g/cm^3)$	弹性模量 E/GPa	热膨胀系数[①] $\alpha/(\times10^{-6}℃^{-1})$	室温强度 σ_f/MPa	断裂韧性 $K_{IC}/(MPa \cdot m^{1/2})$
Si_3N_4	3.2	300	3.2	500~800	4~6
SiC	3.23~3.26	450	4.0	500~600	3~4.5
Al_2O_3	3.9	390	8.9	300~500	2.5~4
Y-PSZ	6.05	200	9.2	1200	9~16
3Y-TZP	—	200	10~11	715	6
莫来石	2.8	140	4.5	200~400	2~3
MgO	3.58	214	14.2	—	—
BeO	3.01	414	9.1	—	—
玻璃陶瓷	2.4~5.9	80~140	—	—	2
玻璃	—	60~80	3~10	—	1~2

①温差范围为20~1000℃。

5.1.2.1 氧化物陶瓷

（1）氧化铝陶瓷　以氧化铝（Al_2O_3）为主要成分的陶瓷称为氧化铝陶瓷。从晶体结构的角度来看，氧化铝有多种结晶态，大部分是由氢氧化铝脱水转变为稳定结构的 α-Al_2O_3 时所产生的中间相，这些中间相的结构不完整，且高温下不稳定，最终都转变为 α-Al_2O_3。与陶瓷生产关系密切的变体有3种，即 α-Al_2O_3、β-Al_2O_3 和 γ-Al_2O_3。它们结构不同，性质也各异，在1300℃以上的高温下几乎完全转变为 α-Al_2O_3。

α-Al_2O_3 属三方晶系，单位晶胞是一个尖的菱面体，密度为 3.96~4.01g/cm^3，莫氏硬度为9，熔点为2050℃，结构最紧密，活性低，高温稳定，在自然界中以天然刚玉、红宝石、蓝宝石等矿物存在。用 α-Al_2O_3 为原料制造的陶瓷材料，其力学性能、高温性能、介电性能、耐化学腐蚀性能都是非常优越的。

β-Al_2O_3 是一种含量很高的多铝酸盐矿物的总称，其化学组成可近似地用 $RO \cdot 6Al_2O_3$ 和 $R_2O \cdot 11Al_2O_3$ 表示，其中 RO 指 CaO、BaO、LiO 等碱土金属氧化物，R_2O 指 Na_2O、K_2O、Li_2O 等碱金属氧化物。$Na \cdot \beta$-Al_2O_3 是最具实用价值的一种变体，属六方晶系，密度为 3.25g/cm^3，莫氏硬度为5.5~6.0，由于 Na^+ 可在晶格内迁移、扩散和离子交换，所以 $Na \cdot \beta$-Al_2O_3 具有较高的离子导电能力和松弛极化现象，可作为钠硫电池的导电隔膜材料。

γ-Al_2O_3 是低温形态的 Al_2O_3，属等轴晶系，尖晶石型结构，晶体结构中氧原子呈立方密堆积，铝原子填充在间隙中。由于晶格松散，堆积密度小，因此密度也较小，为 3.42~3.48g/cm^3。γ-Al_2O_3 不存在于自然界中，只能用人工方法制取。γ-Al_2O_3 是一种白色松散粉状的晶体，由许多小于 0.1μm 的微晶组成的多孔球状集合体，其平均粒径为 40~70μm，孔隙率达50%，故吸附力强。高温下不稳定，在 950~1500℃ 范围内不可逆地转化为 α-Al_2O_3，同时发生体积收缩。因此，实际生产中常需要预烧，其目的主要是使全部 γ-Al_2O_3 转变为 α-Al_2O_3，从而减少陶瓷坯体的烧成收缩。

（2）**氧化锆陶瓷**　以氧化锆（ZrO_2）为主要成分的陶瓷称为氧化锆陶瓷。高纯的氧化锆呈白色，较纯的氧化锆呈黄色或灰色。氧化锆有 3 种晶型，常温下为单斜晶系，密度为 $5.65g/cm^3$，1170℃以上转化为四方晶系，密度为 $6.10g/cm^3$，2370℃以上转化为立方晶系，密度为 $6.27g/cm^3$，2680～2700℃发生熔化。整个相变过程可逆，且单斜相与四方相之间的转变伴随有 7％左右的体积变化。加热时由单斜相转变为四方相，体积收缩，冷却时由四方相转变为单斜相，体积膨胀。但由于相变滞后现象，这种收缩与膨胀并不发生在同一温度，前者约在 1200℃，后者约在 1000℃。

由于四方相和单斜相之间的可逆转化会带来体积效应，往往造成氧化锆陶瓷烧成时出现裂纹，因此，需要加入某些适量的稳定剂，如 Y_2O_3、CaO、MgO、La_2O_3、CeO_2 等，可使 ZrO_2 变成无异常膨胀、收缩的立方晶型的稳定 ZrO_2（stabilized zirconia，SZ）它在很宽的组成范围和温度范围内维持固有结构，不发生晶型转变，无体积变化。如果减少稳定剂数量，则得到四方相部分稳定的 ZrO_2（partially stabilized zirconia，或 PSZ）。利用稳定化的 ZrO_2 和部分稳定化的 ZrO_2 备料，都能获得性能良好的氧化锆陶瓷。

氧化锆具有硬度高、韧性好、弯曲强度高、耐磨损、耐腐蚀等优点，在工业生产中得到了广泛的应用，是耐火材料、高温结构材料和电子材料的重要原料。

（3）**氧化镁陶瓷**　以氧化镁（MgO）为主要成分的陶瓷称为氧化镁陶瓷。MgO 属立方晶系 NaCl 型结构，密度为 $3.58g/cm^3$，熔点为 2800℃，MgO 在高温下（大于 2300℃）易挥发，易被还原成金属镁，因此一般在 2200℃以下使用。MgO 化学活性强，易溶于酸，水化能力强，因此制造氧化镁陶瓷时必须考虑原料的这种特性。

MgO 在空气中容易吸潮，水化生成 $Mg(OH)_2$。在制造及使用过程中，为了减少吸潮，应适当提高煅烧温度，增大粒度，也可以使用一些添加剂，如 TiO_2、Al_2O_3、V_2O_5 等。MgO 晶体的水化能力随粒径的减小而增大，当粒径由 $0.3～0.5\mu m$ 减小到 $0.05\mu m$ 时，水化能力由 6％～23％增大到 93％～99％。随着煅烧温度的提高，MgO 晶体的水化能力逐渐降低，且可降低 MgO 的活性，但煅烧温度超过 1300℃时，对 MgO 水化能力影响不大。

MgO 对碱性金属有较强的抗侵蚀能力，可用于制备熔炼金属的坩埚、浇注金属的铸模、高温热电偶的保护管、高温炉的炉衬材料等。

（4）**堇青石陶瓷**　以堇青石（$2MgO \cdot 2Al_2O_3 \cdot 5SiO_2$）为主要成分的陶瓷称为堇青石陶瓷。堇青石的密度为 $2.53～2.78g/cm^3$，莫氏硬度为 7～7.5，熔点为 1460℃，热膨胀系数（25～1000℃）为 $1.5 \times 10^{-6}℃^{-1}$。堇青石有 3 种常见的晶体结构，即 α-堇青石、β-堇青石和 μ-堇青石。其中 α-堇青石是高温型的堇青石，又被称为印度石，属六方晶系。α-堇青石在 1100～1450℃范围内属于亚稳定状态，若在此温度范围内保温时间过长，α-堇青石会转变为斜方晶系。在更高的温度下（＞1450℃），则可以得到稳定的 α-堇青石。β-堇青石属斜方晶系，μ-堇青石属单斜晶系。当温度在 830～1500℃范围内，β-堇青石和 μ-堇青石会转化为 α-堇青石，且在常压下，μ-堇青石向 α-堇青石的转变是不可逆的。

堇青石具有低热膨胀系数，良好的高温性能和吸附性能，较大的比表面积，稳定的化学性能和良好的介电性能，在汽车尾气处理、臭氧抑制催化、有毒气体净化、热交换机等领域有着广泛的应用。

（5）**钛酸铝陶瓷**　以钛酸铝（Al_2TiO_5）为主要成分的陶瓷称为钛酸铝陶瓷。钛酸铝的密度为 $3.7g/cm^3$，熔点为 1860℃。钛酸铝主要存在 2 种稳定的形态，在高温 1820～1860℃范围内以 α 型稳定存在，在 15～750℃和 1280～1820℃范围内以 β 型稳定存在，而在 750～1280℃范围内不稳定，容易分解为 Al_2O_3 和 TiO_2。

钛酸铝陶瓷主要应用于抗高温热震要求高，但对机械承载力要求较小的部件，比如管道内衬、催化剂载体、冶金用陶瓷和隔热材料等。

（6）莫来石陶瓷　以莫来石（$3Al_2O_3 \cdot 2SiO_2$）为主要成分的陶瓷称为莫来石陶瓷。莫来石属斜方晶系，密度为 $3.17g/cm^3$，熔点为 $1870℃$，莫氏硬度为 $6\sim7$，热导率为 $5.48W/(m \cdot K)$，热膨胀系数（$20\sim400℃$）为 $4.2\times10^{-6}℃^{-1}$。莫来石需要在温度较高以及气压较低的环境下才能形成，因此天然莫来石十分稀少，通常用烧结法或电熔法进行人工合成。

莫来石具有良好的化学稳定性、低热膨胀系数、低热导率、高抗蠕变能力、高耐火度、抗热震性好、体积稳定性好、电绝缘性强和高温环境中优良的红外透射等优点，被广泛用作耐火材料、磨料、铸造、焊接材料、保温炉窑密封、火花塞、防滑地板砖及其他一些耐磨性和防腐性要求较高的领域，此外，它也是电子、光学等领域的重要材料，有着更为广阔的应用和发展前景。

5.1.2.2　非氧化物陶瓷

（1）氮化硅陶瓷　以氮化硅（Si_3N_4）为主要成分的陶瓷称为氮化硅陶瓷。氮化硅属六方晶系，密度为 $3.18 g/cm^3$，有 α-Si_3N_4（颗粒状晶体）和 β-Si_3N_4（长柱状或针状晶体）2 种晶型。α 相是由两层不同且有变形的非六方环层重叠而成，而 β 相是由几个完全对称的 6 个 ［SiN_4］ 四面体组成的六方环层在 c 轴方向的重叠而成。α 相结构对称性低，内部应变比 β 相大，故自由能比 β 相高。在常压下，Si_3N_4 没有熔点，而是于 $1870℃$ 左右直接分解。Si_3N_4 的热膨胀系数为 $2.35\times10^{-6}℃^{-1}$，热导率为 $18.4W/(m \cdot K)$，室温电阻率为 $1.1\times10^{14} \Omega \cdot cm$，$900℃$ 时为 $5.7\times10^6 \Omega \cdot cm$，介电常数为 8.3，介质损耗为 $0.001\sim0.1$。

氮化硅陶瓷强度高，韧性好，最高强度达 $1700MPa$，$1200℃$ 时的高温强度与室温相比衰减不大，K_{IC} 达 $11MPa \cdot m^{1/2}$。氮化硅导热性好，具有良好的抗热震性，在陶瓷发动机、轴承、工业热交换器、燃料喷嘴、火花塞、切削刀具、研磨介质等工程材料领域都得到了广泛的应用。氮化硅硬度高，摩擦系数小，可作为刀具材料、模具材料实现高速切削，适用于切削镍基、钛基合金。氮化硅有高的电阻率，高的介电常数，低的介质损耗，可用作电路基片、高温绝缘体、电容器和雷达天线等。氮化硅有优良的化学稳定性，除氢氟酸和浓氢氧化钠外，能耐所有的无机酸和一些碱液、熔融碱和盐的腐蚀，对多数金属、合金熔体稳定，能耐各种非金属溶液的侵蚀，可以用作坩埚、热电偶保护管、炉材、金属熔炼炉或热处理器的内衬材料。

（2）氮化硼陶瓷　以氮化硼（BN）为主要成分的陶瓷称为氮化硼陶瓷。氮化硼的晶体结构有六方氮化硼（hBN）、密排六方氮化硼（wBN）和立方氮化硼（cBN）。hBN 在常压下是稳定相，wBN 和 cBN 是高压稳定相，在常压下是亚稳相。hBN 在高温、高压下转变为 wBN 和 cBN。氮化硼的升华分解温度为 $3000℃$，热导率为 $33W/(m \cdot K)$，热膨胀系数约为 $2\times10^{-6}℃^{-1}$，低介电损耗，$108Hz$ 时为 2.5×10^{-4}，介电常数为 4，莫氏硬度为 2。

氮化硼的耐热性、耐热冲击和高温强度都很高，而且能加工成各种形状，因此被广泛用作各种熔融体的加工材料。氮化硼的粉末和制品有良好的润滑性，可作金属和陶瓷的填料，制成轴承。另外氮化硼是陶瓷材料中密度最小的材料，因此作飞行和结构材料是非常有利的。

（3）氮化铝陶瓷　以氮化铝（AlN）为主要成分的陶瓷称为氮化铝陶瓷。氮化铝属六方晶系，纤维锌矿型结构，白色或灰白色，密度为 $3.26g/cm^3$，无熔点，在 $2450℃$ 下升华分解，是一种高温耐火材料，热硬度很高，即使在分解前也不软化变形。在 $2000℃$ 以内的非氧化气氛中具有良好的稳定性，其室温强度虽比 Al_2O_3 低，但高温强度比 Al_2O_3 高，且随温度继续升高强度一般不发生变化。氮化铝热膨胀系数为 $4.0\sim6.0\times10^{-6}℃^{-1}$，热导率高达 260W/（m·K），所以氮化铝具有优异的抗热震性和耐冲击性，尤其对熔融 Al 液具有极好的耐侵蚀性。

氮化铝具有良好的电绝缘性、低的介电常数和介电损耗，并且化学性能稳定、无毒，是大规模集成电路、半导体模块电路和大功率器件的理想散热材料和封装材料。氮化铝陶瓷还具有耐高温、耐腐蚀的性能，能与许多金属在高温下共存，可以作坩埚材料，也可以用来作腐蚀性物质的容器和处理器。氮化铝陶瓷的抗热震性好，还可以用来制造性能优越的加热器。高纯度的氮化铝陶瓷呈现透明状，可用来制作电子光学器件。

（4）碳化硅陶瓷　以碳化硅（SiC）为主要成分的陶瓷称为碳化硅陶瓷。碳化硅属金刚石型结构，有多种变体，最常见的 SiC 晶型有 α-SiC，6H-SiC，15R-SiC，4H-SiC 和 β-SiC。H 和 R 代表六方或斜方六面型，H 和 R 之前的数字表示沿 c 轴重复周期的层数。由于所含杂质不同，SiC 有绿色、灰色和墨绿色等几种颜色。

在各种晶型中，最主要的是 α-SiC（高温稳定型）和 β-SiC（低温稳定型）。各类 SiC 变体的密度无明显差别，如 α-SiC 的密度为 $3.217g/cm^3$，而 β-SiC 的密度为 $3.215g/cm^3$。SiC 各变体与生成温度之间存在一定关系，低于 2100℃时，β-SiC 是稳定的，因此在 2000℃ 以下合成的 SiC，主要是 β-SiC。当温度超过 2100℃时，β-SiC 开始向 α-SiC 转化，但转变速率很小，2300～2400℃时转变速率急剧增大，所以在 2200℃ 以上合成的 SiC 主要是 α-SiC。

碳化硅没有熔点，在 0.1MPa 下于 2760℃ 左右分解，硬度很高，莫氏硬度为 9.2～9.5，高的导热性和负的温度系数，500℃ 时热导率为 67W/（m·K），875℃ 时热导率为 42W/（m·K），热膨胀系数约为 $4.7×10^{-6}℃^{-1}$。高的热导率和较小的热膨胀系数使得它具有较好的抗热冲击性能。

碳化硅陶瓷自 20 世纪 60 年代作为核燃料包壳材料以来，用途日趋广泛，可作为耐磨构件、热交换器、防弹装甲板、大规模集成电路底板及火箭发动机燃烧室内衬材料等。碳化硅具有导电性，可以制造高温电炉用的电热材料及半导体材料。

（5）碳化硼陶瓷　以碳化硼（B_4C）为主要成分的陶瓷称为碳化硼陶瓷。碳化硼属六方晶系，其晶胞中碳原子构成的链位于立体对角线上，同时碳原子处于充分活动的状态，这就使它有可能由硼原子代替，形成置换固溶体，并使其有可能脱离晶格，形成有缺陷的碳化硼。碳化硼密度为 $2.52g/cm^3$，在 2350℃ 左右分解，100℃时的热导率为 29W/（m·K），热膨胀系数（20～1000℃）为 $4.5×10^{-6}℃^{-1}$。

碳化硼具有高熔点，低密度，高导热，高硬度、高耐磨性和低热膨胀系数等优良特性，碳化硼粉可直接用来研磨，加工硬质陶瓷。碳化硼陶瓷可作为切削工具、耐磨零部件、喷嘴、轴承、车轴等。利用它导热性好、热膨胀系数低、能吸收热中子的特性，可以制造高温热交换器、核反应堆的控制器。利用它耐酸碱性好的特性，可以制作化学器皿、熔融金属坩埚等。

（6）二硼化锆陶瓷　以二硼化锆（ZrB_2）为主要成分的陶瓷称为二硼化锆陶瓷。在硼-锆系统中存在有三种组成的硼化锆，即一硼化锆（ZrB）、二硼化锆（ZrB_2）、十二硼化锆（ZrB_{12}），其中 ZrB_2 在很宽的温度范围内是稳定相，工业生产中制得的硼化锆多以 ZrB_2 为主。二硼化锆属六方晶系，密度为 $6.09g/cm^3$，熔点为 3245℃，显微硬度为 22.1GPa，电导率为 $1.0×10^7 S/m$，热导率（20℃）为 60W/（m·K），热膨胀系数为 $5.9×10^{-6}℃^{-1}$。

二硼化锆具有高熔点、高硬度、高模量、导电性好、导热性好、低热膨胀系数、良好的化学稳定性、耐腐蚀等优异的性能，在高温结构陶瓷材料、复合材料、耐火材料及核控制材料等领域中得到了较好的应用，如用于制备熔融金属测温用热电偶保护套管、冶金坩埚、蒸发舟、耐磨耐腐蚀抗氧化涂层、热中子堆核燃料的控制材料、包裹材料、耐火材料添加剂等。

5.2　陶瓷基复合材料概况

5.2.1　陶瓷基复合材料的定义

陶瓷基复合材料（cermic matrix composites，CMCs）是以陶瓷为基体与各种增强增韧等第二相材料复合的一类复合材料。基体可为陶瓷也可为玻璃。这些陶瓷基体材料大多具有耐高温、高强度、抗腐蚀等特点。采用纳米颗粒、晶须或纤维等第二相增强材料与基体复合，可以在保留原有特点的基础上获得高韧性的陶瓷基复合材料，这些第二相材料可以阻止裂纹的扩展，提高陶瓷基复合材料的使用可靠性。

5.2.2　陶瓷基复合材料的分类

（1）按照增强体的形状分类　按照其增强体的几何形状和尺寸，陶瓷基复合材料可以分为连续纤维增强陶瓷基复合材料、晶须增强陶瓷基复合材料、颗粒弥散陶瓷基复合材料和陶瓷纳米复合材料。

连续纤维增强陶瓷基复合材料是以丝状材料作为增强体、以陶瓷为基体制造的复合材料。如用 CVD 方法制备的 SiC 纤维或用先驱体转化方法制备的 Nicalon SiC 纤维增强碳化硅，制成碳化硅纤维增强碳化硅（记为 SiC_f/SiC，下同）复合材料；用碳纤维三维编织物增强碳或碳化硅，制成碳纤维增强碳（C_f/C）或碳纤维增强碳化硅（C_f/SiC）复合材料等。

晶须（whisker）属于短纤维，其长径比为 $50\sim200$。晶须增强陶瓷基复合材料是以晶须作为增强体、以陶瓷为基体制造的复合材料，如碳化硅晶须增强碳化硅（SiC_w/SiC）复合材料、氮化硅晶须增强氮化硅（Si_3N_{4w}/Si_3N_4）复合材料等。

颗粒弥散陶瓷基复合材料是以颗粒作为增强体、以陶瓷作为基体制造的复合材料。增强体包括延性金属（如 Al、Ni、Co、Ti、Nb、Zr 等）颗粒或刚性陶瓷颗粒。刚性陶瓷颗粒包括氧化物（如 Al_2O_3、ZrO_2、SiO_2 等）和非氧化物（SiC、Si_3N_4、TiC、$MoSi_2$、B_4C、AlN、TiB_2 等）颗粒。陶瓷基体有氧化物（如 Al_2O_3、ZrO_2、莫来石、尖晶石等）和非氧化物（如各种碳化物、氮化物、硼化物等）。

刚性颗粒弥散强化氧化物陶瓷基复合材料中第二相颗粒的弹性模量和强度往往高于陶瓷基体，所制成的复合材料具有优秀的抗氧化性。制备工艺也比较简单，如可以实现在空气中或在保护气氛下的常压烧结。碳化硅颗粒弥散强化氧化铝陶瓷复合材料可用作切削刀具、拔丝模具等耐磨部件。刚性颗粒弥散强化非氧化物陶瓷基复合材料可采用外加法和原位生长法制备。常见的体系包括 TiC_p/SiC、TiB_{2p}/SiC、SiC_p/Si_3N_4、TiC_p/Si_3N_4 等。第二相刚性颗粒的加入使 TiC_p/Si_3N_4 复合材料的硬度、强度和断裂韧性均较未增强的陶瓷基体材料有明显提高，可作为刀具材料。

延性颗粒弥散强化氧化物陶瓷的制备工艺主要是金属直接氧化工艺和粉末冶金工艺。主要体系有 Al_p/Al_2O_3、Ni_p/Al_2O_3、Zr_p/ZrO_2、Ni_p/ZrO_2 等。延性颗粒弥散强化氧化物陶瓷复合材料可以用作耐磨部件。延性颗粒弥散强化非氧化物陶瓷的基体常用碳化硅、碳化钛、碳化硼、碳化钨、硼化钛、氮化硅、氮化硼、氮碳化物等。第二相颗粒则用钼、钴、镍等。复合前将延性颗粒与基体颗粒直接混合，在还原气体或惰性气体保护下进行常压烧结或热压烧结，使复合材料制品获得较高的致密度和强度。延性颗粒弥散强化非氧化物复合材料具有强度高、韧性好、耐磨损、热膨胀系数小、抗热冲击和抗机械冲击性能好、高温力学性能保留率高等优异性能。因其具有一定的导电性，所以可以采用电火花加工进行复合材料制件的二次加工。它们大多用作切削刀具和中低温金属成型模具（如拔丝模具）。

陶瓷纳米复合材料按照纳米级粒子（或晶粒）的位置可以划分为三种类型，即晶粒内弥散纳米粒子第二相；晶粒间弥散纳米粒子第二相；纳米晶粒基体和纳米粒子第二相复合。由于纳米粒子的加入，陶瓷纳米复合材料将产生某些新功能，如可加工性、超塑性和低温烧结性等。陶瓷纳米复合材料一般由超细颗粒经特殊烧结方法得到，还可以通过控制热处理条件使基质晶淀析出纳米晶第二相获得。目前已制备出的陶瓷纳米复合材料体系有 SiC_n/Al_2O_3、Si_3N_{4n}/Al_2O_3、TiC_n/Al_2O_3、$SiC_n/$莫来石、SiC_n/B_4C、TiB_{2n}/B_4C、SiC_n/Si_3N_4 等。5%（体积分数）SiC纳米颗粒弥散于 Al_2O_3 基体晶粒内，复合材料的强度为未加颗粒时 Al_2O_3 陶瓷的3倍，达1500MPa。

（2）**按照使用性能分类**　按照使用性能，可以将陶瓷基复合材料分为结构陶瓷基复合材料、功能陶瓷基复合材料和生物医学陶瓷基复合材料。结构陶瓷基复合材料主要是利用其力学性能来制造一些承受载荷的结构件，如涡轮发动机叶片、喷管喉衬等；功能陶瓷基复合材料主要是利用其除力学性能以外的其他性能，如热膨胀、耐烧蚀、耐腐蚀等，制作火箭鼻锥、复合装甲等；生物医学陶瓷基复合材料主要是利用其生物、化学性能和生物相容性能，制作代替人体骨骼和人体器官的结构，或充当药物缓释载体。

5.2.3　陶瓷基复合材料的应用

5.2.3.1　陶瓷基复合材料在航空航天领域内的应用

陶瓷基复合材料具有高的熔点、弹性模量、硬度和高温强度，以及良好的抗蠕变和抗疲劳性能，作为高温结构材料，尤其作为航空航天飞行器需要承受极高温度的特殊部位的结构材料使用，例如 SiC 基复合材料在航空发动机中已经逐渐作为高推重比航空发动机热端部件使用（图5-4）。陶瓷基复合材料在航空航天领域内的应用还包括：喷管喉衬、叶片（定子

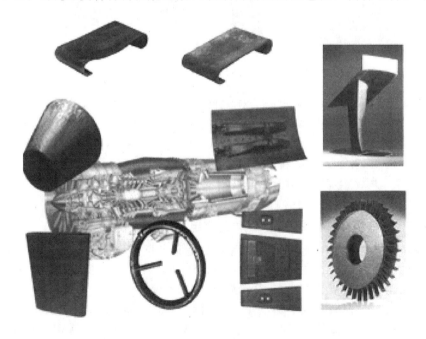

图5-4　SiC基复合材料在航空发动机中的应用

和转子)、燃气舵、蜗形管、无水冷陶瓷发动机活塞顶盖、燃烧器、柴油机的火花塞、活塞罩、汽缸套、副燃烧室、组合式航空发动机零部件、重返飞船防热瓦、头锥、刹车片、排气阀门、舱体隔热板、双曲率机翼前缘整流罩、尾气调节片、鼻锥(端头帽)、机翼盖板、对磨制动片、多次重复高温氧化环境下长期工作的初级或次级承力结构、超高速飞行器机体结构、控制面、机翼前缘等。

应用在导弹防热天线窗上的高温透波材料主要是三向石英纤维增强二氧化硅的陶瓷复合材料，其具有耐高温、抗热震、透波性和抗粒子云侵蚀、抗激光等功能，是保护导弹等飞行器在恶劣环境下通讯、遥测、制导、引爆等系统正常工作的一种多功能介质材料，在导弹无线电系统中得到广泛应用。

法国 Snecma 公司研发的 SiC_f/SiC 复合材料材质的火焰稳定器、发动机混合器等部件已经成功地通过了力学、热学及高温耐久考核，部分构件已经成功应用在 M-88 型和 CFM56 发动机上(图 5-5)。液体火箭发动机推力室采用 SiC_f/SiC 复合材料制备，可以简化发动机结构设计，提高发动机工作温度，减轻发动机结构质量，从而大幅度提高发动机整体性能。美国 Hyper-Therm HTC 公司通过 CVI 工艺制备的 SiC_f/SiC 整体推力室，以 LH_2/LO_2 为推进剂进行点火验证，推力室内壁稳态最高温度超过 2370℃，燃烧室压力为 2.7MPa，通过了 30s 的热试车考核。

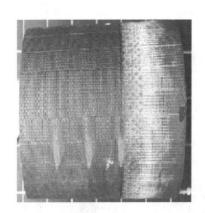

图 5-5　法国 Snecma 公司研制的燃烧室 SiC_f/SiC 衬套

固体火箭发动机喷管与复合材料壳体之间的热结构复合材料连接件(TLC)的外环，采用六向编织的氧化铝纤维增强碳复合材料；内环也是碳基复合材料，但它是一种梯度功能复合材料，其编织体内层用 T300 碳纤维、外层用氧化铝纤维六向编织而成。TLC 的出现，使固体火箭发动机的全复合材料化成为可能。美国 NASA 开发的陶瓷燃气轮发动机(AGT)转子、叶片、燃烧室蜗形管已通过热试验；法国 SEP 公司制造的 SCD-SEP 火箭试验发动机，由于使用了陶瓷基复合材料而取得减重 50% 的效果。

5.2.3.2　陶瓷基复合材料在核工业领域内的应用

陶瓷基复合材料在核工业领域的应用主要是原子反应堆中核燃料包覆管和面向高温等离子体材料及高温热交换材料等。SiC_f/SiC 复合材料具有很低的感应放射性和余热、低化学溅蚀性能、高的氧化吸收能力和低活性，经辐照后具有较高的尺寸稳定性和性能稳定性，被认为是很有前景的聚变堆候选材料。SiC_f/SiC 复合材料在聚变堆的应用主要是在包层的第一壁、流道插件以及偏滤器等部件上。相比于不锈钢、钒合金等材料，使用 SiC_f/SiC 复合材料时，反应堆冷却剂出口温度可提高到 800～1000℃，远远高于金属材料的使用温度，同时能量转换效率可提高到 50% 以上，极大地提高了反应堆的工作效率。

5.2.3.3 陶瓷基复合材料在医疗领域内的应用

陶瓷基复合材料在医疗领域的应用包括人工器官和医疗器械零部件等。用于人工器官的复合材料必须具备生物功能性和生物相容性，主要有人工心脏瓣膜阀体材料的生物陶瓷基复合材料、假牙材料、人工骨、人工关节材料等。

用 Al_2O_3、ZrO_2 等陶瓷材料与羟基磷灰石（HA）生物活性陶瓷复合，可以有效地提高其强韧性，而不影响其生物活性。研究结果表明，$HA-20\%Al_2O_3$ 的生物复合材料具有较好的生物相容性，但两者在高温下会反应生成铝酸钙而影响其生物活性。

用于医疗测量方面的陶瓷基复合材料是负电阻温度系数（NTC）陶瓷基复合材料，即负电阻温度系数热敏半导体陶瓷，简称 NTC 热敏半导瓷。负电阻温度系数大，性能稳定，可以在空气中直接使用的 NTC 热敏半导瓷产品包括中常温、高温、低温和线性半导瓷。测量体温的为中常温 NTC 热敏半导瓷。目前市面出售的袖珍电子温度计是把热电阻探头装在经过消毒的一次性使用的塑料包里。一般测量温度为 35~42℃，精确度达 0.1℃。用化学共沉法制备片状、杆状 NTC 热敏电阻的工艺过程是：配制基本工作液、配制 NaOH 溶液、制备混合物料、配制胶黏剂、坯料制备、生坯成型、坯体烧结、制备电极、阻值调整、敏化处理、装引出线、涂覆瓷漆和热老练等。

5.2.3.4 陶瓷基复合材料在汽车工业领域内的应用

陶瓷基复合材料在汽车工业中有着广泛的应用前景，可以用作尾气过滤、涡轮发动机叶片、刹车片、球阀、内燃机喷嘴、缸套、抽油阀门、各种高温或摩擦部分的内衬。

结构陶瓷复合材料代替高强度合金制造涡轮增压发动机、燃气轮机、绝热发动机，可以将现在发动机的燃烧温度从 700~800℃ 提高到 1000℃ 以上，热效率提高 1 倍以上。

活塞部分采用陶瓷材料后，可使燃烧室中实现部分隔热，从而减少冷却系统的容量和尺寸。在高强度柴油机中可有效降低活塞环槽区的温度，有时可取消对活塞的专门冷却。涡轮增压器零部件中使用陶瓷最普遍的是增压器涡轮，与金属涡轮相比，陶瓷涡轮质量轻、转动惯量仅为金属涡轮的 31%，"涡轮滞后"现象得以改善，同时使增压器的动态性能提高 36%，能在金属涡轮不能承受的高温下工作，并且由于热膨胀系数小，预先减小涡壳与涡轮之间的间隙可以提高效率。

5.2.3.5 陶瓷基复合材料在机械加工领域内的应用

陶瓷基复合材料在机械加工中的应用包括：切削刀具、工具、量具、模具注塞泵、轴承、密封件、耐磨、减磨部件、离合器、阀门等。

轴承材料经历了由木质材料、金属材料、高分子材料、无机材料（陶瓷）和复合材料的发展过程。复合材料轴承主要包括用玻璃纤维、碳纤维、棉纤维或钢纤维增强聚合物复合材料，也包括以低碳钢衬为基体、以烧结青铜网为中间层并复合耐磨聚合物的 SF 型三层复合材料轴承，以及陶瓷轴承。尤其在特殊恶劣工况（例如高温、高负荷、接触腐蚀介质、不允许加润滑剂）工作的滑动和滚动轴承的各个部分，均可以用陶瓷和陶瓷基复合材料制作。

SiC 晶须增韧的细颗粒 Al_2O_3 陶瓷复合材料已成功用于工业制造切削刀具。由美国格林利夫公司研制，一家生产切削工具和陶瓷材料的厂家和美国大西洋富田化工公司合作生产的 WC-300 复合材料刀具具有耐高温、稳定性好、强度高和优异的抗热震性能。

5.3 颗粒弥散增强增韧陶瓷复合材料

5.3.1 概述

颗粒弥散复合增强增韧陶瓷复合材料（particle reinforced ceramic matrix composites，PRCMCs）在高技术陶瓷领域中应用比较广泛，近些年在结构陶瓷领域已形成具有一定规模的产业，如：陶瓷轴承、陶瓷牙齿以及陶瓷刀具等都已产业化。这些复合陶瓷材料的应用证明了颗粒弥散增韧陶瓷可成功地应用于耐磨、高温等场合，克服传统结构材料在强度和耐磨性上的不足，适应现代高技术产业对工程材料提出的苛刻要求；对断裂韧性和使用可靠度要求较高的应用场合也有新的突破，如有效抵御热、力冲击场合的先进多相陶瓷材料的研制（包括纳米复合陶瓷），也将成为传统耐火材料和装甲材料的候选材料，为军工、冶金、机械等行业提供更多高品质工程材质。

5.3.2 颗粒弥散增韧陶瓷复合材料的特点

颗粒弥散复合的最突出特点是制备工艺简单，可以延用陶瓷材料制备的整套工艺，不需要添置新的设备和工序，原料也相对便宜。其缺点是相分散均匀性不易控制，强韧化效果没有晶须和纤维的强韧化效果明显。

添加的第二相弥散颗粒可分为刚性颗粒和延性颗粒两种。刚性颗粒一般是一些具有高强度、高硬度和高的化学稳定性的陶瓷颗粒，如 SiC、Si_3N_4、ZrO_2、Al_2O_3 等。刚性颗粒弥散增韧的机制有裂纹偏转、裂纹分叉，它既可提高陶瓷的韧性又可提高陶瓷的强度，尤其是高温强度。延性颗粒是一些金属颗粒，延性颗粒的增韧机制有：裂纹桥联、裂纹偏转、颗粒的塑性变形和颗粒拔出等。但是，由于金属的高温强度低、化学稳定性差，延性颗粒增韧的陶瓷基复合材料的高温强度往往不高。

5.3.3 颗粒弥散增韧陶瓷复合材料的制备工艺

颗粒弥散复合是近30年来结构陶瓷研究领域的最突出的特征之一。由于颗粒弥散陶瓷基复合材料的增强体和基体原料均为粉料，因此，常采取类似于粉末冶金的工艺制备颗粒弥散增韧陶瓷复合材料。而颗粒弥散复合也是根据复合层次的不同，选择相应的制备工艺，如微米复合体系往往采用机械混合法使几种颗粒混合后再进行烧结，这也是陶瓷材料常规制备技术（图 5-6）；但纳米复相陶瓷则采用物理或化学方法先制备复合粉体，然后经快速烧结制备晶粒细小的陶瓷基复合材料。

图 5-6　颗粒弥散增韧陶瓷复合材料的制备工艺流程图

（1）混料　颗粒弥散增韧陶瓷复合材料一般由两种或者两种以上的粉体作为原料，为促进烧结，往往还要添加一定量的烧结助剂，混合粉体混合的均匀性直接影响到陶瓷复合材料的致密化和相分布的均匀性，一般采用湿法球磨的方法对复合粉体原料进行混合，常用的球磨球是 ZrO_2 球或者 Al_2O_3 球，球磨介质为水、酒精或者其他有机溶液。采用球磨混料除了能保证复合粉体的相分散均匀性，还可以在一定程度上磨细粉体。

（2）干燥　湿法球磨混合后的混料在成型前需要先经过干燥工序去除液体介质，常用干燥方法有：热风干燥、辐射干燥、红外干燥和微波干燥等。旋转蒸发（图 5-7）也是一种高效的干燥方法，其可以在负压条件下连续快速蒸馏大量易挥发的溶剂，由于其在干燥过程中带动物料不停地旋转，能保证多组分混合粉料的分散均匀性，是混合复合粉体干燥的常用方法。

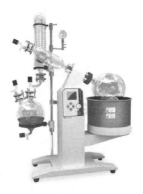

图 5-7　旋转蒸发仪

（3）成型　陶瓷坯体的常用成型工艺有压制成型、注浆成型、流延成型、可塑成型、注射成型以及最新的 3D 打印等方法。

压制成型包括金属模压成型和冷等静压成型，均在常温下进行。后者比前者的压力更加均匀；注浆成型的模具为石膏，浇注在常温、常压下进行；注射成型是把熔化的含蜡料浆用注射机注入钢制的模具中，经冷却、脱模、排蜡，得到预成型坯件；轧制成型是利用轧机将塑化的原料泥团连续轧制成片状坯件；挤压成型也称挤塑成型，它利用液压机推动活塞，将已塑化的泥团从挤压嘴挤出并成型，一般也采用热挤。3D 打印出现在 20 世纪 90 年代中期，即快速成型技术的一种，它是一种以数字模型文件为基础，通过逐层打印的方式来构造物体的技术。实际上是利用光固化和纸层叠等技术的最新快速成型装置。它与普通打印工作原理基本相同，打印机内装有液体或粉末等"打印材料"，与电脑连接后，通过电脑控制把"打印材料"一层层叠加起来，最终把计算机上的蓝图变成实物。3D 打印技术适合于复杂形状的坯件成型。

（4）烧结　由于制备颗粒弥散增韧陶瓷复合材料的原料粉末比表面积大，表面自由能高，并在粉末内部存在各种晶格缺陷，因此处于高能介稳状态。通过烧结使系统总能量降低，达到稳定状态。因此，表面积及界面面积的减小也是烧结过程的驱动力。在烧结过程中，通常需要添加烧结助剂。烧结助剂在烧结过程中形成少量液相，由于液相的黏性流动使颗粒重新分布并排列得更加致密，随着烧结时间增长，细颗粒和粗颗粒表面凸出部分在液相中溶解，并在粗颗粒表面析出。剩余液相充填于颗粒结合成的骨架间隙中，并发生晶粒长大与颗粒熔并，促使制品进一步致密化。

颗粒弥散增韧陶瓷复合材料常用的烧结工艺有：常压烧结、加压烧结、反应烧结、真空烧结、放电等离子体烧结、微波烧结等。加压烧结技术包括热压烧结和热等静压烧结。热压烧结法烧结温度一般为熔点的 0.5～0.8，烧结时间较短，可以得到致密、均匀、晶粒尺寸细小的陶瓷基复合材料制品。

热压（hot pressing，HP）烧结法的优点是：被烧结物料处于热塑性状态，易产生黏性或塑性流动，可充满模腔、减少空隙；由于同时加热加压，有助于粉末颗粒的接触、扩散、流动等传质过程；烧结时间短，使晶粒不至于过分长大；可以制得几乎接近理论密度的制品；不同粒度和不同硬度的粉末其热压烧结工艺无明显区别。热压烧结的主要缺点是需要有模具（一般采用高纯石墨），模具材料损耗大、寿命短；制品精度较低，需要对制品进行二次机械加工以增加尺寸精度；仅适用于制备形状较简单的制品，且不便于批量生产。

热等静压（hot isostatic pressing，HIP）烧结是将混合粉末压坯装入包套中，然后再放入高压容器内，由高压保护气体提供均衡的压力，烧结成致密件。其优点是可以在比无压烧结或热压烧结低得多的温度下完成烧结，避免晶粒异常长大，其装置示意图如图 5-8 所示。

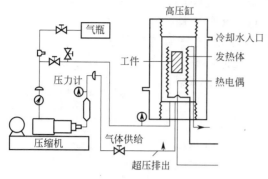

图 5-8　热等静压装置示意图

图中标注：气瓶、高压缸、冷却水入口、工件、发热体、热电偶、压力计、压缩机、气体供给、超压排出

5.3.4 颗粒弥散增韧陶瓷复合材料的先进制备工艺

提高颗粒弥散陶瓷材料的力学性能并降低制造成本是材料科学工作者追逐的目标，而使用廉价原料，采用短流程、低能耗合成工艺与装备研究是其中的关键手段。为省略颗粒增韧增强剂的预先制备工艺和后续分散工艺，进而原位改善颗粒在基体中的分布均匀和与基体的结合状态，国内外学者进行了许多有价值的研究工作。其中较为突出的包括原位反应、燃烧合成、微波烧结、还原氮化以及延性相复合等先进制备工艺。

（1）原位反应烧结工艺　原位反应烧结（reaction sintering，RS）是利用固-液、固-气或者是固-固等化学反应，在致密化过程中原位生成增韧相的新型烧结工艺。其特点是：①省略了传统制备工艺中的二相颗粒预先合成步骤，使工艺得到简化，体现了材料合成过程中的短流程工艺的先进性；②可获得颗粒细小，分布均匀的第二相，甚至纳米复相陶瓷；同时可原位生成晶须或板晶，降低这些高品质粒子的制造成本，体现了复相陶瓷合成过程中颗粒尺寸与几何形状的可控性和经济性；③明显改善多相材料的界面结合状态，而且界面更加清洁，有利于材料力学性能的提高，因为其避免了传统工艺因预混过程中的颗粒表面氧化，杂质或水分引入，体现了该工艺技术的界面调控作用。此外在某些特定系统，如采用 TiC 与 B 反应在 SiC 基体中原位生成 TiB_2，反应物 B 同时充当反应物和过渡助烧剂的作用，体现该工艺的灵活性和多功能性。

到目前为止，通过不同的基体和不同的原位反应组合可制备出种类繁多的复合材料，这些基体主要包括 Si_3N_4、SiC、Al_2O_3、莫来石、AlN、BN、Ti（C，N）等，而原位生成的二相粒子包括 SiC_p、SiC_w、TiB_2、TiC、ZrB_2、TiN、ZrO_2 以及金属 Ni 等。根据目前研究进展，对反应机理和制备工艺有了深刻了解，可制备出性能优越的复合材料。相反，对另外一些复合系统，由于反应过程和致密化过程难以协调，难以制备出性能优越的实用型复合材料，因此原位反应复合工艺仍具有潜在的优势和发展空间，并引起了广泛的重视。

（2）反应放电等离子体烧结工艺　反应放电等离子体烧结（reaction spark plasma sintering，RSPS）工艺是在放电等离子体烧结基础上，引入可以在烧结过程中发生化学反应的原料组成，最终烧结出致密的复合材料。其特点是集合了放电等离子体烧结的优点和原位反应烧结的优点，可以快速烧结出致密的、结构均匀的、晶粒细小的陶瓷基复合材料。图 5-9 是反应放电等离子体烧结制备 HfB_2-SiC 陶瓷复合材料的烧结曲线和显微结构图，从图中可以看出 RSPS 工艺具有非常快的升温速度，所制备的 HfB_2-SiC 陶瓷复合材料的晶粒比较细小，显微结构均匀。

（3）微波烧结制备工艺　微波烧结（microwave sintering，MS）是利用交变电磁场对材料的极化作用，交变电磁场可以使材料内部的偶极子反复调转，产生更强的振动和摩擦，从而使材料升温。与传统加热工艺相比，微波加热具有快速、省时、体积性加热及选择性加热等特点，在颗粒弥散复合陶瓷中显示了巨大的优越性。从图 5-10 中可以看出，相对于常规烧结工艺，微波烧结可以在更低的烧结温度下烧结出致密度更高的陶瓷材料。从图 5-11 中可以看出，微波烧结的复相陶瓷的晶粒更加细小，力学性能也得到明显改善。

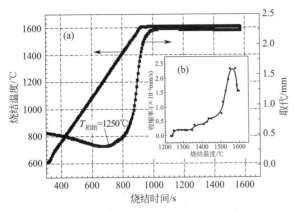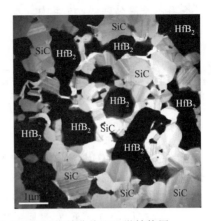

图 5-9　反应放电等离子体烧结制备 HfB₂-SiC 陶瓷复合材料的烧结曲线和显微结构图

近年来，研究发现陶瓷基复合材料的微波加热制备工艺，不仅体现在复合材料的烧结，而且在微波处理复合材料方面可获得促进 Si_3N_4 基陶瓷的 α 相→β 相转变，恢复 Y-TZP 陶瓷的相变增韧，TiC/Al_2O_3（或 Si_3N_4）多层次复合陶瓷的裂纹愈合与性能恢复等新的作用和效果，为陶瓷复合材料的智能化的工艺技术设计以及无机智能材料开发奠定扎实基础。

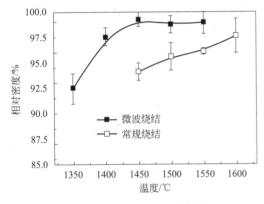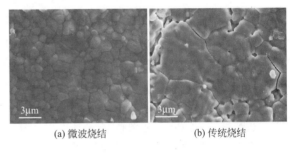

图 5-10　微波烧结与传统烧结制备 ZrO_2 陶瓷材料的致密度

图 5-11　不同烧结方法制备 ZrO_2 陶瓷材料的显微结构比较

（4）还原氮化制备工艺　碳热还原氮化（carbothermal reduction nitridation，CRN）技术是近些年来应用与制备氮化物或氮氧化物陶瓷复合材料的新方法。20 世纪 70 年代，美国犹地他大学的 J. G. Lee 首次以天然黏土为原料，通过碳热还原氮化法制备出 Sialon 陶瓷复合材料，从此之后，几乎所有硅酸盐矿高岭土、叶蜡石、火山灰、红柱石、硅线石和煤矸石等都可合成相应单相陶瓷或陶瓷复合材料。这比以纯化工原料来原位反应合成复合产品具有更大优势，也具有广阔的应用前景和经济效益。当前除了碳热还原氮化工艺外，还发展了硅热、铝热还原氮化工艺，相继开发出 Sialon（β-，α-，O′）族以及 AlON 族陶瓷复合材料，并率先在冶金高温耐火陶瓷行业中得到应用。

（5）延性相复合制备工艺　延性相复合硬质陶瓷是一种很有发展前途的高性能材料，它结合了金属与陶瓷分别在延性和硬度上的优点，试图在综合力学性能方面实现突破。自 20 世纪 80 年代后，美国 Lanxide 公司发明了液态金属直接氧化工艺，可制备出具有特殊显微结构的金属陶瓷。液态金属 Zr 直接与 B_4C 预成型反应制备板晶增韧的陶瓷基复合材料，该制备工艺条件是在 Ar 气氛中、1850~2000℃保温 1~2h，获得 ZrB$_2$/ZrCx/Zr 复合材料，强度达到 800~1030MPa，断裂韧性为 11~23MPa·m$^{1/2}$，热导率为 50~70W/(m·K)。

5.4 晶须补强增韧陶瓷复合材料

5.4.1 概述

以晶须为增强体的陶瓷复合材料，也称为晶须增韧补强的陶瓷复合材料（whisker-reinforced ceramic matrix composites，WCMCs），其发展也只有三、四十年的历史了。早在 1967 年，DeBoskey 和 Hahn 等发现将蓝宝石（sapphire）晶须加入 Al$_2$O$_3$ 陶瓷中，可以提高 Al$_2$O$_3$ 陶瓷的强度，并改变其破坏方式。Sambell 等在 1972 年报道了短纤维在陶瓷和玻璃基体中的增韧补强作用。自 20 世纪 70 年代以来，由于高性能无机晶须的问世，特别是 SiC 晶须的批量化生产技术的发明，晶须增韧多相复合陶瓷材料得到迅速发展。关于晶须增韧多相复合陶瓷材料的最早报道可能是 1982 年 Tamari 等在研究 SiC$_w$/Si$_3$N$_4$ 复合材料时，发现了晶须在陶瓷材料中的增韧作用，提高了材料的断裂能和显微硬度。此后，Becher 在 1984 年报道了 SiC 晶须在 Al$_2$O$_3$ 基复合材料中的增韧作用，并在 1988 年提出：当加入的体积分数相同时，晶须的增韧效果和纤维相近，这样更显示了晶须作为增强体的优越性。

5.4.2 晶须补强增韧陶瓷复合材料的特点

由于晶须尺寸很小，其可以作为粉体对待，因此，晶须补强陶瓷基复合材料的制备工艺也比较简单，可以延用陶瓷或者颗粒增强陶瓷复合材料的制备工艺。由于晶须的高强特点，其强韧化效果要优于颗粒增强陶瓷复合材料。其设计的自由度大，在经济上更具吸引力，因而受到广泛的重视。近几十年来，人们对晶须补强陶瓷复合材料的研究多以 SiC 晶须为增强体，在玻璃、Al$_2$O$_3$、莫来石（mullite）、ZrO$_2$ 和 Si$_3$N$_4$ 等陶瓷复合材料中都取得较大成功。表 5-3 是几种 SiC 晶须增韧的陶瓷复合材料的基本性能。

表 5-3　SiC 晶须增强不同陶瓷基体复合材料的力学性能

SiC$_w$/%(体积分数)	基体	σ_f/MPa	K_{IC}/(MPa·m$^{1/2}$)	使用温度/℃
0	莫来石	—	2.2	25
20	莫来石	440	4.6	25
0	ZrO$_2$	1150	6.0	25
20	ZrO$_2$	600	10.5	25
30	ZrO$_2$	600	11.0	25
0	MoSi$_2$	150	5.3	25
20	MoSi$_2$	310	8.2	25
0	AlBSi-玻璃	103	1.0	25
35	AlBSi-玻璃	327	5.1	25

5.4.3 晶须补强增韧的陶瓷复合材料的制备工艺

晶须增强陶瓷复合材料的制备方法可分为外加晶须（或短切纤维）和原位生长晶须两

类，它们的复合工艺有显著区别。

5.4.3.1 外加晶须制备陶瓷复合材料的工艺

晶须的尺寸很小，长度通常只有 $10\sim100\mu m$，直径为 $0.1\sim1\mu m$，因此在工艺上可以作为粉体来处理，可以沿用一些传统的陶瓷材料的制备工艺。晶须补强增韧的多相复合陶瓷材料的制备工艺过程通常是将晶须进行一定的表面处理和分散，然后加到陶瓷粉体中，经过混合、成型和烧结，有时为了控制晶界玻璃相的组成和结构，还要进行玻璃相结晶化等热处理过程。陶瓷材料制备中常用的一些成型方法，如干压成型、冷等静压成型、注浆成型、注射成型，常用的烧结方法，如常压烧结、热压（HP）烧结、气压烧结（GPS）、热等静压（HIP）烧结等，均适用于晶须补强增韧的多相复合陶瓷材料。但是，晶须又不同于一般的陶瓷粉末，晶须补强增韧的多相复合陶瓷材料的制备工艺中存在着两个技术关键，即晶须的均匀分散和复合材料的烧结致密化。

（1）**晶须的表面处理与分散** 陶瓷基复合材料所用的晶须（或短切纤维）直径小，具有高的比表面积，晶须之间相互交错以及晶须之间的物理和化学吸附，导致晶须集聚（agglomeration）。晶须内的颗粒状杂质和大块晶体或集聚块团，可能造成复合材料制品的结构缺陷，导致复合材料的性能下降。

在制备陶瓷基复合材料前，首先要净化晶须，为了除去颗粒状杂质防止集聚成块。主要方法是采用沉降技术除去颗粒状杂质，或者采用沉降絮凝技术，既除去颗粒状杂质，又可在干燥时不致重新集聚。

对于一些非氧化物晶须，如 SiC 晶须或者 Si_3N_4 晶须，还需要通过酸洗工艺，去除晶须表面残留的 SiO_2 和催化剂等杂质，常用的酸洗工艺是：将 SiC 晶须浸泡在 $1mol/L$ HF ＋ $1mol/L$ HNO_3 的混合酸中 $8\sim24h$，再辅助以超声分散，然后用去离子水冲洗至中性即可。以往的研究结果表明，采用酸洗确实可以消除晶须表面的杂质和团聚体，提高晶须的分散性。然而有些晶须的表面会由于酸洗而受到损伤，有可能导致晶须强度的下降。因而，需要控制晶须酸洗的程度，以达到分散的效果，避免过度损伤晶须。

晶须的分散方法主要有高速搅拌、球磨、超声振动等。对于某些长径比较大，分枝较多的晶须，首先要通过球磨或高速搅拌的方式减少分枝和降低长径比。晶须分散的关键在于消除晶须的团聚或集聚。为使晶须与陶瓷粉体均匀混合，通常采用湿处理技术，用低黏性、高固体含量的介质使晶须分散。

在晶须的分散过程中，借助合适的分散介质和分散剂以及合适的 pH 值等，来改变晶须的表面状态，消除晶须之间的化学吸附，达到均匀分散的目的。J.R.Fox 等指出含有可水解的 Cl^- 或羟基的有机金属盐，如有机氯硅烷（$RSiCl_3$）、铝硬脂酸次丁酯，能够与 SiC 晶须或颗粒表面的羟基发生置换反应：

$$R\!-\!Si\!-\!Cl\ +\ -\!Si\!-\!O\!-\!H\ \longrightarrow\ -\!Si\!-\!O\!-\!Si\!-\!R\ +HCl \tag{5-1}$$

$$Al\!-\!O\!-\!R\ +\ -\!Si\!-\!O\!-\!H\ \longrightarrow\ -\!Si\!-\!O\!-\!Al\ +ROH \tag{5-2}$$

因此，有机金属盐在 SiC 晶须和颗粒表面上形成很强的化学吸附，有利于提高晶须或颗粒的悬浮性和分散性。罗伍文采用异丙醇铝 $[Al(OC_3H_7)_3]$ 作为分散剂来提高 SiC 晶须的分散度，也取得了较好的效果。

晶须分散的效果对复合材料的性能影响很大。晶须（或短切纤维）分散效果取决于分散方法和分散剂的选择，以及溶剂含量和分散时间。晶须经超声振动分散后需加高速搅拌，分散介质常采用有机溶剂、无水乙醇或去离子水。

（2）烧结工艺　外加晶须增强陶瓷复合材料的烧结方法与颗粒增强陶瓷复合材料的烧结方法类似，但是，由于晶须在烧结过程中不收缩，阻碍了烧结时的颗粒重排和传质过程，容易形成团聚和架桥现象，使得晶须增强陶瓷基复合材料的致密化更加困难。所以一方面采用添加一些氧化物作为助烧剂来促进烧结致密化，另一方面采用加压力等外加场辅助烧结的方法来促进烧结致密化，如热压（HP）烧结、气压烧结（GPS）、热等静压（HIP）烧结、放电等离子体烧结（SPS）和微波烧结（MS）等。

① 热压烧结。将分散有晶须（短切纤维）的陶瓷粉体在常温下压制成具有一定形状的预制坯件，在高温下通过外加压力使其变成致密的、具有一定形状的制件的过程称为热压烧结。热压烧结的模具用石墨材料制作。

热压烧结是目前制备 SiC_w/Si_3N_4 复合材料最常用的烧结方法，所制备的复合材料力学性能也比较好。由于单向的外加应力是主要的烧结驱动力，在使用较少烧结助剂或使用高熔点烧结助剂的情况下，也可以使 SiC_w/Si_3N_4 达到理论密度，因此除了有利于复合材料的室温性能以外，还有利于复合材料的高温强度和抗蠕变性能。然而，热压烧结 SiC_w/Si_3N_4 复合材料成本较高，无法生产形状复杂（如薄壁管、异型件等）的制品。热压烧结 SiC_w/Si_3N_4 复合材料典型的工艺参数为：烧结温度为 1750～1825℃，压力为 20～30MPa，保温时间为 30～120min。

② 热等静压烧结。将分散有晶须（短切纤维）、陶瓷基体粉末的坯件或烧结体装入包套中，置于等静压炉中，使其在加热过程中经受各向均衡的压力，在高温和高压共同作用下烧结成陶瓷基复合材料的方法称为热等静压（HIP）烧结。热等静压烧结工艺的关键是采用金属包套，且使用惰性气体保护。

热等静压烧结工艺的优点是：在高压下可以降低烧结温度（如 Al_2O_3 常压烧结温度超过 1800℃，而热等静压的压力为 20MPa 时烧结温度为 1500℃、100MPa 时为 1000℃）；烧结时间短；在无烧结助剂的情况下能制备出不含气孔的、致密的制品。其缺点是设备昂贵、生产率低。

③ 放电等离子体烧结。放电等离子体烧结（spark plasma sintering，SPS）工艺是近年来发展起来的一种新型材料制备工艺方法。近年来又被称为脉冲电流烧结。由于等离子活化烧结融合等离子活化、热压、电阻加热为一体，因而具有升温速率快、烧结时间短、晶粒均匀、有利于控制烧结体的细微结构、获得的材料致密度高、性能好等特点。这些优点使其在烧结晶须增韧陶瓷复合材料中得到了足够的重视和应用发展。SPS 烧结的基本结构类似于热压烧结，如图 5-12 所示。

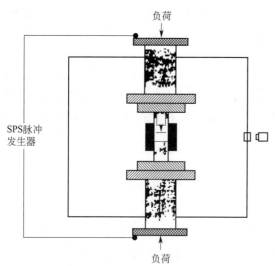

图 5-12　SPS 烧结装置示意图

利用 SPS 可以有效地降低晶须增韧陶瓷复合材料的烧结温度，促进其致密化，王海龙等曾利用 SPS 在 1550℃、保温 5min、压力为 40MPa 的条件下，制备出了致密度高达

97%的 SiC 晶须增韧 ZrB_2 陶瓷基复合材料，相对于热压烧结其烧结温度降低了 300～400℃。在此基础上向复合材料中添加一定量的 AlN 和 Si_3N_4 烧结助剂，能够进一步提高 ZrB_2/SiC_w 陶瓷复合材料的致密度，可以制备出完全致密的陶瓷基复合材料，其具有优良的力学性能，最高的弯曲强度和断裂韧性分别达到 548MPa 和 $6.81MPa \cdot m^{1/2}$。

④ 微波烧结。微波烧结是利用陶瓷及其复合材料在微波电磁场中因介电损耗加热至烧结温度而实现致密化的快速烧结技术，其本质是微波电磁场与物料直接相互作用。由高频交变电磁场引起陶瓷及其复合材料内部的自由与束缚电荷的反复极化和剧烈旋转振动，在分子之间产生碰撞、摩擦和内耗，使微波能转变为热能，从而产生高温，达到烧结的目的。微波烧结的升温速率快（可达 500℃/min 以上），而且可以做到从工件内部到外部同时均匀受热。由于烧结速率快，可以获得高强度、高韧性和均匀的超细结构，进而可以改进材料的宏观性能。微波烧结还具有高效节能的特点。

（3）**烧结助剂的选择** 采用添加一些氧化物等作为助烧剂来促进烧结致密化。助烧剂在高温下与陶瓷中的氧化物形成低共熔物，在高温条件下形成液相，从而促进陶瓷样品的烧结。此外对于含有 Si_3N_4 等发生相变的陶瓷或陶瓷基复合材料，所形成的液相还有利于 $\alpha\text{-}Si_3N_4$ 向 $\beta\text{-}Si_3N_4$ 的转变和扩散、传质过程。所选择的烧结助剂根据陶瓷的种类不同而有所区别，对于含有 Si_3N_4 和 SiC_w/Si_3N_4 的陶瓷复合材料中，常用的烧结助剂体系有：含 Mg 元素的一类助烧剂体系；含 La、Y 等稀土氧化物的体系；Sialon 系助烧剂体系和碱土金属氮化物等。例如：清华大学乐恢榕等曾采用 $MgO\text{-}Y_2O_3$ 的助烧剂体系制备致密的 SiC_w/Si_3N_4 复合材料，其室温下强度可达 1050MPa，断裂韧性可达 $11MPa \cdot m^{1/2}$，材料的稳定性也较好。但是采用这类含 Mg 元素助烧剂体系的 SiC_w/Si_3N_4 复合材料高温力学性能较差，到 1000℃左右性能就严重下降，到 1300℃弯曲强度只有室温时的 40%左右或更低，主要原因是 Mg 元素的存在使玻璃相的熔点大大降低，使得复合材料的高温性能急剧下降。清华大学黄勇教授的课题组曾发明出 $La_2O_3\text{-}Y_2O_3\text{-}Al_2O_3$（LYA）助烧剂体系促进 SiC_w/Si_3N_4 复合材料的致密化，同时又能保持其高温强度，其强度从室温到 1370℃下降很小，1300℃和 1370℃的高温强度分别为 827MPa 和 838MPa。采用 Sialon 系助烧剂体系也能保持 SiC_w/Si_3N_4 复合材料的高温强度，其原理是在晶界处形成大量的结晶相，提高材料的高温力学性能，尤其是高温蠕变性能。选择碱土金属氮化物等作为烧结助剂也能减少玻璃相的含量，而且可以减少玻璃相的氧含量，提高玻璃相的软化温度，从而提高复合材料的高温力学性能、特别是高温下的抗蠕变性能。

添加的助烧剂与陶瓷复合材料的界面和晶界相密切相关。不同的助烧剂体系导致了不同的界面结合，从而直接影响了晶须增韧和补强的机制。另外，助烧剂还可能对晶须的稳定性有影响，不同的助烧剂对晶须表面的腐蚀情况不同，从而对晶须的性能造成不同的影响。

5.4.3.2 原位生长晶须增韧陶瓷复合材料的工艺

原位生长工艺是通过化学反应在致密化过程中从陶瓷基体内就地生长出晶须（或高长径比的晶须），从而得到晶须增韧陶瓷复合材料。原位生长晶须增韧陶瓷复合材料的工艺特点是在烧结过程中晶须择优取向；不必考虑外加晶须存在的相容性和热膨胀匹配问题；不存在处理晶须过程中对操作人员健康的威胁；具有制造复杂形状、大尺寸产品的潜力；在烧结中没有收缩，因此可得到近净成形制品。原位生长晶须增强陶瓷复合材料工艺的优点是：可以使用低价原料、对环境污染小、工艺简单。缺点是：难以制备完全致密的陶瓷基复合材料。

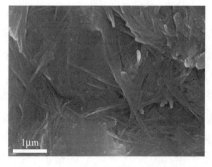

图 5-13　微波烧结所制备的莫来石晶须增韧 SiC/Al_2O_3 陶瓷基复合材料

采用预先在低温下热处理坯件，使其生成一定量的晶须，然后再热压烧结，可获得接近完全致密的复合材料。

例如 B. B. Fan 等曾采用微波烧结工艺在 1350～1600℃烧结温度中保温 30min 的条件下成功制备出莫来石晶须增韧的 SiC/Al_2O_3 陶瓷基复合材料，并详细研究了烧结温度对原位生成的莫来石晶须的形貌和数量的影响规律，在 1550℃烧结温度下所生成的莫来石晶须量最大，其形貌如图 5-13 所示，具有该结构特征的复合材料的力学性能也最佳。

5.5　纤维增强增韧陶瓷复合材料

5.5.1　概述

纤维增强陶瓷基复合材料（fiber reinforced ceramic matrix composites，FRCMCs）是指在陶瓷基体中添加纤维来增加强度和韧性的复合材料。纤维能够阻止裂纹的扩展，从而有效地克服单体陶瓷的脆性断裂行为，保证其对裂纹不敏感、不发生灾难性损毁和破坏。目前，陶瓷基复合材料以其优越的可靠性被广泛应用于航空航天领域，例如：液体火箭发动机喷管、航天飞机机翼前沿和鼻锥、导弹的天线罩以及飞机刹车片等，如图 5-14 所示。

图 5-14　火箭发动机喷管、航天飞机，飞机刹车片

常用的增强纤维有碳纤维、碳化硅（SiC）纤维、氮化硅（Si_3N_4）纤维、氮化硼（BN）纤维、氧化铝（Al_2O_3）纤维和氧化锆（ZrO_2）纤维，主要的增强基体为氮化硅、碳化硅等高温结构陶瓷，其中制备成本较低且工艺简单的碳纤维增强碳化硅陶瓷（C_f/SiC）是针对 SiC 陶瓷基复合材料进行研究与应用的，该材料的主要优点是耐高温，但其抗氧化性不够理想；以氧化物纤维增强 SiC 基体得到的复合材料具备优异的抗氧化性，但是抗蠕变性能较差。而碳化硅纤维增强碳化硅陶瓷（SiC_f/SiC）在苛刻工作条件下，尤其是在燃气环境下具有良好的抗氧化性能。此外，由于 SiC_f/SiC 复合材料中 SiC 纤维与 SiC 基体之间热膨胀系数匹配良好，材料内部应力较小，因此 SiC_f/SiC 复合材料比 C_f/SiC 复合材料具有更高的断裂应变，将得到更广泛的应用与研究。

5.5.2　纤维增强增韧陶瓷复合材料的特点

纤维增强陶瓷复合材料能够有效克服单体陶瓷的脆性断裂行为，保证其对裂纹不敏感、不发生灾难性损毁和破坏。纤维的引入不仅提高了陶瓷材料的韧性，更重要的是使陶瓷材料的断裂行为发生了根本性变化，由原来的脆性断裂变成了非脆性断裂。而且还能在一定程度上提升陶瓷基体的强度，可用于增强增韧陶瓷材料的纤维主要包括氧化铝系列（包括莫来石）、碳化硅系列、氮化硅系列、碳纤维等。连续纤维补强增韧陶瓷复合材料的断裂韧性已经达到 $2MPa \cdot m^{1/2}$ 以上。而且还保留了陶瓷材料耐高温、耐侵蚀、耐磨损及密度小等优点。

闫联生等采用"CVI＋PIP"低成本技术制备的 3D C/SiC 复合材料剪切强度达 50MPa，断裂韧性达 $17.9MPa \cdot m^{1/2}$，结构整体性好、抗冲击性能优异，作为推力室材料，于 1998 年 10 月在国内率先成功通过了 80N 液体自控轨控发动机 4 次重复点火热试车考核。

尹洪峰等利用 LPCVI 技术制备了三维连续纤维增韧碳化硅基复合材料，其体积密度为 $2.01 \sim 2.05g/cm^3$，弯曲强度为 459MPa，断裂韧性为 $20.0MPa \cdot m^{1/2}$，断裂功为 $25170J/m^2$。纤维拔出是纤维复合材料的主要增韧机制，通过纤维拔出过程的摩擦耗能，使复合材料的断裂功增大，纤维拔出过程的耗能取决于纤维拔出长度和脱黏面的滑移阻力。滑移阻力过大，纤维拔出长度较短，增韧效果不好；滑移阻力过小，尽管纤维拔出较长，但摩擦做功较小，增韧效果也不好，反而强度较低。纤维拔出长度取决于纤维强度分布、界面滑移阻力。因此，在构组纤维增韧陶瓷基复合材料时，应该考虑：纤维的强度和模量高于基体，同时要求纤维强度具有一定的 Weibull 分布；纤维与基体之间具有良好的化学相容性和物理匹配性能；界面结合强度适中，既能保证载荷传递，又能在裂纹扩展中适当解离，还能有较长的纤维拔出，达到理想的增韧效果。

5.5.3　纤维增韧 SiC 基陶瓷复合材料

制备成本较低且工艺简单的碳纤维增强碳化硅陶瓷（C_f/SiC）是针对 SiC 陶瓷基复合材料进行研究与应用的首选，该材料的主要优点是耐高温，但其抗氧化性不够理想；以氧化物纤维增强 SiC 基体得到的复合材料具备优异的抗氧化性，但是抗蠕变性能较差。而碳化硅纤维增强碳化硅陶瓷（SiC_f/SiC）在苛刻工作条件下，尤其是在燃气环境下具有良好的抗氧化性能。此外，由于 SiC_f/SiC 复合材料中 SiC 纤维与 SiC 基体之间热膨胀系数匹配良好，材料内部应力较小，因此 SiC_f/SiC 复合材料比 C_f/SiC 复合材料具有更高的断裂应变，将得到更广泛的应用与研究。

5.5.3.1　C_f/SiC 陶瓷复合材料

碳纤维增强碳化硅陶瓷基复合材料（C_f/SiC 复合材料）利用了碳纤维优异的高温力学性能和 SiC 陶瓷基体的高温抗氧化性能，在热防护领域有着重要的应用，在战略武器和空间技术等方面具有广泛的应用前景，被认为是目前最有发展前途的高温热结构材料。根据实际应用领域的需求以及 C_f/SiC 复合材料的性能需求的不同，已开发出以下几种制备工艺：化学气相渗透法（CVI）、先驱体转化法（PIP）、浆料浸渍烧结法、液相硅浸渍法（LSI）和一些综合的制备工艺。

（1）化学气相渗透法（chemical vapor infiltration, CVI）　化学气相渗透法（CVI）是在化学气相沉积（CVD）的基础上开发的，主要制备流程为：先将碳纤维预制体置于密闭的反应室内，在高温下采用蒸气渗透法，将反应气体渗入到预制体内部或表面产生化学反应，生成陶瓷基体。对于 C_f/SiC 复合材料的 CVI 制备工艺通常以三氯甲基硅烷（MTS）、四甲基硅烷（TMS）等反应气体为原料，H_2 为载气，Ar 为稀释气体，高温下抽真空，在碳纤维预制体上沉积 SiC 陶瓷基体。

该工艺的主要优点是：一般是在低于基体熔点的温度下制备合成陶瓷基体材料，纤维与基体材料之间不会发生高温化学反应，材料内部的残余应力小，对纤维本身损伤较小，从而保证了复合材料结构的完整性；能制备形状复杂、纤维体积分数大的 C_f/SiC 复合材料。主要缺点是：随着渗透的进行，纤维预制体内孔隙变小，渗透速率变慢，导致生产周期较长，且设备复杂，制备成本高；制成品孔隙率大，材料致密度低，从而影响复合材料的性能。由于该工艺以上的缺点，限制了该工艺的实用性。研究者为了提高沉积效率，降低成本，缩短制备周期，目前发展了多种方法，如均热法、热梯度法、等温强制流动等工艺，在一定程度上改善了 CVI 工艺。

（2）先驱体浸渍热解法（precursor infiltration and pyrolysis, PIP）　先驱体浸渍热解法（PIP）是近年来发展迅速的一种制备 C_f/SiC 复合材料的制备工艺，由于成型工艺简单，制备温度较低等特点而受到关注。该方法是利用有机先驱体在高温下裂解进而转化为无机陶瓷基体。基本流程为：将含 Si 的有机聚合物先驱体（如聚碳硅烷聚甲基硅烷等）溶液或熔融体浸渍到碳纤维预制体中，干燥固化后在惰性气体保护下高温裂解，得到 SiC 陶瓷基体，并通过多次浸渍裂解处理后可获得致密度较高的 C_f/SiC 复合材料。

该工艺的主要优点是：在聚合物中浸渍，能得到组成均匀的陶瓷基体，具有较高的陶瓷转化率；预制件中没有基体粉末，因而碳纤维不会受到机械损伤。裂解温度较低，无压烧成，因而可减轻纤维的损伤和纤维与基体间的化学反应。该法的主要缺点在于：致密周期较长，制品的孔隙率较高，对材料蠕变性能有一定影响；基体密度在裂解前后相差很大，致使基体的体积收缩很大（可达 50%～70%），因此需要多次循环才能达到致密化。

（3）浆料浸渍烧结法（slurry infiltration sintering）　浆料浸渍烧结法是制备 C_f/SiC 复合材料的传统方法（一般温度在 1300℃ 以下），也是最早用于制备 C_f/SiC 复合材料的方法，是低成本的制备工艺，其主要工艺过程如下：将 SiC 粉末、烧结助剂粉末和有机黏结剂用溶剂制成浆料，浸渍碳纤维制成无纬布，经切片叠加、热模压成型和热压烧结后制得 C_f/SiC 复合材料。该方法的主要优点是基体软化温度较低，可使热压温度接近或低于陶瓷软化温度，适用于制备单层或叠层构件，致密度较高且缺陷少。由于 SiC 陶瓷基体的烧结温度一般在 1800℃ 以上，因此需要加烧结助剂，常见的有 TiB_2、TiC、B、BN 等。

（4）液相硅浸渍法（liquid silicon infiltration, LSI）　液相硅浸渍法是通过 Si＋C 反应烧结生成，也称反应熔体浸渗法。主要工艺流程如下：纯固体硅于 1700℃ 左右熔融成液态硅，通过 C/C 复合材料中大量分布的气孔，利用毛细作用原理渗透到预制体内部并与 C 发生反应生成 SiC 陶瓷基体。

该方法最大的特点是工艺时间短、成本低同时还可以制备大尺寸复杂的薄壁结构组件。该方法的不足在于：制备 C_f/SiC 复合材料时，由于熔融 Si 与基体 C 发生反应的过程中，不可避免地会与碳纤维发生反应，纤维被浸蚀导致复合材料性能下降。因此，只能制得一维或二维的 C_f/SiC 复合材料。在液态硅浸渍到 C/C 复合材料预制体内部的过程中，采用热压（包括热等静压）辅助可以明显降低气孔率，提高基体致密度，但热压不适合于制备形状复杂的构件，所以应用前景不大。

（5）综合工艺　制备 C_f/SiC 复合材料时，也可综合利用多种工艺。例如，国内外学者开发了 CVI＋PIP 新型综合制备工艺。在 CVI ＋ PIP 综合工艺制备 C_f/SiC 复合材料的过程中，先通过 CVI 工艺沉积出高强度、高密度、均匀性好、结构致密的 SiC 基体，由于沉积会优先在纤维束内的纤维间隙进行，纤维束间仍有均匀的空隙可供先驱体聚合物液相反应继续填充；再经过浸渍-裂解后得到均匀性好、密度和力学性能高的 C_f/SiC 复合材料。CVI＋PIP 充分利用了 CVI 工艺和 PIP 工艺反应前期致密化速率快的优点，工艺的制备周期比单一的 CVI 工艺或 PIP 工艺缩短约 50%，同时还继承 CVI 工艺和 PIP 工艺可制备任意复杂形状制品、易于工业化生产的优点，是一种具有工业化应用前景的方法。

5.5.3.2 SiC_f/SiC 陶瓷复合材料

碳化硅纤维增韧碳化硅基体（SiC_f/SiC）复合材料出现于 20 世纪 70 年代，美国、日本和法国都有较好的研究基础。我国 SiC_f/SiC 复合材料的研究始于 20 世纪 90 年代中期，但是经过 20 余年的努力已经达到国际领先水平。

SiC_f/SiC 复合材料具有低密度、优异的高温力学性能和抗氧化性能，在航空发动机热端部件上具有广阔的应用前景，具备提高发动机推重比和使用温度、减轻无效质量、简化系统结构等显著优势。国内 SiC_f/SiC 复合材料的研究也集中于这一领域，SiC_f/SiC 复合材料构件已经成功应用于航空热结构材料。

SiC_f/SiC 复合材料的制备工艺主要有：浆料浸渍烧结法、反应烧结法、先驱体浸渍裂解法、化学气相渗透法和纳米浸渍与瞬时共晶相法。

（1）**浆料浸渍烧结法** 浆料浸渍烧结法的制备过程是先将 SiC 粉末、烧结助剂和有机黏结剂加入溶剂中制成泥浆，然后用以浸渍 SiC 纤维或 SiC 纤维布，将浸有泥浆的 SiC 纤维或 SiC 纤维布卷绕切片，叠片模压成型后烧结。这种工艺始于制备单向或叠层多向板形构件，缺陷少、致密度高，但不能制备复杂形状构件。常用的烧结助剂有 TiB_2、TiC、B、B_4C 等，SiC 的烧结温度在 1800℃以上。烧结时的高温高压，会对 SiC 纤维造成损伤，影响材料性能。通过对 SiC 纤维进行 BN 涂层，可以保护纤维不受损伤，提高材料性能。

（2）**反应烧结法（reaction sintering）** 反应烧结通过硅碳反应来完成。Si 和 C 在 900℃便有 SiC 生成，但通常反应烧结温度在 Si 的熔点 1414℃以上。Si 以液相或气相状态与 C 反应，产物中可能有少量未与 C 反应的自由硅存在。将含有 C 粉末的 SiC 粉末泥浆低压浸渍 Tyranno SA SiC_f 编织体，于 1450℃烧结 2h，得到 SiC_f/SiC 复合材料，其弯曲强度达到 497.7MPa。

（3）**先驱体浸渍裂解法（PIP）** 先驱体浸渍裂解法是以纤维预制件为骨架，真空排除预制件中的空气，然后将溶液或熔融的聚合物先驱体通过浸渍的方法填充到预制件中，待溶剂挥发或有机物交联固化后进行高温裂解。裂解过程中由于小分子有机物逸出将形成气孔，同时基体在裂解过程中由于前后密度的差异会发生体积收缩，因此需要多次实施浸渍裂解过程才能实现材料的致密化。采用 PIP 工艺制备的 SiC_f/SiC 复合材料的孔隙率一般保持在 5%～15%。SiC 的聚合物先驱体有：聚碳硅烷（PCS）、聚乙烯基硅烷（PVS）、聚甲基硅烷（PMS）、聚烯丙羟基碳硅烷（AHPCS）、氢化聚碳硅烷（HPCS）等。

PIP 工艺的主要优点在于：可以制得形状复杂的大型构件；可以控制材料的密度；无需添加烧结助剂；在常压下低温裂解，可降低对纤维的损伤；可以通过对先驱体进行分子设计来满足复合材料的要求。同时，工艺上也存在一些不足：材料密度在由有机先驱体转化为无机陶瓷的过程中变化较大，将导致材料产生较大的体积收缩，过程中产生的内应力对于提高材料的性能不利；裂解制备的 SiC 基体中碳含量较高将引起制备产物的开裂和变形；大量气体在先驱体裂解过程中逸出，大量气孔在产物内部留下，从而造成陶瓷密度的降低，同时对材料的力学性能和抗蠕变性能造成影响。

（4）**化学气相渗透法（CVI）** 化学气相渗透法是将纤维预制体置于密闭的反应室内，通入反应气体，气相物质在加热的纤维表面或附近发生化学反应，渗入纤维预制体中沉积得到陶瓷基体。CVI 工艺是制备陶瓷材料最常用的工艺，通过小分子化合物气相反应生成无机分子沉积而得到陶瓷材料。SiC_f/SiC 复合材料的 CVI 制备工艺通常以卤代烷基硅烷［如三氯甲基硅烷（MTS）］为原料，H_2 为载气，Ar 为稀释/保护气体，高温沉积，沉积温度一般在 1100℃以下，控制沉积速度，可以得到致密度达到 80%～90% 的 SiC_f/SiC 复合材料。

CVI工艺的主要优点有：通过改变工艺条件，可以制备多基、单基、变组分的复合材料，对材料的优化设计与多功能化有利；纤维的机械损伤在整个工艺过程中得到了控制；可实现形状复杂的复合材料的制备；合成陶瓷基体可以在远低于基体材料熔点的温度下进行，纤维与基体间高温化学反应带来的纤维性能降级得以避免，复合材料结构的完整性得到了保证。CVI工艺的不足之处有：制备的 SiC_f/SiC 复合材料孔隙率高，不利于复合材料性能的提高；不适合制备厚壁挂件；设备复杂、制备周期长、成本高。

（5）纳米浸渍与瞬时共晶相法（nano-infiltrated transient eutectoid, NITE） 纳米浸渍与瞬时共晶相法是将单向纤维束置于纳米烧结助剂（Al_2O_3、Y_2O_3、SiO_2）与 SiC 粉末混合而成的泥浆内，然后将片层预制件在石墨夹具中单向堆垛，经过干燥后在惰性气氛中热压烧结。

NITE工艺的制备优点有成本低，化学稳定性好，热导率相对较高，接近化学计量比，结晶度高，孔隙率低，致密坚固等。缺点有：残余烧结助剂不可避免地存在，与基体发生化学反应，分布不均匀，杂质含量较高，影响热导率及辐照性能。

5.5.4 纤维增强陶瓷复合材料界面改性

对于纤维增强陶瓷复合材料而言，获得高性能的关键在于如何充分发挥纤维的增强增韧作用，这主要取决于两方面的因素：一方面，在材料制备和使用过程中，尽量降低纤维的强度损失；另一方面，调整纤维与基体间的结合，以充分发挥纤维的增韧作用。

纤维与基体间的界面结合机制分为以下4种：①机械结合，它决定于纤维的比表面积和粗糙度，同时，复合材料中的内应力，如纤维与基体间热膨胀系数不同而产生的残余热应力，也是形成这种结合的重要原因，它在陶瓷基复合材料中起着很重要的作用；②化学结合，一般情况下，化学结合导致界面结合很强，并且对纤维造成很大的损伤，因此，应尽量避免这种结合；③互扩散结合，纤维与基体间的互扩散程度主要取决于两者的化学性质，这种互扩散不仅导致纤维与基体间的较强结合，而且还大幅度降低纤维本身的性能；④物理结合，主要指范德华力和氢键。实验证明，以机械结合和物理结合为主要界面结合而形成的陶瓷基复合材料具有较好的性能，因此这两种方式是较为理想的结合方式。

复合材料中，纤维与基体的中间层称为界面层，其功能是有效传递载荷和调节应力分布，界面层的特征决定了增强纤维与基体间相互作用的强弱，决定了增韧效果的优劣：一方面，纤维是主要的载荷承担者，因此界面必须有足够的结合强度来传递载荷，使纤维承载，在基体与纤维之间起到桥梁作用；另一方面，当基体裂纹扩展到纤维与基体间界面时，结合适当的界面应该能够阻止裂纹扩展或使裂纹发生偏转，从而达到调整界面应力，阻止裂纹向纤维内部扩展的效果，因此，理想的界面层应满足如下要求：①界面结合强度适中；②物理相容性好；③化学相容性好。

界面改性的方法主要包括：①在基体中添加某些组分，利用添加组分在界面处的偏聚来调整基体与纤维间的物理和化学相容性、避免或减小纤维与基体间的有害化学反应，从而达到改善界面特性的作用；②复合材料制备过程中，在纤维表面原位形成富碳层；③采用复合纤维；④纤维表面涂层，在与基体复合之前对纤维进行涂层，使之预先形成一种合适的界面相。纤维涂层不仅可抑制界面或扩散，还可缓解纤维与基体间的热失配程度，避免产生较大的热应力。通过热力学计算筛选出合适的涂层材料，并控制工艺参数制得致密均匀、厚度合适的涂层，可以有效改善复合材料界面结合，进而最大限度发挥纤维的补强增韧的效果。

在 SiC_f/SiC 复合材料中，纤维和基体都是 SiC，二者之间的热膨胀系数匹配，热应力很小，物理相容性较好，而且二者之间不发生化学反应，具有较好的化学相容性，但是由于同是 SiC 陶瓷，二者之间存在较强的互扩散过程，容易使纤维受损，导致材料性能下降，同时界面结合过强，降低纤维增韧效果。为了改善纤维与基体间的界面结合，提高 SiC_f/SiC 复合材料的力学性能，近年来陆续发展了裂解碳（PyC）、氮化硼（BN）、热解碳/碳化硅 $[(PyC/SiC)_n]$ 等界面涂层。

研究表明，SiC 纤维表层进行 PyC 涂层后制备了 $SiC_f/PyC/SiC$ 复合材料，SiC 纤维与界面间是强黏结作用，具有较高的界面剪切强度，制备的材料有较好的力学性能。以 BF_3、NH_3 为原料，在 Ar 气氛下控制工艺条件，制备了高性能的强纤维/界面相黏结 BN 涂层的 $SiC_f/BN/SiC$ 复合材料。以 C_3H_8 和 CH_3SiCl_3 为原料，通过 PIP-CVD 工艺在 SiC 纤维表面制备了微米结构和纳米结构的 $(PyC/SiC)_n$ 涂层，两种结构的界面涂层均能有效地提高复合材料的韧性。

思考题

1. 陶瓷基复合材料的分类有哪些？
2. 陶瓷基复合材料的增韧机制有哪些？
3. 可以通过哪些工艺制备 SiC_f/SiC 复合材料？
4. 复合材料存在的不足有哪些？
5. 影响纤维增强陶瓷复合材料界面结合的因素有哪些？
6. 简述陶瓷基复合材料的应用领域。

参考文献

[1] 文章苹，张聘，张永刚. 碳纤维增强碳化硅陶瓷基复合材料的研究进展及应用 [J]. 人造纤维，2018；48（1）：18-24.

[2] 闫联生，李贺军，崔红，等. 连续纤维补强增韧碳化硅基陶瓷复合材料研究进展 [J]. 材料导报，2005，19（1）：60-63.

[3] 丁冬梅，周万城，张标，等. 连续 SiC 纤维增韧 SiC 基体复合材料研究进展 [J]. 硅酸盐通报，2011，30（2）：356-360.

[4] 刘巧沐，黄顺洲，何爱杰. 碳化硅陶瓷基复合材料在航空发动机上的应用需求及挑战 [J]. 材料工程，2019，47（2）：1-10.

[5] 陈代荣，韩伟健，李思维，等. 连续陶瓷纤维的制备、结构、性能和应用：研究现状及发展方向 [J]. 现代技术陶瓷，2018，39（3）：151-221.

[6] 刘雄亚，郝元恺，刘宁. 无机非金属复合材料及其应用 [M]. 北京：化学工业出版社，2006.

[7] 李云凯，周张健. 陶瓷及其复合材料 [M]. 北京：北京理工大学出版社，2007.

[8] 黄勇，汪长安，高性能多相复合陶瓷 [M]. 北京：清华大学出版社，2008.

第**6**章　C/C 复合材料

6.1　概述

碳/碳（C/C）复合材料是完全由碳元素组成的一类复合材料。C/C 复合材料在抗热冲击和超热环境下具有高强度，其强度随温度升高而增加，在 2500℃达到最大值，能够承受极高的温度和极大的加热速率。同时它有良好的抗烧蚀性能和抗热震性能，在军事、航空、航天、民用工业、生物医学等领域均具有广泛的应用前景。但 C/C 复合材料在高温氧化性气氛中易失效，因此 C/C 复合材料的抗氧化是当前研究的重点。

6.2　C/C 复合材料的发展和定义

6.2.1　C/C 复合材料的发展

碳纤维的发展可以追溯至 1880 年，当时第一批电灯泡采用的灯丝就是碳纤维，直至 1901 年，钨丝发明后才不再使用碳纤维做灯丝。1950 年由于美国研发大型火箭和人造卫星及全面提升飞机性能等需求，急需新型结构材料和耐烧蚀材料，美国空军材料研究所加紧对碳纤维的研究，至 1959 年由联合碳化物公司实现了高强碳纤维的首次批量生产。与此同时，日本旭炭公司在远藤教授的研究基础上，于 1962 年得到了有使用价值的通用碳纤维的工业生产线，可以简述为式(6-1)：

合成聚丙烯腈(PAN)—纺原丝—牵引—稳定化(预氧化)—炭化—石墨化—表面处理　　(6-1)

此外同期，两个超级大国之间的军备竞赛，促成了苏联碳纤维的发展。我国从 1968 年也开始研究碳纤维。经历 100 多年漫长的发展历程，逐渐形成了黏胶基碳纤维、聚丙烯腈基碳纤维和沥青基碳纤维三大体系。碳纤维的强度从最初的 2500MPa，发展到目前拉伸强度最高的 T1000，为 7.02GPa，图 6-1 列出了 PAN 基高强型碳纤维的拉伸强度发展趋势。1970 年全球碳纤维需求量仅为几吨，1989 年已经超出 1000t，2001 年达到约 30000t。PAN 合成液，纺丝多孔化、细长化、均一化都是制备碳纤维的关键技术。目前世界上只有很少的几家公司能够制备合格的 PAN 基碳纤维原丝，它们分别是日本的东丽、东邦、三菱人造丝、住友化学、旭化成，美国的杜邦，英国的 COURTAULDS 公司。PAN 碳纤维因适中的强度、模量和价格最为常用，此外，可供选用的碳纤维种类还包括黏胶基碳纤维和沥青碳纤维。而常见的碳纤维型号包括早期的 T300，中期的 T700、T800、M30、M40，以及石墨化更高的 T1000、M60、M70、M80 等。碳纤维纱粗细是以一束纱的单丝根数表示的，如 0.5K、1K、3K、8K、12K、24K、55K，分别说明纱束中含有 500 根、1000 根、3000 根、

6000 根、12000 根、24000 根、55000 根单丝。

1958 年，科学工作者在偶然的实验中发现了 C/C 复合材料，立刻引起了材料科学与工程研究人员的普遍重视。但由于高性能碳纤维及 C/C 复合材料制备工艺处于早期实验研究阶段，最初的 10 年 C/C 复合材料作为工程材料的发展十分缓慢。20 世纪 60 年代中期到 70 年代末期，由于现代空间技术的发展，对空间运载火箭发动机喷管及喉衬材料的高温强度提出了更高要求，以及载人宇宙飞船的开发等均推动了 C/C 复合材料技术的发展。目前，预成型体的结构设计和多向编织加工技术日趋发展，复合材料的致密化工艺逐渐完善，复合材料的高温抗氧化性能已达 1700℃，随着生产技术的革新，产量进一步扩大，廉价沥青基碳纤维的开发及复合工艺的改进，将会使 C/C 复合材料有更大的发展。

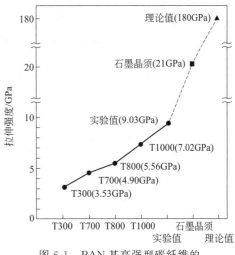

图 6-1　PAN 基高强型碳纤维的拉伸强度和发展趋势

6.2.2　C/C 复合材料的定义

碳纤维增强碳复合材料（carbon fiber reinforced carbon matrix composites，C_f/C），简称碳/碳（C/C）复合材料，是以碳纤维（或石墨纤维）为增强体，碳（或石墨）为基体的复合材料。通常采用连续碳纤维长丝深加工制体或用短切碳纤维增强基体碳制成预制体，经液相浸渍和碳化或化学气相沉积（CVD）、化学气相渗透（CVI）等工艺使其致密化。连续碳纤维的加入，使 C/C 复合材料的变形和延伸都呈现出"假塑性"，因此在机械加载时不会发生脆性断裂，且能够克服灾难破坏的发生。

6.3　C/C 复合材料的制备工艺和分类

6.3.1　C/C 复合材料的制备工艺

C/C 复合材料的制备工艺主要包括碳纤维预制体的制备、浸渍、碳化、石墨化、致密化和表面抗氧化涂层处理等工序，如图 6-2 所示。

（1）碳纤维预制体的制备　制备 C/C 复合材料的第一步，是将碳纤维通过长纤维缠绕、碳毡、短纤维模压或喷射成型、纤维布叠层 Z 向针刺以及多向编织等方法制成多种类型及满足构件形状的预制体。在缠绕、模压和喷射成型过程中通常采用树脂作胶黏剂将纤维黏结在一起。喷射成型是把切断的碳纤维（0.025mm）配制成碳纤维-树脂-稀释剂的混合物，然后用喷枪将此混合物喷到芯模上使其成型。纤维布叠层 Z 向针刺可以显著提高复合材料的剪切强度。多向编织则需在专用编织设备上进行，最常见的是 3D 编织，随后又发展了 4D、6D、7D 等编织方式，如图 6-3 所示。碳纤维对 C/C 复合材料强度的贡献可以表示为：

$$强度贡献率 = \frac{C/C 复合材料拉伸强度}{碳纤维拉伸强度 \times V_f \times F} \tag{6-2}$$

式中　V_f——纤维体积分数；

F——增强方向的倒数，例如维数 $D=2$，$F=1/2$。

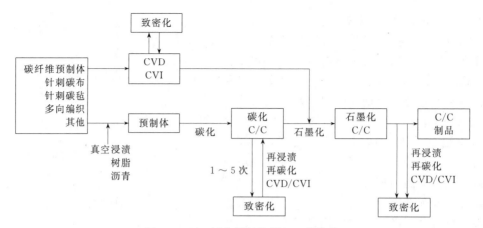

图 6-2　C/C 复合材料的制备工艺流程

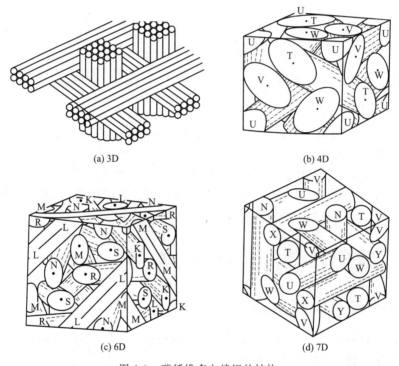

图 6-3　碳纤维多向编织的结构

由此可见，多向编织，D 越大，F 越小，对 C/C 复合材料强度贡献越大。此外还可以通过表面预氧化处理，控制碳纤维表面含氧量，调节 O/C 对 C/C 复合材料强度的贡献，如图 6-4 所示。碳纤维拉伸强度为 383kgf/mm^2，O/C＝0.027，V_f＝60％，强度贡献率为 49％的 2D C/C 复合材料的强度为 56.3kgf/mm^2（1kgf/mm^2＝9.81MPa，下同）。与之对比，碳纤维拉伸强度为 500kgf/mm^2，表面含氧量为 O/C＝0.065，强度贡献率为 17％的 2D C/C 复合材料的拉伸强度仅为 25.6kgf/mm^2。对于 2D C/C 复合材料，希望其拉伸强度大于 50kgf/mm^2。

（2）浸渍（致密化）　浸渍，也就是致密化，是制备 C/C 复合材料的关键技术之一，是用浸渍树脂、浸渍沥青或化学气相沉积/浸渍（chemical vapor deposition/infiltration，CVD/I）填充预制胚体中的孔洞、孔隙，起到填补孔隙和固形作用，使其致密度得到提高。

传统工艺可以大致分为 CVD/I 和液相浸渍两种。但两种工艺在致密化过程均产率或效率较低且发生堵塞,通常需要多次浸渍-碳化过程,因此,生产周期较长,生产成本较高。

　　化学气相沉积/浸渍(CVD/I)是以有机物为原料气源在高温下经气相热解反应使碳沉积在固体表面或浸渗到预制体内部的过程。典型的 CVI 装置见图 6-5,C/C 复合材料致密化过程,首先将碳纤维预制体放入专用的化学气相沉积炉中,以甲烷等烃类气体作为反应有机碳源,采用氢气或氩气等气体作为载气,经流量计进入反应室,在沉积温度为 $800 \sim 1200℃$、压力为几百帕至

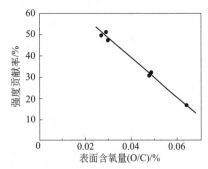

图 6-4　碳纤维表面含氧量(O/C)
对 C/C 复合材料强度的影响

0.1MPa,通过控制有机碳源的种类、流量、沉积温度、压力和时间等参数,在预制体孔道和复合材料表面形成热解碳,起到致密化作用。化学气相沉积法制备的材料具有成分可控,结构均匀,晶粒尺寸在纳米至微米级可控等优点,但主要存在的问题是热解碳在沉积过程中率先在孔洞壁沉积,随时间延长,某些细小的位置发生闭合,即"瓶颈"效应,因此,CVI工艺会形成大量的微小闭气孔,气孔率通常大于 15%,所制的 C/C 复合材料的密度较低 $(1.5g/cm^3)$。传统 CVI/D 工艺,即等温等压 CVI(ICVI),在等温、等压条件下,反应气体向孔内扩散渗透和热解沉积,使其致密化,通常需要对样品进行多次机械打磨开孔再多次沉积,生产周期较长,生产成本较高。为缩短反应时间,可采用温度梯度 CVI、压力梯度CVI,在预制体厚度方向形成温度、压力梯度,反应气体由 ICVI 的自由扩散转变为强制流动,从预制体低温表面向内部高温处扩散,或在压差作用下强行通过多孔坯件。而脉冲

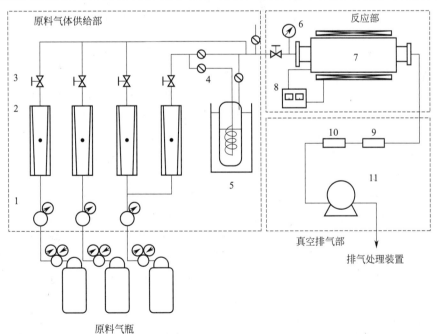

图 6-5　典型的化学气相浸渗(CVI)装置示意图

1—减压阀;2- 流量计;3—针型阀;4—二筒活塞;5—饱和器;6—压力表;

7—反应炉;8—加热与控温仪;9—冷凝器;10—压力调节阀;11—真空泵

CVI，真空下瞬时吸入反应气体，孔内反应副产物通过真空系统可顺畅排出，可以增加反应气体在预制体中的渗透深度，缩短反应周期，达到均匀致密化。此外还可以通过混合工艺，将 CVI 工艺与液态浸渗结合，提高 C/C 复合材料的致密化。值得指出的是 CVI 工艺制备的热解碳属于软碳。

多种 CVI 工艺致密化过程的原理图见图 6-6。

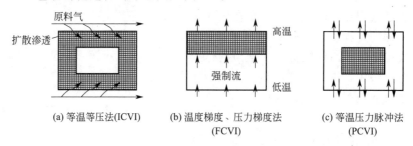

(a) 等温等压法(ICVI)　　(b) 温度梯度、压力梯度法　　(c) 等温压力脉冲法
　　　　　　　　　　　　　　　　(FCVI)　　　　　　　　　(PCVI)

图 6-6　多种 CVI 工艺致密化过程的原理图
其中白色区域表示致密区，方格区域表示未浸渗的预制体

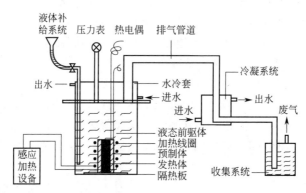

图 6-7　液相浸渍装置的示意图

液态浸渍法通常可在常压或加压条件下用热压罐进行（图 6-7），预制体在压力作用下，浸渍基体前驱体（可用的有树脂、沥青和其他化合物等），然后使进入预成型体的前驱体热解碳化形成碳基体。根据浸渍用基体的前驱体，可分为浸渍树脂法和浸渍沥青法，其中浸渍树脂碳属于硬碳，可用的热固性树脂包括酚醛树脂、呋喃树脂等；浸渍沥青碳则属于软碳，包括煤焦油沥青和石油沥青。软碳也叫易石墨化碳，硬碳也叫难石墨化碳（图 6-8）。难石墨化碳的结构排列紊乱，层之间交联结构发达，阻止了取向排列，彼此之间的孔隙较多；对于易石墨化碳，交联结构较少，排列有序，取向度高。这与它们的前驱体的结构和性能有关。液态浸渍法的两个影响因素：先驱体的选择；碳化工艺压力的选择。选择基体的先驱体时，应考虑黏度、产碳率、焦炭的微观结构和晶体结构，这些特性都与碳/碳复合材料制造过程中的时间-温度-压力关系有关。对大多数热固性树脂，在低于 250℃ 时即交联形成非晶固体，热解后形成玻璃态碳，产碳率在 40%～56%，即使加压碳化也不会使产率增加，密度通常小于 1.5g/cm³，常用的酚醛树脂的收缩率达 20%。而沥青属于热塑性，软化点为400℃，产碳率随压力变化，0.1MPa 时产碳率约为 50%，大于等于 10MPa 时，产碳率可达90%，高产碳率能减小工艺中制品破坏的危险，减少致密化循环次数，提高生产效率。为了使 C/C 复合材料具有良好的微观结构和性能，在沥青碳化时要严格控制沥青中间相（转变温度为430～460℃）的生长过程。低压浸渍沥青得到 C/C 复合材料的密度为 1.60～1.65g/cm³，孔隙率为 8%～10%。高压浸渍沥青得到的 C/C 复合材料的密度可以达到 1.9～2.0g/cm³。由于沥

青在高温时流失、小分子物释放、碳化收缩等，基体中易产生空隙和裂缝，为达到要求的致密度，液态浸渍-热解过程也要循环多次，生产周期较长，生产成本较高。

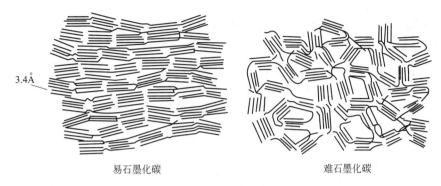

易石墨化碳   难石墨化碳

图 6-8   乱层堆积结构模型

（3）石墨化   一般在 1000℃碳化，2400～3000℃进行石墨化。石墨化程度的高低主要取决于石墨化温度，可以根据 Merring-Maire 公式近似计算：

$$g = \frac{0.3440 - d_{002}}{0.3440 - 0.3354} \tag{6-3}$$

式中 g——石墨化度；

  0.3440——完全无定形碳 d_{002} 面的层间距，nm；

  0.3354——理想石墨晶体的 d_{002} 面的层间距，nm；

  d_{002}——待测碳材料（002）面的层间距，nm。

酚醛树脂碳化以后，易形成玻璃碳，石墨化困难，要求较高的石墨化温度（2800℃以上）和极慢的升温速度。CVI 热解碳的石墨化难易程度与沉积条件（温度、压力等）和微观结构有关。根据热解碳的结构形态，可以分为粗糙层（RL）、光滑层（SL）和各向同性层（ISO），低压沉积的粗糙层，石墨层结构发达，更容易石墨化，热导率高。研究表明，经过石墨化处理后，C/C 复合材料的强度和热膨胀系数均降低，热导率、热稳定性、抗氧化性以及纯度（H、N、O 等杂质逸出）都有所提高。此外，前驱体中的含氢量在碳化和石墨化过程起着重要作用。例如，酚醛树脂的含氧量远高于含氢量，是典型的难石墨化碳，煤沥青的含氢量显著高于含氧量，属于易石墨化碳。大谷杉郎提出了前驱体难石墨化碳和易石墨化碳的结构模型，如图 6-9 所示。图 6-9(a) 中，石墨化碳前驱体中有许多缩合多环平面区（点线区），层面发达，彼此有序排列，在碳化石墨化过程中容易转变为碳石墨的六角网

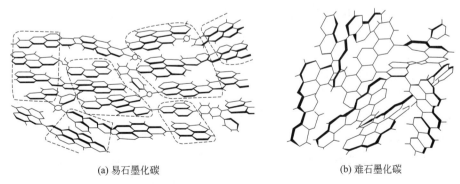

(a) 易石墨化碳   (b) 难石墨化碳

图 6-9   有序化的易石墨化碳和三维无序难石墨化碳的结构模型

平面结构；与此相反，图 6-9（b）中，难石墨化前驱体，不仅交联结构发达，而且还包括四面体碳的三维无序结构，在经碳化和石墨化热处理过程中，在热能作用下，弱的碳单键断裂，并向强的双键转变。

（4）表面抗氧化处理　涂层技术是目前解决 C/C 复合材料在高温时易氧化的最佳手段。对于普通碳石墨材料，350℃氧化性气氛中就开始缓慢氧化，400℃以上氧化显著，500℃以上氧化加剧，1000℃以上氧化损耗严重而失去使用价值。氧化过程有气体介质中的氧流动至材料边界开始，反应气体被吸附在材料表面，通过孔隙向内部扩散，并以材料缺陷为活性中心，在杂质微粒（Na、S、K、Mg 等）催化作用下发生氧化反应，生成 CO 或 CO_2 气体最终从材料表面脱附，引起 C/C 复合材料的失重。

目前采取的防止 C/C 复合材料氧化的方法主要有两种：①以材料本身抑制氧化反应为前提的内部基体改性技术，即在 C/C 复合材料制备过程中对碳纤维和基体碳进行改性处理，使材料本身具有较强的抗氧化能力；②以防止含氧气体接触扩散为前提的外部抗氧化涂层技术，即在 C/C 复合材料表面制备耐高温氧化的涂层，利用高温涂层隔离氧和 C/C 复合材料基体来达到防氧化的目的。由于基体改性技术抗氧化温度和保护时间有限，高温、长寿命、抗氧化必须依赖涂层技术。涂层技术遵循的基本原则包括：物理相容性［涂层与基底材料热膨胀系数（CTE）是否匹配，防止高温热应力引起裂纹而导致涂层剥离、脱落］和化学相容性（选择的涂层不能与基底材料发生化学反应），此外应具有高温结构稳定性（不发生相变，同时需要注意高温下蒸气压带来的挥发损耗）和优异的抗氧化性等特殊性能。目前 C/C 复合材料采用的主要抗氧化涂层体系包括玻璃涂层、金属涂层、陶瓷涂层和复合涂层等。

C/C 复合材料抗氧化技术研究初期主要围绕玻璃涂层展开，主要包含硼酸盐、磷酸盐、硅酸盐和复合玻璃等，这类材料在高温下流动性好，容易封填基体材料表面的孔洞、裂纹等缺陷，此外氧扩散速率低，可有效阻止氧气的扩散，制备工艺简单、成本低廉、且适于大型复杂构件表面。李贺军等报道的磷酸盐涂层在静态空气中经 700℃氧化 66h 后，其氧化失重率仅为 1.11%，涂层试样在 1200℃氧化 5min 后，失重率不超过 0.8%，经 900℃、3min 室温 100 次热震后，涂层试件失重率为 1.6%。Federico 等在带有 β-SiC 内涂层的 C/C 复合材料表面制备了内层为 $MoSi_2$ 的混合硼硅酸盐玻璃、外层为 Y_2O_3 的混合硼硅酸盐玻璃的多层涂层，可在 1300℃静态空气中对 C/C 复合材料有效保护 150h。

许多金属如 Ir、Hf、Cr 等有很高的熔点，特别是金属 Ir，熔点高达 2410℃，高温氧扩散系数很低，因此具有高温抗氧化能力。Worrell 等研制的 Ir-Al-Si 合金涂层在 1550℃氧化气氛下氧化 280h 后失重为 7.29mg/cm^2，而 Ir-Al 涂层在 1600℃氧化气氛下 200h 后失重为 5.26mg/cm^2。由于含 Ir 的涂层成本太高，目前还没有推广使用。利用金属 Cr 高温氧化生成的 Cr_2O_3，与 SiO_2 形成稳定玻璃态物质，可有效减缓高温下 SiO_2 的挥发，有利于涂层的高温稳定性。李贺军等采用料浆法，以 Si、Al、Cr 等为原料，在 C/C 复合材料 SiC 涂层表面制备出 Cr-Al-Si 外涂层，涂覆有该涂层的 C/C 复合材料在 1500℃空气中氧化 200h 后未失重；涂覆 Si-Mo-Cr 的涂层可以使 C/C 复合材料在 1500℃空气中的防氧化能力提升至 342h。

陶瓷涂层是目前研究得最为深入的抗氧化涂层体系，一般采用硅化物陶瓷，如 SiC、Si_3N_4 和 $MoSi_2$ 等，主要是利用其高温下反应生成的 SiO_2，一方面填充涂层中的裂纹等缺陷，另一方面作为密封物质来阻挡氧气的渗入。由于 SiO_2 的氧扩散系数很低［1200℃时 $\leqslant 10^{-13}$ g/(cm·s)］，因此能有效地对 C/C 复合材料提供保护。然而，C/C 复合材料的热膨胀系数仅为 1.0×10^{-6}℃$^{-1}$，而一般的陶瓷材料热膨胀系数明显高于该数值，如 $MoSi_2$ 和 SiC 的热膨胀系数分别为 8.0×10^{-6}℃$^{-1}$ 和 4.3×10^{-6}℃$^{-1}$，基体与涂层之间热膨胀系数因存在较大差异，易导致涂层在高低温交变过程中开裂，形成的裂纹自然成为氧扩散通道，这成为涂层制备的最大难点。为解决这一问题，国内外研究人员相继开发了多相镶嵌陶瓷（原理是将热膨胀系数较高的陶瓷颗粒弥散分布于热膨胀系数较低的陶瓷基体中）、晶须增韧陶瓷、纳米颗粒增韧陶瓷、梯度复合陶瓷等涂层体系。李贺军等在 SiC 涂层中加入质量分数为 10%SiC 晶须后，涂层的抗氧化性能大大提高，1500℃氧化 310h 后失重仅为 0.63%；SiC 纳米颗粒增韧 SiC 涂层可在 1500℃有效保护 C/C 复合材料达 215h，ZrO_2 纳米颗粒的加入使 SiC 涂层在 1600℃空气中氧化 70h 后的失重率从 4.52%降低至 1.05%。

此外，通过多层抗氧化梯度涂层设计，可以进一步匹配不同材料之间的热膨胀系数，消除界面应力，缓解涂层开裂趋势。图 6-10 是碳材料表面抗氧化梯度涂层设计的一个实例。首先对 C/C 复合材料，即碳材料基体 1，进行表面喷砂处理，使其粗糙化；然后用低压等离子熔射高熔点的金属钨、钼，与碳基体反应生成由碳化钨和碳化钼形成的内涂层 2；之后在涂层 2 表面涂刷铂糊剂，真空加热使溶剂气化挥发，得到烧结态的金属铂涂层——阻挡层 3，铂具有优异的抗氧化性，热膨胀系数为 $9.75 \times 10^{-6} ℃^{-1}$，远高于碳化钨和碳化钼的热膨胀系数，但铂具有优异的延展性，可以通过塑性变形吸收掉热伸缩差，不会引发热裂纹；最后，在阻挡层 3 外制备抗氧化陶瓷外层 4，如 $3Al_2O_3 \cdot 2SiO_2$（莫来石），该陶瓷外层与铂之间的

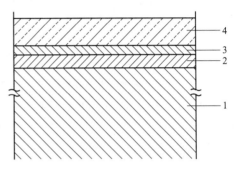

图 6-10　碳材料表面抗氧化
梯度涂层结构模型
1—碳材料基体；2—内涂层；
3—阻挡层；4—抗氧化陶瓷外层

由 CTE 差异引起的热应力也可以通过铂的塑性变形消除。

玻璃涂层虽然可以对裂纹起到自愈合作用，但由于其在高温下的流动性和挥发性限制了其在高温下的应用，金属涂层与陶瓷涂层虽然可以承受高温，但在高温下容易产生裂纹，且裂纹不易愈合。若将这些涂层结合使用并能充分取长补短，则能达到更好的抗氧化效果，基于这种考虑，开发了多层复合涂层技术。多层复合抗氧化涂层设计的概念是把功能不同的抗氧化涂层结合起来，让它们发挥各自的作用，从而达到更满意的抗氧化效果。Savage 提出了四层抗氧化涂层思想，其结构由内而外依次为：①过渡层，用以解决 C/C 复合材料基体与涂层之间热膨胀系数不匹配的矛盾；②阻挡层，为氧气的扩散提供屏障，防止材料氧化；③密封层，提供高温玻璃态流动体系，愈合阻挡层在高温下产生的热膨胀裂纹；④耐烧蚀层，阻止内层在高速气流中的冲刷损失、在高温下的蒸发损失以及在苛刻气氛里的腐蚀损失。这种四层结构的设计构思被认为是适合 1800℃以上抗氧化防护的涂层技术。

目前用于制备 C/C 基体抗氧化烧蚀涂层的方法有：包埋法、化学气相沉积法、溶胶-凝胶法、等离子喷涂法等。

6.3.2　C/C 复合材料的分类

由于 C/C 复合材料是完全由碳元素组成的复合材料，所以 C/C 复合材料不像其他复合材料体系那样有明确的分类。根据碳纤维的状态我们可以将 C/C 复合材料分为连续碳纤维增强基体碳复合材料和短切碳纤维增强基体碳复合材料。上述制造工艺主要针对连续碳纤维制造的 C/C 复合材料，而短切碳纤维 C/C 复合材料的制备如图 6-11 所示。大致可分为开纤、混合、高压成形、热处理、高温加热处理五个工序。其中，开纤工序尤为主要，直接影

响到所制备的 C/C 复合材料的弯曲强度。开纤工序是将短切成 6mm 左右的纤维束置于艾奇里搅拌机（eirich mixer）里，加入占纤维质量 15%～35% 的水，变成单丝。

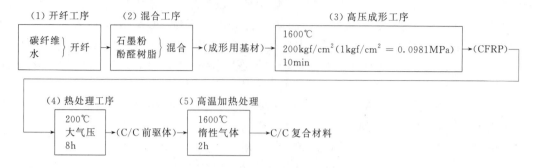

图 6-11　短切碳纤维制备 C/C 复合材料的工艺流程

此外，根据预制体的制备方式，还可以将 C/C 复合材料可分为碳毡、纤维布叠层 Z 向针刺以及多向编织等，多向编织 C/C 复合材料常见的有 2D、2.5D、3D C/C 复合材料等，密度从 $0.2g/cm^3$ 到 $2.0g/cm^3$ 变化。根据基体的致密化方式，又可分为 CVI 热解碳基体型和液相浸渗树脂碳、沥青碳基体型。

6.4　C/C 复合材料的特点

6.4.1　碳纤维的特点

C/C 复合材料由碳纤维和热解碳基体构成。石墨的基本结构单元是六角网平面，因此它的结构缺陷、尺寸大小以及取向状态决定了碳纤维的性能。图 6-12 为碳纤维的理想结构模型，原纤沿纤维轴向平行排列，且由完整的六角网平面构成。碳纤维的理论拉伸强度为 180GPa，拉伸模量为 1020GPa。而实际上，目前 PAN 基高强高模碳纤维的最高拉伸强度为 7.02GPa（T1000），最高拉伸模量为 690GPa（M70J），为理论值的 68%。真实的碳纤维通

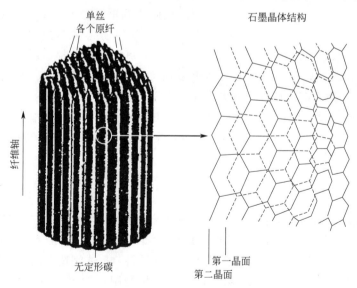

图 6-12　碳纤维的理想结构模型

常认为属于乱层石墨结构（turbostratic graphite structure），二维较有序，三维无序。在这种结构中，石墨层面彼此扭曲，构成了具有皮芯结构的碳纤维，如图 6-13 所示。石墨层面内受强的共价键力，层间受弱的次价键（范德华键）力；随着热处理温度的提高，层间距缩小和择优取向提高，力学性能提高。

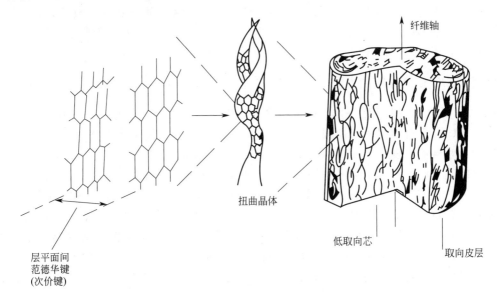

纤维轴

扭曲晶体

低取向芯

取向皮层

层平面间
范德华键
(次价键)

图 6-13　乱层石墨结构模型

碳纤维的特点包括：

a. 碳纤维几乎可与所有聚合物、金属、无机物复合，增强效果显著；

b. 轻质高强，T300 强度为 3550MPa，T1000 强度为 7000MPa；高模量，从 T300 的 235GPa 到 M70J 的 690GPa，是钢的 3 倍以上，沥青基碳纤维 K-1100 模量高达 965GPa，接近石墨理论值；

c. 热膨胀系数小，常温下为负值，碳纤维复合材料尺寸稳定；

d. 导热性好，不蓄热；最好的达 1160W/(m·K)，是铜的 3 倍；

e. 导电性较好，电阻约为 $10^{-3}\Omega\cdot cm$；

f. 具有反射和吸收电磁波的功能；

g. X 射线透过性好，损耗是同厚度铝的 1/7；

h. 自润滑、耐磨损；

i. 吸能减振，对振动有优异的衰减功能；

j. 在惰性气氛中热稳定性高，在化学环境下不发生腐蚀；

k. 耐疲劳、使用寿命长；

l. 生物相容性好，长时期工作不会分解出小分子或有毒物质。

以上性能，都会在 C/C 复合材料中得到体现。

6.4.2　C/C 复合材料的物理化学性能

C/C 复合材料除含有少量的氢、氮和微量的金属元素外，99％以上都是由元素碳组成。因此，与石墨一样具有化学稳定性，与一般的酸、碱、盐溶液不发生反应，不溶于有机溶剂，只与浓氧化性酸溶液起反应。在石墨态下，只有加热到 4000℃ 且压力超过 12GPa 条件下才会熔化；只有加热到 2500℃ 以上，才能测出塑性变形；常压加热到 3000℃，才开始升华。C/C 复合材料具有碳材料的优良性能，包括低密度、耐高温、抗腐蚀、抗热震、热导率高、热膨胀系数小（仅为金属材料的 1/5～1/10）和较好的抗热冲击性能。服役过程，基体与碳纤维增强体不存在热失配产生的热应力，极大地拓展了 C/C 复合材料的应用空间。

C/C 复合材料在常温下不与氧作用，350℃ 氧化性气氛中就开始缓慢氧化，400℃ 以上氧化显著，500℃ 以上氧化加剧，1000℃ 以上氧化损耗严重而失去使用价值。最大的缺点是抗氧化性差，但可以通过表面抗氧化涂层处理进行改性。

6.4.3 C/C 复合材料的力学性能

在 C/C 复合材料中，碳基体与碳纤维之间的界面为弱结合，宏观上表现为力学连续体。一般来说，C/C 复合材料的弯曲强度为 150～1400MPa，弹性模量为 50～200GPa。C/C 复合材料的力学性能主要取决于碳纤维的种类、取向、含量和制备工艺等。研究表明，C/C 复合材料的高比强度、高比模量特性主要是来自碳纤维，碳纤维强度的利用率一般可达 25%～50%。碳纤维在 C/C 复合材料中的取向会对材料的强度造成明显影响，一般情况下，单向增强复合材料在沿纤维方向拉伸时的强度最高，但横向强度性能较差，正交增强可以减少纵、横向强度的差异。C/C 复合材料在温度高达 1627℃ 时，仍能保持其室温强度，甚至还有所提高，是目前工程材料中唯一能保持这一特性的材料，高温下，剪切强度与横向拉伸强度也随温度的升高而提高；特别是在非氧化气氛、2000℃ 以上环境中，强度和模量不降低，是任何材料无法比拟的。

6.4.4 C/C 复合材料的特性

（1）**抗热震性** 碳纤维与碳基体之间不存在热失配以及材料结构中的空隙网络，使得 C/C 复合材料对于热应力并不敏感。衡量陶瓷材料抗热震性好坏的参数是抗热应力系数，表示为：

$$R = K\sigma/\alpha E \tag{6-4}$$

式中　K——热导率；

　　　σ——拉伸强度；

　　　α——热膨胀系数；

　　　E——弹性模量。

该式可作为衡量 C/C 复合材料抗热震性能的参考，例如 AT 石墨的 R 为 270，而三维 C/C 复合材料的 R 可达 500～800。

（2）**抗烧蚀性** 这里"烧蚀"是指导弹和飞行器载入大气层时，在热流作用下，内热化学和机械过程引起的固体表面的质量迁移（材料消耗）现象。C/C 复合材料暴露于高温和快速加热的环境中，由于蒸发、升华和可能的热化学氧化，其部分表面可被烧蚀。由于碳的升华温度高达 3000℃ 以上，因此 C/C 复合材料的表面烧蚀温度高，烧蚀表面的凹陷浅，能良好地保留其外形，烧蚀均匀而对称，是现有材料中最好的抗烧蚀材料之一。当 C/C 复合材料的密度大于 1.95g/cm³ 而开口气孔率小于 5% 时，其抗烧蚀侵蚀性能接近热解石墨。高温石墨化处理的 C/C 复合材料的抗烧蚀性能可进一步提高。

（3）**摩擦磨损性能** C/C 复合材料具有优异的抗摩擦和抗磨损性能。碳纤维的微观组织为乱层石墨结构，摩擦系数比石墨高，因此碳纤维在 C/C 复合材料中除起增强体作用，也提高了复合材料的摩擦系数。众所周知，石墨的层状结构使其具有固体润滑能力，可以降低摩擦系数。因此，通过改变基体碳的石墨化程度，就可以获得摩擦系数适中又具有足够强度、刚度的C/C复合材料。C/C复合材料摩擦制动时吸收的能量大，磨损系数仅为金属陶瓷/钢的1/4～1/10。特别是C/C复合材料具有高温性能，在高速、高能量条件下的摩擦升温高达1000℃以上时，摩擦性能仍然保持平稳，是军用和民用飞机的刹车盘的理想候选材料。

6.5 C/C复合材料中的结构与表征

揭示材料与性能的关系，可以为材料性能的提高指明方向和途径。以下将对C/C复合材料中一些典型的结构及其表征进行简单介绍。

6.5.1 碳纤维的皮芯结构和孔结构

图6-14是以高模量碳纤维为例的碳纤维中的典型结构。可知，碳纤维属于多晶、多相不均匀结构，存在大量的皮芯结构，此外还存在裂纹、孔洞和杂质，这些缺陷都会影响制备的碳纤维的性能。

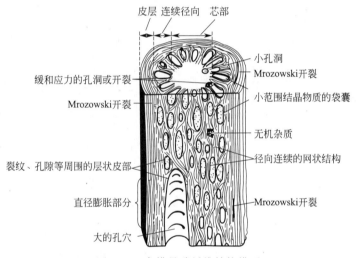

图 6-14　高模量碳纤维结构模型

碳纤维皮芯结构（sheath core structure）是由碳纤维生产过程中的两次双扩散过程导致的。第一次双扩散发生在凝固过程，在浓度差作用下纺丝液细流中的溶剂向凝固液扩散，凝固液向细流中扩散，双扩散由表及里顺序进行，导致凝固线条及原丝产生轻微的皮芯结构。第二次双扩散发生在预氧化过程，同样地，在浓度差作用下氧由表及里向纤维内扩散，热解小分子及反应副产物由内向外扩散。由于预氧化反应，低密度的线型分子链转变成高密度的梯形结构，纤维表层首先筑起高密度的阻止氧向内扩散的屏障，产生严重的皮芯结构。如果说凝固过程产生的皮芯结构属于密度型，即表层致密、内部疏散，而预氧化过程中形成的皮芯结构则属于氧的径向分布型。消除皮芯结构，换言之，均质化是提高碳纤维拉伸强度和拉伸模量的主要技术途径之一。

研究碳纤维的皮芯结构的方法主要有透射电镜表征和拉曼光谱分析。

金允正用TEM研究了碳纤维的皮芯结构。制样使用真空包埋法，固化后的试样在LKB型切片机上进行超薄切片。在切片过程中，金刚刀的刀角为45°，倾角为3°～4°，切片速度为2mm/min，切片厚度为200～300Å。图6-15是碳纤维的纵向TEM图像，可以清楚地看出径向皮芯结构，芯部比皮层致密度和取向性差，孔洞较多。

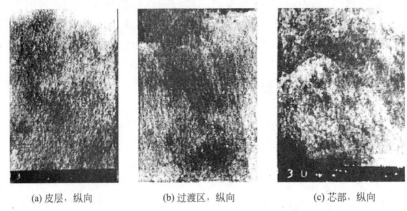

(a) 皮层，纵向　　　(b) 过渡区，纵向　　　(c) 芯部，纵向

图 6-15　碳纤维皮芯结构的 TEM 图像

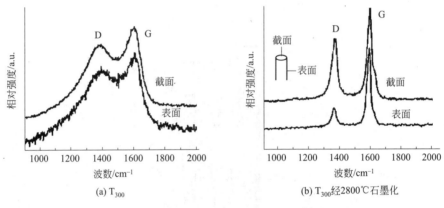

(a) T₃₀₀　　　　　　　(b) T₃₀₀经2800℃石墨化

图 6-16　纤维皮层和截面的拉曼光谱

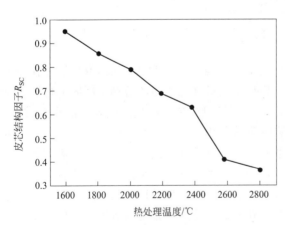

图 6-17　皮芯结构随热处理温度的变化规律

李东风用拉曼光谱研究了碳纤维 T_{300} 的皮芯结构，如图 6-16 所示。皮层的 D 峰强度（I_D）小于截面内的强度，说明皮层的结晶度高，无定形碳少，经高温石墨化处理后，皮层与截面内的 I_D 差加大，说明石墨化处理使非均质化程度进一步加深。刘福杰用拉曼光谱进一步研究了皮芯结构随高温石墨化的演变规律。将碳特征线内 D 峰（缺陷诱导峰）和 G 峰（类石墨峰）的强度比定义为 $R = \dfrac{I_D}{I_G}$，则外表皮层 $R_S = \dfrac{I_{DS}}{I_{GS}}$，芯部 $R_C = \dfrac{I_{DC}}{I_{GC}}$，用皮芯结构因子 $R_{SC} = R_S/R_C$ 表征皮芯结构的程度（图 6-17），发现：随着热处理温度的提高，皮芯结构越来越严重。这种变化规律是碳纤维随热处理温度拉伸强度降低的结构原因。

石墨的理论密度为 2.266g/cm³，孔的存在使高强度碳纤维密度仅为 1.80～1.85g/cm³，通常要求高强度碳纤维的孔隙率小于 17.6%。通常使用广角 X 射线衍射（wide-angle X-ray diffraction，WAXD）法测量纤维的孔隙率，计算公式见式(6-5)：

$$孔隙率 = \frac{1-(d_{obs}\rho_{obs})}{d_{gra}\rho_{gra}} \quad\quad (6\text{-}5)$$

式中　d_{obs}——用 WAXD 测得的碳纤维 $d_{(002)}$ 值（衍射角 26°），nm；

　　　d_{gra}——理想石墨的层间距（理论值，0.3354nm），nm；

　　　ρ_{obs}——碳纤维密度，g/cm^3；

　　　ρ_{gra}——理想石墨密度（理论值，$2.266g/cm^3$），g/cm^3。

研制高性能碳纤维不仅要关注孔隙率，而且要研究孔的大小、孔的形状和孔的空间分布状态，通常采用小角 X 射线散射（small-angle X-ray scattering，SAXS）技术。散射光强度、散射角大小与微孔尺寸、形状和分布有着密切关系，因而可用来研究碳纤维中的微孔特性。对于细小的针形孔，其散射强度可用德拜（Debye）方程来表达，即：

$$I(ks) = \int_0^\infty 4\pi r^2 C(r)[\sin(ksr)/(ksr)]dr \quad\quad (6\text{-}6)$$

式中，$ks = 4\pi\sin\theta/\lambda$；$\theta$ 为散射角；λ 为入射波长；$C(r)$ 为相关函数，表征孔弦长 r（孔两端的长度）出现的概率函数。

如果 I-$1/2 \sim \theta$ 成正比，则有

$$C(r) = \exp(-r/a) \quad\quad (6\text{-}7)$$

式中，a 为相关长度，由 I-$1/2 \sim \theta$ 图的直线斜率与截距之比来确定。

Porod 提出了非均相距离（heterogeneous distance）L_p 的概念来表征微孔的尺寸，根据相关函数 $C(r)$ 积分幅宽（孔长 r 出现概率）用下面公式表示孔的平均弦长（chord lengths）L_p，即：

$$L_p = 2\int_0^\infty C(r)dr \quad\quad (6\text{-}8)$$

代入式(6-7)，孔的平均弦长 L_p 和纤维的单位质量及表面积 S_v 有以下关系，即：

$$L_p = 2a \quad\quad (6\text{-}9)$$
$$L_c = a/(1-D) \quad\quad (6\text{-}10)$$
$$S_v = 4D(1-D)/a \quad\quad (6\text{-}11)$$

式中，D 为碳纤维或石墨纤维密度与理想密度之比，理想石墨密度为 $2.268g/cm^2$，碳纤维或石墨纤维密度可以实际测量。a 由 I-$1/2 \sim \theta$ 图的直线斜率与截距之比来确定。因而可得到 L_p、L_c 和 S_v 值。随着热处理温度的提高，L_p 和 L_c 增加，S_v 降低，在该过程中，小的石墨微晶经脱氮缩合为大的微晶，小孔消失并合并为大孔，导致拉伸强度的降低和拉伸模量的提高。一般认为，石墨微晶尺寸 L_c 与其平均弦长 $\overline{L_c}$ 十分相近，两者随处理温度的变化规律也很相似。L_c 大于 L_p，表明针形孔存在于晶体之间（见表 6-1）。

表 6-1　碳纤维微孔参数与碳化温度的关系

碳化温度/℃	密度/(g/cm³)	a/Å	L_p/Å	$\overline{L_c}$/Å	$S_v/(\times 10^6 m^{-1})$
650	1.620	2.78	5.56	9.27	2928
750	1.705	2.39	4.78	8.74	3445
850	1.805	2.39	4.78	10.63	2997
950	1.825	4.94	9.88	25.4	1269
1050	1.775	6.09	12.18	28.1	1115
1200	1.772	6.52	13.04	30.0	1043

如果在被测定散射体系中散射粒子（或微孔）的大小比较均一，粒子（或微孔）间距远大于粒子的本身尺寸，可忽略粒子间的相互干涉作用，可用高斯型（gaussian）散射函数作为一级近似，求出散射粒子（或微孔）的回转半径 R_g，并用纪尼叶（guinier）近似式处理，即：

$$I = I_e N n^2 \exp\left[-\frac{4\pi 2 R_g^2 (2\theta)^2}{3\lambda^2}\right] = K_0 \exp\left[-\frac{4\pi 2 R_g^2 (2\theta)^2}{3\lambda^2}\right] \tag{6-12}$$

式中　I——测得强度；

　　　2θ——散射角；

　　　I_e——单个电子的衍射强度；

　　　N——体系中总粒子（或孔隙）数目；

　　　n——每个粒子中电子总数目；

　　　$K_0 = I_e N n^2$；

　　　λ——散射粒子的回转半径。

将式(6-12)两边取对数：

$$\ln I = \ln K_0 - \frac{4\pi R_g^2 (2\theta)^2}{3\lambda^2} \tag{6-13}$$

由实际测得不同散射角 2θ 的散射强度 $I(2\theta)$，并由 $\ln I$-$(2\theta)^2$ 作图得一直线，截距为 $\ln K_0$，斜率为 α，可求出散射粒子（或微孔）的回转半径 R_g，即：

$$\alpha = \frac{4\pi R_g^2}{3\lambda^2}$$

$$R_g = \sqrt{\frac{3\lambda^2}{4\pi^2}}\sqrt{-\alpha} = 0.276\lambda\sqrt{-\alpha} \tag{6-14}$$

如果采用 $CuK\alpha$ 射线，$\lambda = 1.542\text{Å}$（0.1542nm），即：

$$R_g = 0.4256\sqrt{-\alpha} \tag{6-15}$$

实际上，散射体系中粒子（或微孔）是一不均匀的多分散体系，不能用一级近似来处理，可将散射强度看成若干个单分散体系散射强度的叠加，用 $\ln I$-$(2\theta)^2$ 作图，采用逐级切线法求出各分散粒子（或微孔）的回转半径及其分布，计算式如下：

$$R_i = 0.644\sqrt{\alpha_i}$$
$$\alpha_i = \ln K_i / \varepsilon_i$$
$$W_i = \frac{K_i / R_i^3}{\sum K_i / R_i^3}$$
$$\overline{R} = \sum W_i R_i \tag{6-16}$$

式中　α——各级切线的斜率；

　　　W_i——各级散射粒子（或孔）所占百分数；

　　　$\overline{R}$——平均回转半径。

根据散射粒子（或微孔）的形状，用回转半径可求得形状参数。如果微孔形状为椭圆形（实际为针状形），短半轴为 b，长半轴为 τD，长短两轴长度比为 τ，则有以下关系，即：

$$R^2 = b^2 (2 + \tau^2)/5 \tag{6-17}$$

计算时，需根据 TEM 图等对两轴长度比 τ 进行设定。例如，在 1200℃ 处理，用 TEM 图像估算出微孔的两轴比 τ 约为 9，并设定该微孔 L_p 为其椭圆形短轴，即 b 为 6.52Å，根据式(6-17)计算出回转半径 R 为 26.6Å，与表 6-2 中第一级散射微孔的回转半径相近，微孔尺寸在 200~500Å 属于多重散射，可能是与原纤的宽度有关。

表 6-2　用逐级切线法求得的散射微孔的相关参数

热处理温度	$R_i/\text{Å}$	$W_i/\%$	$\overline{R}/\text{Å}$
PAN 原丝	27.8	98.4	375.8
	285.9	0.99	
	519.4	0.62	
550℃	70.7	79.6	336
	275.3	14.1	
	471.7	6.3	
650℃	37.4	95	316
	236	2.8	
	417.8	2.2	
750℃	32.2	96.2	396
	227	1.4	
	494.5	2.4	
850℃	28.6	95.2	315.7
	218	2.47	
	426	2.3	
950℃	30	78	421
	282.3	11.4	
	569.9	10.6	
1050℃	23.6	97.2	377.8
	260.2	1.54	
	550.5	1.27	
1200℃	22.4	92.6	363.2
	249.7	0.2	
	476.7	0.2	

6.5.2　基体热解碳的各向异性

在偏振光下碳纤维单丝一般表现出光学各向同性，看上去是黑色的，所以基体碳在偏振光下的显微结构通常代表了 C/C 复合材料的显微结构。不同结构的 C/C 复合材料在偏振光下，表现出不同的形貌特征，根据这些特征，就可以确定其结构类型。20 世纪 70 年代初期，以 Granoff、Lieberman 和 Pierson 等为首的美国 Sandia 实验室的研究人员，就围绕 CVD 工艺条件、基体热解碳结构、材料性能和石墨化等问题，采用偏振光显微镜（polarized light microscopy，PLM），提出了热解碳的三种结构形态，可以分为粗糙层（RL）、光滑层（SL）和各向同性层（ISO），如图 6-18 所示。而表 6-3 为三种基本偏光显微结构的形貌特征比较。采用偏振光显微镜，在正交偏光下，沉积在碳纤维周围的热解碳呈现出消光十字现象，并且不随载物台的旋转而变化。旋转检偏镜，偏振光的入射角度发生变化，热解碳的消光十字逐渐靠拢，检偏镜转过的角度就是消光角。不同偏光显微结构在物理性能、力学性能和热性能方面都表现出明显的差异。RL 结构的复合材料在沉积态和热处理态下都具有最高的密度，其次是 SL、ISO 结构的复合材料密度最低，但由于 SL 结构存在大量环状裂纹，其密度受热处理的影响最大；此外，RL 结构择优取向性大，RL 结构碳比 SL 结构碳更易于石墨化；弯曲强度（σ_f）和弯曲模量（E_f）在沉积态下的相对大小为：$\sigma_{f,ISO} > \sigma_{f,RL} > \sigma_{f,SL}$，$E_{f,SL} > E_{f,RL} > E_{f,ISO}$，热处理后变为：$\sigma_{f,RL} > \sigma_{f,SL} > \sigma_{f,ISO}$，$E_{f,RL} > E_{f,ISO} > E_{f,SL}$ 相同条件下，三种基本偏光显微结构对应的材料热导率的大小顺序为 $\lambda_{RL} > \lambda_{SL} \geqslant \lambda_{ISO}$，热膨胀（TE）的顺序为 $TE_{ISO} > TE_{SL} \geqslant TE_{RL}$。

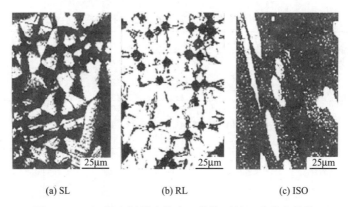

| (a) SL | (b) RL | (c) ISO |

图 6-18　C/C 复合材料在偏光显微镜下的三种基本结构

表 6-3　C/C 复合材料三种基本偏光显微结构的分类和形貌特征

显微结构分类	消光角	偏振光下相应形貌特征
RL	$Ae \geqslant 18°$	高旋光性、大量不规则的消光十字花和生长特征、较高的光反射性、粗糙的表面织构，沿纤维轴向，生长锥本质为块状，类似于一种细小或中等的颗粒结构，大量的热解碳在基底形核，大多择优取向，没有与纤维轴同心的环状裂纹
SL	$12° \leqslant Ae \leqslant 18°$	旋光性比 RL 结构碳低，较大的而且轮廓分明的消光十字花、很少的生长特征、光滑的表面织构，择优取向性比 RL 结构碳低，明显的环状裂纹
ISO	$Ae \leqslant 4°$	通常没有消光十字花、旋光性和生长特征，没有择优取向性和环状裂纹，是一种细小的颗粒结构，而且单一颗粒很难用光学显微镜区分

采用 CVI 或液态浸渗制备的 C/C 复合材料很难得到单一、均匀的某种基本结构，对具有两种及以上基本结构的结构称为带状结构（banded structure），如图 6-19 所示。

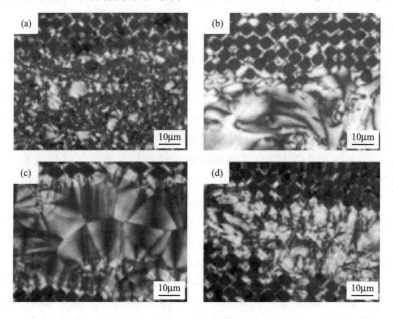

图 6-19　C/C 复合材料的偏光显微结构

（a）普通沥青浸渍；（b）中间相沥青浸渍；

（c）ICVI/1100℃/10kPa；（d）ICVI/1100℃/20kPa

6.6 C/C 复合材料的应用

6.6.1 C/C 复合材料在高超声速飞行器中的应用

C/C 复合材料具有低密度、高强度、低热膨胀系数、高热稳定性、抗热冲击等优异性能，且在高温下仍具有优异的力学性能，被认为是理想的航空航天高温结构材料。

近年来，C/C 复合材料在高超飞行器、特种发动机的热结构及可重复使用上应用前景广泛，如航空涡轮喷气发动机中的涡轮盘、叶片、燃烧室、喷油杆和尾喷管调节片等，航天飞机上的鼻锥和机翼前缘，冲压发动机的燃烧室内衬和喷管（图 6-20）。C/C 复合材料在先进导弹上的典型应用见表 6-4，抗氧化防护的 C/C 复合材料被成功用于美国 X-30 和东方快车、俄罗斯暴风雪、法国 Hermes 及日本 HOPE 等航天飞机的鼻锥、机翼前缘、机翼挡板、起落架，以及远程洲际导弹的端头帽等部件上，使用温度为 1650～1700℃。此外，20 世纪 90 年代初，美国已在实施将 C/C

图 6-20　C/C 复合材料用于火箭发动机喷管

复合材料用于高超声速飞行器的飞机结构材料的计划，以实现飞行器全 C/C 复合材料主结构的设计与制造。C/C 复合材料在航天飞机等先进飞行器上的典型应用见表 6-5。

表 6-4　C/C 复合材料在国内外先进导弹中的典型应用

导弹型号	使用部位	材料结构
战斧巡航导弹	助推器喷管喉衬	4D C/C
近程攻击导弹	助推器喷管喉衬	3D C/C、4D C/C
反潜导弹	助推器喷管喉衬	4D C/C
ASAT 导弹	助推器喷管喉衬	4D C/C
RECOM 导弹	助推器喷管喉衬	4D C/C
民兵Ⅲ	MK-12A 鼻锥、发动机喷管喉衬	3D 或 4D C/C
三叉戟Ⅱ	MK-5 鼻锥、发动机喷管喉衬	3D 或 4D C/C
	发动机喷管扩张段	2D 或 3D C/C
MX 系列	MK-12A 鼻锥、发动机喷管喉衬	3D 或 4D C/C
	发动机喷管扩张段、延伸锥	2D 或 3D C/C
侏儒	MK-21A 鼻锥、发动机喷管喉衬	3D 或 4D C/C
	发动机喷管扩张段、延伸锥	2D 或 3D C/C
和平保卫者	发动机喷管喉衬	3D C/C
SS-N 系列海基、SS 系列陆基战略导弹	鼻锥、发动机喷管喉衬、扩张段	3D 或 4D C/C
白杨-M	鼻锥、发动机喷管喉衬	3D 或 4D C/C
	发动机喷管扩张段	2D C/C
布拉瓦	鼻锥、发动机喷管喉衬	3D 或 4D C/C
	发动机喷管扩张段	2D C/C

表 6-5　C/C 复合材料在航天飞机等先进飞行器上的应用

国家和地区	飞机名称	使用区域	具体部件	功能
美国	Shuttle	最高温区	C/C 复合材料薄壳热结构	抗氧化，防热
		较高温区	防热瓦 C/C 复合材料机头锥	抗氧化，防热
	NASP	最高温区	C/C 复合材料薄壁热结构	抗氧化，防热
		较高温区	C/C 复合材料面板	抗氧化，防热
	X-43A	热防护系统	鼻锥帽、控制面前缘、机身大面积防热等	抗氧化 C/C、C/SiC，防热
俄罗斯	暴风雪号	最高温区	C/ 复合材料结构防热瓦	抗氧化，防热

国家和地区	飞机名称	使用区域	具体部件	功能
法国	Hermes	最高温区	C/C 复合材料薄壳热结构	抗氧化,防热
日本	Hope	较高温区	C/C 复合材料薄壳热结构	抗氧化,防热
		最高温区	C/C 复合材料支座式面板	
英国	Hotel	最高温区	C/C 复合材料薄壳热结构	抗氧化,防热
		较高温区	C/C 复合材料面板	

6.6.2　C/C 复合材料在空间热管理和空间光学系统上的应用

　　航天器在其整个生命周期内,主要受机械、热、真空环境及空间辐射等影响,新一代空间材料必须具备 5 个特点。①密度低,以减轻仪器系统部件及其支撑结构的质量,进而降低空间天文仪器的发射成本。②比刚度大(弹性模量与密度之比)。材料的比刚度越大,单位载荷引起的结构变形越小,尺寸稳定性越好,抵抗由于抛光、装配、重力以及操作中使用夹持与振动带来的变形能力越强。③热稳定系数大(材料的热导率与热膨胀系数之比)。热稳定系数越大,材料的热惯性越小,热稳定性越好。当环境温度变化时,材料容易达到温度平衡,不会引起大的热应力,从而减少构件变形。④工艺性能好,可满足结构优化设计,提高光学表面质量或镀膜质量等。⑤耐空间环境辐射、耐原子氧冲击、耐磨损。

　　美国航天局开发的带有 C/C 翅片和装甲的散热器(图 6-21),可用于探索太阳系的空间核反应堆电力系统中,以满足其宽范围的工作温度(350～800K),且 C/C 材料可达到质量最小化的设计要求。两翼的侧平面给热源提供良好的集成和耦合作用。蒸气芯和芯与金属衬里之间的液体间隙的横截面流动面积分别保持在恒定的 $314.2mm^2$ 和 $25mm^2$。

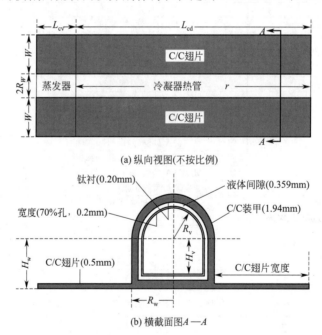

图 6-21　带有 C/C 翅片和装甲的碱金属散热器热管

　　吴清文等研究了在金属表面粘贴高热导率的 C/C 复合材料的方法。通过在钢板表面分别粘贴 0.5mm 和 2mm 厚的 C/C 复合材料进行数值计算、试验验证及仿真分析,结果显示钢板表面粘贴 C/C 复合材料后能在很大程度上改善其导热性能,并且有较好的工艺实施性。

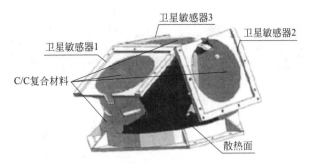

图 6-22　卫星敏感器支架结构图

某卫星敏感器支架结构如图 6-22 所示。

日本国家天文台和三菱电机公司早在 2004 年已经开始开发材料的表面处理技术，以支持未来的 C/C 复合镜应用，其成功制造出 C/C 复合材料的超轻质镜筒，如图 6-23 所示。

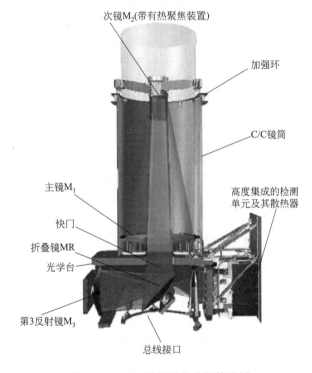

图 6-23　HiRI 照相机的分解构造图

日本和德国 ECM 公司合作将 C/C-SiC 复合材料作为拟于 2018 年发射的 SPICA 空间天文望远镜的候选材料之一，SPICA 主镜是整体成型，其加工流程如图 6-24 所示。

6.6.3　C/C 复合材料在刹车材料方面的应用

C/C 复合飞机刹车材料的研制成功，是飞机制动技术上的重大突破。使用 C/C 复合材料刹车盘可使刹车装置的可靠性、安全性和经济性明显提高，所以目前国外有数十种高性能军用飞机和大中型民航客机采用了碳刹车装置，法国碳工业公司 1994 年开始批量生产汽车用 C/C 复合材料刹车片，于当年出厂了使用 C/C 复合材料刹车片的汽车，并批量生产。日本将 C/C 复合材料用作飞机刹车材料已有 10 多年的历史。我国正在研制的一些新机也把碳

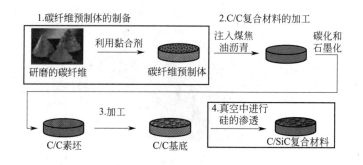

図 6-24　SPICA 望远镜 C/C-SiC 复合材料的加工流程

刹车材料作为第一方案。

表 6-6　国外刹车盘用碳材料的组成和致密化方法

厂家简介	复合物组成		致密化方法	特点
	基体	碳纤维增强体		
Dunlop(英)	CVD 碳	碳布、薄毡叠层	CVD 法	综合性能好、工艺过程简单、易控制、成本较高
Messier(法)	CVD 碳	3D 4D 多维编织体	CVD 法	综合性能好、层间剪切强度高、工艺过程简单、易控制、成本高
Bendix(美)	CVD 碳＋树脂	短切碳纤维部分取向排列	CVD 法＋树脂碳化法	工艺过程较复杂、层间剪切性能好、成本低
Goodyear(美)	CVD 碳或树脂碳	碳布叠层	CVD 或树脂碳化法	成型工艺简单,易控制
BFGoodrich(美)	CVD 碳	碳布、短纤维叠层	CVD 法	综合性能好,成本较高
NIIGrafit(俄)	CVD 碳＋沥青碳	不同长度短切碳纤维或碳布叠层	CVD 法＋沥青碳化法	成本低、工艺过程较复杂

用 C/C 复合材料制成的飞机刹车盘与传统的钢刹车盘相比，具有质量轻、使用寿命长、刹车过程平稳、热强度高、不变形、不黏结、容易维修等一系列优点。若用 C/C 复合材料作为民用飞机刹车片，可使飞机质量减少 450kg；若用作 F-1 型赛车刹车片，可使其质量减少 11kg。利用 C/C 复合材料摩擦因数小和热容大的特点可以制成高性能的飞机刹车装置，速度可达 250～300km/h。在发展刹车盘用的碳材料过程中，国外各厂家都借鉴热防护用碳材料的技术，形成了自己独特的制造方法（表 6-6）。

6.6.4 C/C 复合材料在先进核反应堆中的应用

由于 C/C 复合材料具有优异的耐高温、耐腐蚀、抗辐照性能，使其在第四代反应堆中具备良好的应用前景。美国橡树岭国家实验室曾于 2005 年向美国能源部（Department of Energy，DoE）提交了一份"第四代核能系统集成材料技术项目计划"，将 C/C 复合材料作为一种新型的核材料列入其中。目前，国际上已经将 C/C 复合材料作为高温核反应堆的第一回路管道材料、堆芯出口管道材料和控制棒末端材料的备选材料。

6.6.5 C/C 复合材料在生物医学方面的应用

C/C 复合材料是一种极有潜力的新型生物医用材料。C/C 复合材料弹性模量与人骨相当，是具有良好应用前景的人工关节、骨假体材料，且该材料的三维多孔结构有利于细胞的进入、生长和发育，因此在骨修复和骨替代方面有较好的应用前景，无细胞毒性和全身毒性、无热源性，具有良好的生物相容性。但是 C/C 复合材料的亲水性能差，是生物惰性材料，植入生物体内后与周围正常骨组织仅仅是机械结合，不具有诱导骨组织再生功能，骨修复所需时间较长。近年来，通过在 C/C 复合材料表面制备不同生物活性涂层，改善基底材料的细胞增殖、黏附、分化及体内植入体的修复效果，并防止碳颗粒脱落从而避免黑肤效应产生，取得较好的研究成果。

6.6.6 C/C 复合材料在其他工业领域的应用

最初由于 C/C 复合材料的价格相对较高，限制了它在工业领域的应用，近年来，随着碳纤维原材料及生产制造成本的降低、C/C 复合材料制造技术的提高及高科技产业的需求，它由航空航天领域逐渐进入工业领域，广泛取代其他材料，在工业领域的应用迅速发展。国内外相关研究机构和公司已开发出 100 多种 C/C 复合材料，并研究了 40 多种不同的应用。例如，C/C 复合材料在单晶硅制造中作为热场材料的应用。热场系统是硅材料成晶的最重要的条件之一，热场的温度梯度分布直接影响着是否能顺利拉出单晶和单晶质量好坏。湖南金博复合材料科技有

图 6-25　KBC C/C 复合材料坩埚

限公司生产的 C/C 复合材料坩埚（以下简称 "KBC" 坩埚），采用整体的设计方式，其坩埚外形见图 6-25，该材料制备的坩埚强度高（是石墨的 10 倍左右），结构简单，质量轻，操作方便，热膨胀系数小，抗热震性好，在急热、急冷环境中使用时不开裂，使用寿命长。能在一定程度上提高生产效率和成晶（整棒）率，降低企业的生产成本。此外，还包括膨胀石墨基低密度 C/C 复合材料作为隔热材料的应用，光伏行业用的 C/C 复合材料保温筒、发热体、导流筒等，在汽车零部件，如发动机系统中的推杆、连杆、摇杆、油盘和水泵叶轮的应用等。

思考题

1. C/C 复合材料的基本组成是什么？它的种类有哪些？
2. 有哪些制备 C/C 复合材料的方法？
3. 如何计算碳纤维对 C/C 复合材料强度的贡献？
4. 如何计算碳材料的石墨化度？
5. 简述 C/C 复合材料的特点包括什么。
6. 影响 C/C 复合材料结构的因素有哪些？应如何控制？相应的表征方法有哪些？
7. 思考 C/C 复合材料的应用都是基于它的哪些特点？

[1] 贺福.碳纤维及其应用技术［M］.北京：化学工业出版社，2004.

[2] 刘雄亚，等.透光复合材料、碳纤维复合材料及其应用［M］.北京：化学工业出版社，2006.

[3] 刘万辉.复合材料［M］.哈尔滨：哈尔滨工业大学出版社，2011.

[4] 胡保全，牛晋川.先进复合材料［M］.北京：国防工业出版社，2006.

[5] 邹林华，黄勇，黄伯云，等.C/C复合材料的显微结构及其与工艺、性能的关系.新型炭材料［J］.2001，16（4）：63-70.

[6] 李妙玲，陈智勇，赵红霞.C/C复合材料的旋转偏振成像方法［J］.材料导报，2018，32（5）：1678-1682.

[7] 付前刚，李贺军，沈学涛，等.国内C/C复合材料基体改性研究进展［J］.中国材料进展，2011，30（11）：6-39.

[8] 刘皓，李克智.C/C复合材料不同基体炭的微观结构［J］.材料工程，2016，44（7）：7-12.

[9] 高冉冉，王成国，陈旸.C/C复合材料的抗氧化研究［J］.材料导报，2013，27（21）：378-381.

[10] 李贺军，薛辉，付前刚，等.C/C复合材料高温抗氧化涂层的研究现状与展望［J］.无机材料学报，2010，25（4）：337-343.

[11] 梅宗书，石成英，吴婉娥.C/C复合材料抗氧化研究进展［J］.固体火箭技术，2017，40（6）：758-769.

[12] 刘剑，刘伟强，王琴.C/C复合材料在高超声速飞行器中的应用［J］.工艺与应用，2013（5）：77-79.

[13] 王铭辉.碳纤维复合材料在航空航天领域的应用研究［J］.现代商贸工业，2019（8）：191-193.

[14] 郭晓波，崔红，王坤杰.炭基复合材料空间应用的研究进展［J］.炭素技术，2017，6（36）：1-6.

[15] 杨静怡，闫隆，怀平.Ar离子辐照C/C复合材料的表面结构研究［J］.核技术，2014，37（5）：27-31.

[16] 吴磊，刘峰，韩焕鹏，等.碳/碳复合材料在半导体制造行业的应用［J］.创新技术，2010（4）：11-13.

[17] 李军，史柯，吴书晓，等.C/C复合材料坩埚在直拉单晶炉中的应用研究［C］.第十届中国太阳能光伏会议论文寨，2008：96-101.

[18] 无余量模压C-C复合材料在内燃机中的应用［J］.航天技术与民品，1997（3）：40-43.

[19] 杨素心.C/C复合材料在光伏行业的应用［J］.中国有色金属，2018（7）：62-63.

[20] 倪昕晔，李爱军，钟萍，等.不同高温热处理工艺对C/C复合材料生物相容性的影响［J］.材料工程，2014（6）：62-67.

[21] 吴倩倩，杨龙文，刘雪，等.C/C复合材料表面生物活性涂层的研究进展［J］.材料导报，2018，32（31）：196-201.

第**7**章 磁性功能陶瓷复合材料

7.1 概述

功能陶瓷复合材料是一门研究无机功能材料的合成与制备、组成与结构、性能与使用效能之间关系和规律的学科，是具有电、磁、光、声、热等不同性能及通过相互耦合产生各种作用特性的一大类材料。功能陶瓷复合材料主要分为导电陶瓷、半导体陶瓷、高温超导陶瓷、介电陶瓷、压电陶瓷、磁性陶瓷材料、透明功能陶瓷、保健功能陶瓷、自洁功能陶瓷九大类。

（1）**导电陶瓷** 具有良好的导电性能，而且能耐高温，是磁流体发电装置中集电极的关键材料。

（2）**半导体陶瓷** 指采用陶瓷工艺成型的多晶陶瓷材料。与单晶半导体不同的是，半导体陶瓷存在大缝晶界，晶粒的半导体化是在烧结工艺过程中完成的，因此具有丰富的材料微结构状态和多样的工艺条件，可以作为敏感材料。

（3）**高温超导陶瓷** 指相对金属而言具有较高超导温度的功能陶瓷材料。从 20 世纪 80 年代对超导陶瓷的研究有重大突破以来，对高温超导陶瓷材料的研究应用就备受关注。近几十年来，我国在这方面的研究一直处于世界先进水平。目前高温超导材料的磁应用正朝着大电流应用、电子学应用、抗磁性应用等方向发展。

（4）**介电陶瓷** 具有绝缘电阻高、耐压高、介电常数小、介电损耗低、机械强度高以及化学稳定性好的特点，被广泛用作集成电路的绝缘基板。

（5）**压电陶瓷** 压电陶瓷的晶体结构上没有对称中心，因而具有压电效应，即具有机械与电能之间的转换与逆转换的功能。

（6）**磁性陶瓷材料** 分为硬磁性和软磁性材料两类，前者易磁化，也不易失去磁性。硬磁性材料的代表作为铁氧体磁和稀土磁体，主要用于磁铁和磁存储元件。软磁性材料可磁化及去磁，磁场方向可以改变，主要用于交变磁场的电子元件。

（7）**透明功能陶瓷** 透明功能陶瓷是在光学上透明的功能材料，它除了具有一般铁电陶瓷所有的基本特性以外，还具有优异的电光效应。

（8）**保健功能陶瓷** 将负离子功能粉体制成人体保健产品，主要是利用负离子能够中和体内代谢产物以及感染所产生的氧自由基：氧自由基是一种极不稳定的物质，当被负离子外围所带的多余电子中和后，氧自由基的种种危害如破坏蛋白质、细胞膜，加速动脉硬化，抑制免疫功能、致癌、使人体器官衰老等得以清除。

（9）**自洁功能陶瓷** 自洁功能材料是由陶瓷基体和自洁功能材料两大主要部分构成，它是指在陶瓷制品表面或釉层中加入一种或几种具有抗菌、杀菌、防污、除臭和净化大气功能的材料。

因此，今后功能陶瓷在性能方面会向着高效能、高可靠性、低损耗、多功能、超高功能以及智能化方向发展。本章主要介绍了新型磁性功能陶瓷复合材料的最新研究动态及发展趋势，对磁性功能陶瓷的推广应用具有一定的指导意义。据了解，随着无线电子信息技术在高频率下的快速发展，电磁干扰（EMI）可描述为电路发出的传导和/或辐射电磁信号，这些信号在运行过程中干扰周围电气仪表的正常运行或者对生物体造成辐射性损害。千兆赫（GHz）频率的电子系统和通信设备的快速发展，使电磁污染达到了前所未有的水平，这使得人们积极寻求新型有效的电磁波吸收材料并应用于各个领域，涉及商业、科学电子仪器、天线系统和军事电子设备等；另一种是关于隐身的军事应用，通过消除目标表面的雷达信号的反射来降低目标的可探测性。为了解决这一难题，急需研制出能够衰减电磁波的磁性功能陶瓷复合材料。磁性功能陶瓷复合材料是一种反射、散射和透射都很小，能够通过自身的吸收作用衰减电磁波功能的材料，其基本原理是将电磁波转换为热能、电能或机械能等其他形式的能量，同时这些吸波材料还具有强吸收、宽频带、低成本和质量轻等特点。磁性功能陶瓷复合材料按损耗机制可分为磁介质型、电介质型以及复合型。铁氧体、羰基铁等属于磁介质型，它们具有较高的磁损耗角正切，依靠磁滞损耗、畴壁共振和自然共振等磁极化机制衰减。

下面主要从两个方面（单一组分磁损耗吸波材料和多重组分磁损耗吸波材料）展开叙述，尤其是关于镍基磁性功能陶瓷复合材料作为电磁吸收材料的制备工艺和性能特点的重点介绍。

7.2 磁性功能陶瓷吸波材料的研究概况

7.2.1 磁性功能陶瓷吸波材料的机制

当电磁波入射到吸波材料上，会发生如图 7-1 所示的一些物理现象：入射、反射和吸收。在设计吸波材料时一般要遵循两个准则：一是使电磁波尽可能地进入材料体内；二是使电磁波尽可能地吸收。

基于以上两个准则，要想获得最优的吸波性能，首先必须使电磁波进入吸波材料中。只有电磁波进入吸收体才能被吸收，所以要提高吸波材料的吸收效率，首先要提高入射率，降低反射率。目前为止，比较成熟的两种方法可以做到这一点。

（1）四分之一波长吸波原理 当吸收体的厚度为波长的 1/4 奇数倍时，第一次反射波与第二次反射波的相位差正好是 180°，根据波的干涉原理，此刻它们会发生完全相消，从而使得总反射波发生大大衰减。这便是吸波材料的四分之一波长吸波原理。利用这一原理，我们可以设计得到任一频率电磁波吸收材料。

（2）阻抗匹配 这是从另一个角度提高电磁波的入射率，使介质表面对电磁波反射系数为零。当电磁波垂直入射时，材料界面的反射系数 Γ 为：

$$\Gamma = \frac{Z - Z_0}{Z + Z_0} \quad (7\text{-}1)$$

$$RL = 20\log(|\Gamma|) = 20\log\left(\left|\frac{Z - Z_0}{Z + Z_0}\right|\right)$$

$$Z = \sqrt{\mu/\varepsilon} = \sqrt{\mu_0/\varepsilon_0}\sqrt{\mu_r/\varepsilon_r}$$

$$Z_0 = \sqrt{\mu_0/\varepsilon_0} \quad (7\text{-}2)$$

式中　Z——吸波体的有效阻抗；

　　　Z_0——自由空间的特征阻抗；

　　　ε_0——自由空间的介电常数；

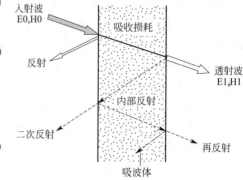

图 7-1　电磁波入射到吸波材料的物理现象

μ_0——自由空间的磁导率；

ε——材料的介电常数；

μ——材料的磁导率；

ε_r——材料的相对介电常数；

μ_r——材料的相对磁导率。

$$\Gamma = \frac{\sqrt{\mu_r/\varepsilon_r} - 1}{\sqrt{\mu_r/\varepsilon_r} + 1} \tag{7-3}$$

因此，若要电磁波在材料表面无反射就需要 ε_r 和 μ_r 近似相等，即满足阻抗匹配。但是理想的阻抗匹配条件在实际应用中很难满足，所以在设计吸波材料时，四分之一波长吸波与阻抗匹配原理都要考虑。

7.2.2 磁性功能陶瓷吸波材料的设计

磁性功能陶瓷吸波材料设计的最关键因素之一是如何提高材料的电磁损耗，使电磁波能量转化为热能或其他形式的能，使进入吸波体内的电磁波在介质中吸收最强。当电磁波作用在吸波材料上时，电磁波会使吸波材料内部产生极化和磁化，并对外加磁场产生一定的影响。材料内部的电感应强度 D、磁感应强度 B 与电场强度 E、磁场强度 H 之间的关系为 $D = \varepsilon E$，$B = \mu H$。通常情况，介电常数和磁导率为复数，即 $\varepsilon_r = \varepsilon' - j\varepsilon''$，$\mu_r = \mu' - j\mu''$。由此可见，对吸波材料而言，复介电常数和磁导率的虚部 ε'' 和 μ'' 是衡量吸波材料吸收电磁波的能力。介质中单位体积内吸收的电磁波能量通常用损耗因子来表征损耗的大小，损耗因子 $\tan\delta$ 可表示为：

$$\tan\delta = \tan\delta_\varepsilon + \tan\delta_\mu = \frac{\varepsilon''}{\varepsilon'} + \frac{\mu''}{\mu'} \tag{7-4}$$

式中 ε'——吸波材料在电场作用下产生的极化程度的变量；

μ'——吸波材料在磁场作用下产生的磁化程度的变量；

ε''——在外加电场下，材料电偶矩产生重排引起损耗的量度；

μ''——在外加磁场下，材料磁偶矩产生重排引起损耗的量度；

δ_ε——电感应场 D 相对于外加电场的滞后相位；

δ_μ——磁感应场 B 相对于外加磁场的滞后相位。

上述公式中 δ_ε 为电感应场 D 相对于外加电场的滞后相位；式中 δ_μ 为磁感应场 B 相对于外加磁场的滞后相位。显然，$\tan\delta$ 随 ε'' 和 μ'' 的增大而增大。材料的 ε''、μ'' 和 $\tan\delta$ 越大，吸收性能越好。吸波材料的损耗机制可分为三类：一是与材料电导率有关的电阻型损耗，电导率越大，载流子引起的宏观电流（由电场引起的电流和磁场变化引起的涡流）越大，越有利于电磁能向热能转变；二是与电极化有关的介电损耗（反复极化的"摩擦"作用），电介质极化过程有离子位移极化、电子云位移极化、铁电体电畴转向极化、极性介质电矩转向极化、畴壁位移、高分子中原子团电矩转向极化、缺陷偶极子极化等；三是与动态磁化过程有关的磁损耗反复磁化的"摩擦"作用，其主要来源是磁滞、磁畴转向、畴壁位移、磁畴自然共振等。设计吸波材料时需综合考虑以上多种损耗机制。

7.2.3 磁性功能陶瓷吸波材料的电磁参数

7.2.3.1 动态电磁性能

利用传输/反射法研究粉体-黏结剂的电磁参数，其中同轴传输/反射法具有宽频带、简单且精度较高等特点而得到了广泛应用。利用该方法，将待测样品置于同轴线中，通过矢量网络分析仪（VNA）测量样品区的散射参数，然后通过散射方程反推出材料的电磁参数。图 7-2 是同轴传输/反射法测量示意图，样品为粉体与石蜡按一定比例组成的混合物，通过模压法制成同轴环状，内、外径分别为 3.04mm 和 7.00mm，厚度为 2.00mm 左右，形状如图 7-3(b) 所示，石蜡因为是一种透波材料，在此仅为黏结剂，对所研究材料的电磁性能影响可忽略不计。粉体与石蜡复合物的电磁参数测试是在 Agilent N5244A 型矢量网络分析仪［图 7-3(a)］上进行的，所测频率的范围为 1～18GHz。

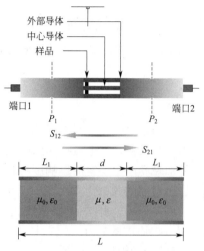

(a) 矢量网络分析仪　　　　　　　(b) 环状粉体与石蜡待测复合物

图 7-2　同轴传输/反射法测量示意图　　图 7-3　矢量网络分析仪和待测复合物

平面波由自由空间投射到厚度为 d 的样品（电磁参数为 μ_r 和 ε_r）表面时，会发生反射和入射，反射系数 Γ 为：

$$\Gamma = \frac{Z - Z_0}{Z + Z_0} = \frac{\sqrt{\mu_r/\varepsilon_r} - 1}{\sqrt{\mu_r/\varepsilon_r} + 1} \tag{7-5}$$

式中，Z_0 为同轴线空气部分的特征阻抗；Z 为所测样品的特征阻抗，而且 $Z = \sqrt{\mu_r/\varepsilon_r} Z_0$。电磁波在材料介质中传播，会发生衰减，传输系数 T 为：

$$T = e^{-\gamma d} \tag{7-6}$$

$$\gamma = j \frac{2\pi f}{c} \sqrt{\mu_r \varepsilon_r}$$

式中　γ——传输常数；

　　　c——光在真空中的速度；

　　　f——所测电磁波的频率。

矢量网络分析仪采用扫频方式测得的反射系数 S_{11} 和传输系数 S_{21} 是电磁波在样品中多次反射和透射的叠加结果。基于 Nicolson 和 Weir 的理论可以推出，双端口网络的 S 参数与材料反射系数 Γ 和传输系数 T 的关系为：

$$S_{11} = \frac{(1 - T^2)\Gamma}{1 - \Gamma^2 T^2} \tag{7-7}$$

$$S_{21} = \frac{(1 - \Gamma^2)T}{1 - \Gamma^2 T^2} \tag{7-8}$$

通过式(7-5)至式(7-8)，我们可以推出：

$$\mu_r = \mu' - j\mu'' = \left(\frac{1+\Gamma}{1-\Gamma}\right)j\frac{\ln(T)}{2\pi d}\frac{c}{F} \tag{7-9}$$

$$\varepsilon_r = \varepsilon' - j\varepsilon'' = \frac{j\dfrac{\ln(T)}{2\pi d}\dfrac{c}{F}}{\mu} \tag{7-10}$$

其中 $F = \dfrac{\omega}{2\pi}$，因此通过同轴传输/反射法测试 S 参数可以反推出所测样品的电磁参数。

7.2.3.2 电磁波吸收性能

根据传输线理论，吸波材料与自由空间界面上的输入阻抗 Z_{in} 由材料的特征阻抗 Z_C 和终端阻抗 Z_L 决定，垂直入射情况下，Z_{in} 为：

$$Z_{in} = Z_C \frac{Z_L + Z_C \tanh(\gamma d)}{Z_C + Z_L \tanh(\gamma d)} \tag{7-11}$$

对于传输线理论，一般都是以金属为基板的单层涂层。由于理想金属电导率 $\sigma \to \infty$，Z_L 趋于 0。特征阻抗 Z_C 由等效电磁参数所决定，即 $Z_C = \sqrt{\mu_r/\varepsilon_r} Z_0$；传输常数 $\gamma = j\dfrac{2\pi f}{c}\sqrt{\mu_r \varepsilon_r}$，由以上可得：

$$Z_{in} = Z_0\sqrt{\mu_r/\varepsilon_r}\tanh\left(j\frac{2\pi fd}{c}\sqrt{\mu_r \varepsilon_r}\right) \tag{7-12}$$

吸波涂层的反射系数为：

$$\Gamma = \frac{Z_{in} - Z_0}{Z_{in} + Z_0} = \frac{\sqrt{\mu_r/\varepsilon_r}\tanh\left(j\dfrac{2\pi fd}{c}\sqrt{\mu_r \varepsilon_r} - 1\right)}{\sqrt{\mu_r/\varepsilon_r}\tanh\left(j\dfrac{2\pi fd}{c}\sqrt{\mu_r \varepsilon_r} + 1\right)} \tag{7-13}$$

一般用反射损耗 RL（分贝，dB）形式来表示涂层吸波性能：

$$RL = 20\log(|\Gamma|) = 20\log\left|\frac{Z_{in} - Z_0}{Z_{in} + Z_0}\right| \tag{7-14}$$

通常认为 $RL = -10$dB 是衡量吸波材料性能的分界点，因为 -10dB 代表了 90% 电磁波的吸收，吸波材料在 $RL < -10$dB 的频段代表着有效吸波频段。

7.3 单一组分磁性功能陶瓷吸波材料

铁氧体吸波材料是研究较多的一类吸波材料，按晶体结构的不同可分为立方晶系尖晶石型、六角晶系磁铅石型和稀土石榴石型 3 种。铁氧体的吸波性能来源于其既具有亚铁磁性又有介电性能。其相对磁导率和相对电导率均呈复数形式，它既能产生介电损耗又能产生磁滞损耗，吸波性能良好。铁氧体吸收电磁波的主要机制是畴壁共振和自然共振。在吸波应用中，主要应用的是尖晶石型。就目前而言，铁氧体材料已经进入实用化阶段，已广泛用于隐身技术，如美国的 B-2 隐形轰炸机的机身和机翼蒙皮最外层都是铁氧体涂层。虽然铁氧体吸波材料具有吸收强、频带较宽及成本低的优点，但其具有较大的密度和较低的居里温度及高温稳定性差的缺点，同时，铁氧体的 Snoek's 限制，在高频段范围内它们的吸波性能比较差，限制了其在特定环境中的广泛应用。当前研究人员通过控制铁氧体的微观结构、尺寸纳米化以及添加微量元素掺杂来改性铁氧体电磁吸波性能。

7.3.1 多样化结构的铁氧体（Fe_3O_4）吸波材料

Fe_3O_4 是最简单的铁氧体吸波材料，电磁吸波性能由材料的微观结构决定。以 Fe_3O_4 为例，重点介绍不同结构的 Fe_3O_4 电磁吸波性能。

兰州大学贺德衍课题组用简单的水热法制备了平均尺寸为 150nm 的 Fe_3O_4 纳米粉体，包含不同含量 Fe_3O_4 纳米粉体的石蜡基复合材料的复介电常数与磁导率随着纳米粉体含量的增加而增加。当 Fe_3O_4 纳米粉体体积分数是 30% 时，石蜡基复合材料厚度为 3mm，在 8.16GHz 条件下，最小反射损耗为 -21.2dB。值得一提的是，此 Fe_3O_4 纳米粉体磁损耗主要来源于自然共振现象。此外，他们课题组改进水热法，在低温条件下（90℃）制备了分散性优异的 Fe_3O_4 微球（平均尺寸 $1\mu m$）。当体积分数为 40% 的 Fe_3O_4 微球分散于石蜡基底时，在样品厚度为 4mm，频率为 4.67GHz 条件下，最小反射损耗是 -45.2dB。Fe_3O_4 的吸波性能既来源于介电损耗（Fe^{2+} 与 Fe^{3+} 之间的电子跃迁），也来源于磁损耗（自然共振）。

浙江师范大学童国秀等通过控制水热条件的溶剂比例（水与乙二醇的比例）制备出从几十纳米到微米级别的 Fe_3O_4 粉体，材料的电磁参数以及吸波性能与 Fe_3O_4 粉体有很大关系。从不同尺寸的 Fe_3O_4 粉体的电磁吸波性能可以看出，材料的尺寸影响着最终电磁吸波性能（吸收强度、吸波层厚度和吸收频率等）。

北京师范大学 Sun 等通过部分还原 $\alpha-Fe_2O_3$ 的方法制备了树突状 Fe_3O_4，并研究了树突状 Fe_3O_4 的电磁吸波性能，结果表明，树突状 Fe_3O_4 在低频下（<5GHz）表现出优异的吸波性能。当 Fe_3O_4 的样品厚度为 4mm 时，最优的反射损耗（-53.0dB）可以在 2.2GHz 下得到；当厚度为 3mm 时，双重反射损耗峰（3.3GHz，-24.6dB 和 16.6GHz，-10.4dB）可以得到。

兰州大学王涛课题组用水热法制备了微米级别的 Fe_3O_4 片，并研究了石蜡/Fe_3O_4 微片的电磁吸波性能。如图 7-4(a)、(b) 所示，可以观察到不规整的、尺寸分布不均匀的 Fe_3O_4 微片，然后用 $20\mu m$ 筛子过滤得到 Fe_3O_4 微片。过滤得到的 Fe_3O_4 微片与石蜡混合，研究在混合过程加定向磁场以及不加定向磁场条件下的反射损耗值。图 7-4(c)、(d) 展示了石蜡/Fe_3O_4 微片在混合过程加定向磁场以及不加定向磁场条件下的反射损耗值。在加磁场定向排列的条件下，样品的复介电常数与磁导率对应增加，得到增强的电磁吸波性能。在样品厚度为 2.9～3.5mm 时，可以在 1～3GHz 频率下得到优异的吸波性能，从而证实 Fe_3O_4 微片在外加磁场条件下，是理想的 L-S 波段的电磁吸波材料。

7.3.2 掺杂化的铁氧体吸波材料

对于铁氧体，现在最广泛的是掺杂一种或者多种铁族或稀土元素的复合氧化物。铁氧体是双重介质材料，具有磁吸收和介电吸收两种功能，其对电磁波的吸收方式主要通过极化效应和自然共振。下面简单介绍一些课题组对掺杂化的铁氧体吸波材料的研究结果。

华东理工大学王艳芹等合成了纳米镍铁氧体 $NiFe_2O_4$，相比较于微米镍铁氧体 $NiFe_2O_4$，纳米镍铁氧 $NiFe_2O_4$ 显示出优异的吸波性能，研究者把纳米 $NiFe_2O_4$ 材料的优异吸波性能归于空间电荷极化，电子原子极化，自然共振极化，纳米尺寸效应等。

北京理工大学的曹茂盛课题组制备了 $BiFeO_3$ 纳米材料并进行了一系列的元素取代掺杂，Y 元素取代掺杂，Ho 元素取代掺杂，Er 元素取代掺杂，La 元素取代掺杂，La/Nd 元素取代掺杂，Ca 元素取代掺杂，进一步研究了他们的磁性能以及在 X 波段的电磁吸波性能。结果表明，相比于纯的 $BiFeO_3$ 纳米材料，取代掺杂可以提高磁性能和吸波性能。图 7-5(a)～(e) 是纯

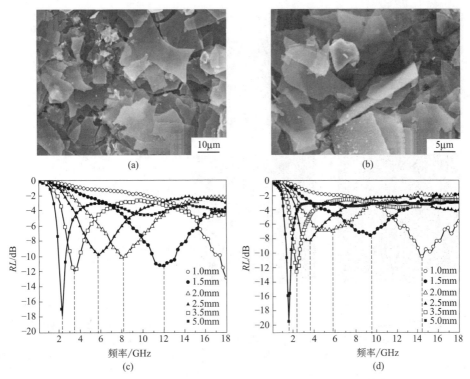

图 7-4 （a）、（b）不同放大倍数的 Fe_3O_4 微片；（c）没有磁定向
排列和（d）有磁定向排列的石蜡/Fe_3O_4 微片的反射损耗

$BiFeO_3$ 和 Ca 掺杂取代 $BiFeO_3$ 样品的晶体结构示意图，相比于纯 $BiFeO_3$，除了菱方结构外，新的四方结构也能在掺杂取代产物中观察到。掺杂取代后的样品由于菱方结构和四方结构的共存，通过调节晶体结构的边界，可以提高材料的复介电常数以及磁性能。此外，$Ca'_{Bi}-V''_O$ 偶极子对和缺陷的存在会增强材料在电磁辐射下的极化，进而会提高介电性能。图 7-5（g）～（i）是不同 $BiFeO_3$ 样品的反射损耗值，在 1.65mm 下，质量分数为 5% 的 Ca 掺杂取代的 $BiFeO_3$ 样品在 8.7～12.1GHz 有较强的吸收，同时有双吸收峰的出现。双吸收峰的出现是由于通过调节晶面边界处提升材料的阻抗匹配性和双 $\lambda/4$ 波相消物理原理的缘故。

钡铁氧体（$BaFe_{10}O_{19}$）是研究技术相对比较成熟的一种吸波材料，当前材料工作者主要集中于钡铁氧体的多元素掺杂取代。比如，在共沉淀的实验过程中 Zn、Co 和 Zr 阳离子掺杂 $[BaZn_xCo_xZr_{2x}Fe_{12-4x}O_{19}(x=0.0,0.1,0.2,0.3,0.4,0.5)]$，当 $x=0.5$ 时，最小反射损耗（-14dB）在 10 GHz 下可以得到。Co-Ti 共掺杂取代 $[BaFe_{(12-2x)}Co_xTi_xO_{19}(x=0.0,0.3,0.5,0.7,0.9)]$，当 $x=0.7$ 时，在样品厚度为 3.3mm 的条件下可以得到最大的电磁吸收（-25.15dB）。在高温固相合成过程中掺杂 Ca 离子 $[Ba_{1-x}Ca_xFe_{12}O_{19}(x=0.0,0.1,0.2,0.3,0.4)]$，$x=0.2$ 时，-30.8dB 反射损耗值可以在 8.5GHz 下观察到。通过自反应淬火过程掺杂 La 元素制备中空陶瓷微球 $[Ba_{1-x}La_xFe_{12}O_{19}(x=0.0,0.2,0.4,0.6)]$，当 $x=0.2$ 时，在最大吸收性能为 -30.81dB 下，有效的吸波频段为 4.4GHz。

中南大学邓联文等用溶胶-凝胶法制备了 W-型钡铁氧体 $Ba_1Co_{0.9}Zn_{1.1}Fe_{16}O_{27}$ 和 $Ba_{0.8}La_{0.2}Co_{0.9}Zn_{1.1}Fe_{16}O_{27}$ 两种粉体，研究表明掺杂后的钡铁氧体吸波性能比未掺杂的钡铁氧体吸波性能显著提高，这是因为 La 元素掺杂可以提高 Fe^{3+} 与 Fe^{2+} 之间的电子跃迁和材料的介电损耗，增强 Fe^{3+}—O—Fe^{3+} 之间的磁矩交换，使其磁饱和度增大，从而增大磁损耗。

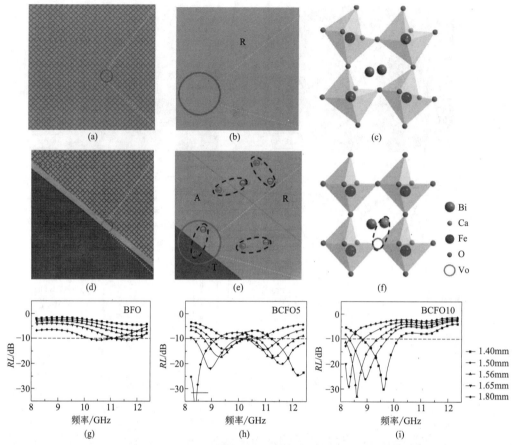

图 7-5 （a）~（c）$BiFeO_3$ 晶体结构的示意图；（d）~（f）Ca 取代掺杂取代
$BiFeO_3$ 晶体结构的示意图；（g）$BiFeO_3$；（h）质量分数为 5% 的 Ca 掺杂
取代的 $BiFeO_3$ 和（i）质量分数为 10% 的 Ca 掺杂取代的 $BiFeO_3$
样品在不同厚度下的反射损耗

  另外一种锶铁氧体（$SrFe_{12}O_{19}$）具有优异的热稳定、抗腐蚀性、高的电阻率、高的居里温度以及强的磁各向异性，在通信领域、微波设备以及磁记录中具有广泛的应用。台湾师范大学 K. Praveena 利用微波水热法制备了 Cr^{3+} 掺杂的 $SrCr_xFe_{12-x}O_{19}$（$x=0$，0.1，0.3，0.5，0.7 和 0.9）铁氧体，铁磁共振频率是 9.4GHz，随着 x 的值从 0 增加到 0.9 最强的电磁吸收从 $-16dB$ 减小到 $-33dB$。传统固相烧结制备了 Mn^{2+} 和 Ti^{4+} 掺杂的 $SrMn_xTi_xFe_{(12-2x)}O_{19}$（$x=0.5,1.0,1.5$ 和 2.0）铁氧体，当 $x=0.5$ 时，此类铁氧体可以屏蔽吸收 96.94% 电磁波能量。其他类似的掺杂有 Nd-Co 取代 $SrFe_{12}O_{19}$ 制备 $Sr_{1-x}Nd_xFe_{12-x}Co_xO_{19}$（$x=0\sim0.4$）铁氧体，Co-Zr 取代 $SrFe_{12}O_{19}$ 制备 $SrCo_xZr_xFe_{12-2x}O_{19}$（$x=0.0\sim1.0$）铁氧体，Co-Al 取代掺杂 $Ba0.5Sr_{0.5}Co_xAl_xFe_{12-2x}O_{19}$（$x=0.0$，0.2，0.4，0.6，0.8 和 1.0）铁氧体，Co-Y 掺杂取代制备 $Ba_{0.5}Sr_{0.5}Co_xY_xFe_{12-2x}O_{19}$（$x=0.0$，0.2，0.4，0.6，0.8 和 1.0）铁氧体，这些铁氧体的掺杂取代可以显著改变铁氧体的磁性能、铁磁共振频率、电磁参数、最终调节电磁性能。

7.3.3 磁性金属单质吸波材料

  除了铁氧体吸波材料外，由于高的饱和磁化强度和高频率的磁导率，Fe、Co、Ni 等磁性金属单质成为一种有效的电磁波吸收材料。然而，高的电导率引起的涡流效应会限制磁性金属单质在吸波材料领域的应用。但对于这些磁性金属单质来说，尺寸的纳米化以及结构的复杂化，可以在一定程度上提高材料的电磁波吸收性能。本节重点探讨了不同尺寸和不同结构的磁性金属 Ni 单质对电磁波吸收的影响。

7.3.3.1　磁性金属 Fe 单质

金属磁性材料具有高导电性，这使得高频的磁导率由于电磁波引起的涡流损耗而急剧下降。从纳米尺寸颗粒，到一维纳米线、二维片层以及三维球状等结构，均有利于作为电磁波吸收材料。因此，下面介绍几种不同尺寸和形状的磁性金属 Fe 对于吸波材料的应用。

日本大阪大学通过化学气相沉积方法合成了直径为 $70\sim200nm$，长度为 $20\sim50nm$ 的 Fe 纳米线，相对介电常数和磁导率与 Fe 纳米线的直径紧密相关，如图 7-6 所示。与 Fe 微米线或片状样品相比，在 $1\sim18GHz$ 范围内，纳米线表现出较强的磁共振峰值，表明纳米线对降低涡流损耗具有显著效果。

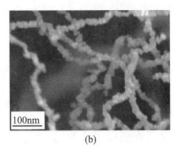

图 7-6　不同放大倍数的预合成的 Fe 纳米线的 SEM 图谱

韩国忠北国立大学通过使用磨碎机械机锻造球形铁粉，在含有薄片状铁颗粒的复合材料中可以获得高磁导率和介电常数，结果归因于磁导率的减小和磁导率的增加以及介电常数的空间电荷极化增加。然而，如果初始颗粒尺寸太小而不能渗透到皮肤深度，则观察不到渗透性增加的研磨效果，并且预测到低介电常数。如果颗粒尺寸太大，则由于强涡流损耗，磁导率值太小。如图 7-7 所示，为二维片层状和三维球状的磁性金属铁的 SEM 图谱。随着铁粒子的尺寸和形状受到控制，作为吸收填料，厚度可以减小到 1mm，相应的在 $1\sim2GHz$ 范围内可以减少 $-5dB$ 的反射损耗。

图 7-7　球状和片状对应的磁性金属铁 SEM 图谱

7.3.3.2　磁性金属 Co 单质

由于高饱和磁化强度和居里温度，多晶相 $[HCP(\alpha),FCC(\beta)$ 和 $BCC(\epsilon)]$，以及各种形态结构，例如花状钴颗粒、多层钴组件、树枝状钴，磁性金属钴受到了广泛的关注。众所周知，微波性能，特别是磁性能主要影响磁性材料的微波吸收。据研究，液相化学方法已成功开发用于制备一些 Co 超结构，主要包括球形、圆柱形和片状颗粒等。这些方法通常需要复杂的前驱体和/或表面活性剂，例如乙二酸四乙酯、甘油、柠檬酸钠、酒石酸钾钠和十二烷基苯磺酸钠。据了解，这些试剂不仅增加了生产成本，还引入了杂质，导致结构性能明显下降。因此，探究不需要使用表面活性剂或复杂前驱体的方法，而用于大规模制备纯相 Co 超结构是一个必然的趋势。

在这项工作中，北京科技大学通过液体还原法合成了具有三维分层结构的微米级枝晶状钴。对枝晶状钴进行了表征，结果表明枝晶状钴由棒状颗粒组装而成。基于 LLG 方程和交换共振模式，研究了钴树枝状晶体在 2～18GHz 频率范围内的微波性能。计算的最大反射损耗在 13.75GHz 时达到−58.60dB，匹配厚度为 1.4mm，同时，获得了 5.03GHz 的有效吸收带宽（11.34～16.37GHz），良好的微波吸收表明枝晶状钴具有潜在的微波吸收应用。

浙江师范大学童国秀采用简单的水热反应法，通过改变 NaOH 和水合肼的浓度成功制备了一维链状 Co 和由叶状薄片组成的三维花状 Co，其中，形态和晶相的演变与电极电位的变化密切相关，如图 7-8 所示。同时，不依赖于表面活性剂或复合前驱体。由于高的电导率和涡流损耗，花状 Co/蜡复合材料显示出优异的微波吸收性能，当吸波层厚度为 2.5mm 时，在 6.08GHz 观察到的最小反射损耗（RL）为−40.25dB。

图 7-8　Co 花的 SEM 图像

7.3.3.3　磁性金属 Ni 单质

（1）纳米尺寸的镍粒子　在之前的研究中，探讨了尺寸对 Ni 粒子电磁吸收性能的影响。从图 7-9(b)～(d) 可以看出，三个 Ni 粒子的厚度分别为 780nm、420nm 和 100nm。图 7-9(a) 表示三种厚度为 2mm 的 Ni 颗粒的电磁波吸收情况。我们发现，Ni-780 在 1～18GHz 频段对电磁波的吸收能力较弱；Ni-420 样品在 12.2GHz 下有一个强峰，最小反射损耗为−17.3dB，吸收带宽高达 3.2GHz（从 10.3GHz 到 13.5GHz）。与这两种镍样品相比，Ni-100 石蜡复合材料具有不同的反射损耗峰强和位置，在 9.3GHz 时的 RL 为−26.4dB，有效电磁波吸收频段为 8.3～10.1GHz。与 Ni-780 样品相比，Ni-420 和 Ni-100 样品具有更好的微波吸收性能，这是由于磁损耗和介电损耗之间具有良好的阻抗匹配和协同效应。此外，具有高密度的点缺陷（如空位）和悬空键的纳米镍粒子容易在电磁场中发生极化，同时纳米粒子的量子尺寸效应可能导致电子能的分裂，并伴随一个新的带隙的形成，也可以引起电磁能量的吸收。Wang 等报道了采用羰基铁电镀和模板腐蚀法制备中空镍球。中空镍球的复介电常数的实部（ε′）和虚部（ε″）随壳层厚度的增加先增大后减小，壳层最薄的样品复介电常数最低。对于复磁导率，随着壳体厚度的增加，共振峰先向低频移动，然后向高频移动。材料的吸波性能可以通过改变壳层的厚度来调节，在他们的研究中，当样品的厚度为 1.4mm 时，最低反射损耗值在 13.4GHz 时达到了−27.2dB。

（2）具有多层结构的镍粒子　如果我们设计具有多层复杂结构的镍粒子，可以得到导电性低的镍吸收体。多层复杂结构具有较高的各向异性以及较高的磁导率；此外，这种复杂的结构还能吸收电磁波，称为"结构吸收"。在接下来的部分，我们将重点研究一维（1D）、二维（2D）和三维（3D）复杂结构的镍粒子的电磁特性。

① 一维结构 Ni 粒子作为吸收体。利用外加磁场、表面活性剂和模板，通过湿化学方法合成一维结构 Ni 粒子，由于其优异的电磁性能而受到越来越多的关注。当一维结构 Ni 粒子作为吸波材料时，除了各向异性的形状会引起磁变化外，独特的一维结构可以作为天线接收点电荷，诱导点电荷耗散微波能量，同时也会引起定向极化损耗，从而吸收更多的电磁波。

一维结构 Ni 粒子，例如纳米线、纳米纤维、纳米链，是一种很有前途的电磁波吸收材

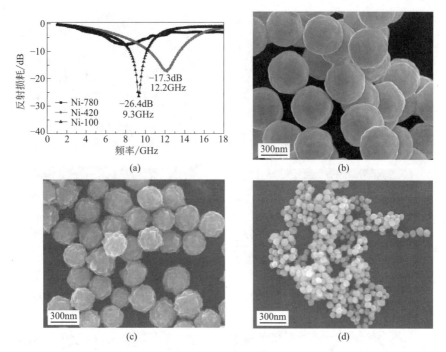

图 7-9 （a）Ni 蜡复合材料的 *RL*（dB）
频率依赖性的比较，厚度为 2mm；不同尺寸的 Ni 颗粒的
SEM 图像：（b）780nm，（c）420nm 和（d）100nm

料。在我们的团队中，用一种简便的溶剂热法制备了一维 Ni 链。测试的电磁参数表明，在 13.7～18.0GHz 的高频范围内，通过模拟 0.8～1.0mm 的厚度，有效吸收带宽可达 4.3GHz。当厚度为 0.8mm，最小 *RL* 值在 17.2GHz 时达到－19.9dB。优良的电磁波吸收性能主要是由于介电损耗，而不是磁损耗。

Gong 等在无模板或者外加磁场的情况下，通过水合肼还原 Ni^{2+}，在常压下制备了超细 Ni 纤维，并对 Ni 纤维的电磁性能进行了相应的研究。图 7-10 为不同 $NaOH/Ni^{2+}$ 摩尔比的反应体系在 70℃下得到的 Ni 纤维的典型 SEM 图像。在化学反应过程中，氢氧化钠的浓度对 Ni 纳米晶体的形核和生长有明显的影响。可以看出，较高的 NaOH/Ni 摩尔比，如 15 和 7.5，有利于制备平均直径约为 500nm，长度为 $50\mu m$ 的均匀镍纤维[图 7-10（a）、（b）]。相反，在较低的 $NaOH/Ni^{2+}$ 摩尔比下，得到较短的孪生 Ni 纤维 [图 7-10（c）]，在过低的氢氧化钠浓度下，球形/链状 Ni 粒子共存 [图 7-10（d）]。因此，表明 $NaOH/Ni^{2+}$ 的摩尔比为 7.5 时，Ni 纤维填充和 Ni 颗粒填充石蜡基复合材料对应的电磁波频率和吸收层厚度（1～5mm）以及相应的 *RL* 曲线如图 7-10（e）～（f）所示。可见，Ni 填充层的形貌对其电磁吸收行为有明显的影响。当吸收层厚度为 2.0mm 时，Ni 纤维填充石蜡基复合材料的 *RL* 值在 6.6～8.8GHz 时小于－10dB；当吸波层厚度为 3.0mm 时，在 4.8GHz 条件下对应的最小 *RL* 值可以达到－39.5dB[图 7-10（e）]。然而，Ni 颗粒填充复合材料[图 7-10（f）]在 2.0～18.0GHz 时的整个频段具有微弱的电磁波吸收频率。因此，可以总结出 Ni 纤维填充石蜡基复合材料具有优异的吸波性能可归因于电磁阻抗匹配。

Liu 等采用简便的湿法化学法制备了 Ni 链，并在合成过程中通过调节 PVP 的用量来调控 Ni 链的形貌。由 Ni 链构成的三维（3D）网状的复介电常数和磁导率，在 8.2～12.4GHz 频率范围和 323～573K 温度范围内对温度有很强的依赖性。介电常数和磁导率虚部的峰值

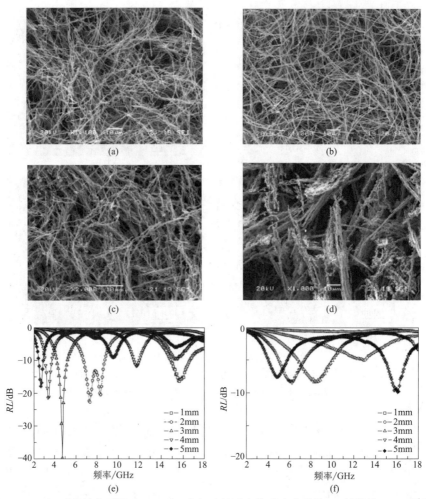

图 7-10　70℃下从具有不同 NaOH/Ni 摩尔比的反应体系中获得的 Ni 纤维的 SEM 图像：
(a) 15，(b) 7.5，(c) 2.0 和 (d) 0.4；具有不同厚度的 Ni 纤维填充（e）和
Ni 颗粒填充（f）石蜡基复合材料的 RL

主要来源于界面极化和共振[图 7-11(e)]，分别与介电损耗和磁损耗有关。图 7-11(a)～(c)显示了质量分数为 30%、40% 和 50% 的 Ni 链对应的 RL 值随频率和厚度变化的三维图。与质量分数为 30%、40% 的试样相比，50% 的试样具有较好的电磁波吸收性能。通过调节温度，最小 RL 值可以达到约 -50dB，有效频带的宽度明显扩大。图 7-11(d) 为温度范围在 323～573K 和 X 波段（厚度范围为 1～5mm）的最大吸收量的三维条形图。结果表明，质量分数为 50% 的试样的最大电磁波吸收能力明显优于其他试样，尤其是在 373K 时。

② 二维结构 Ni 作为吸收体。对于铁磁吸收体，据报道，二维结构，如片状结构，可以引起较高的形状各向异性，这有利于电磁波吸收。然而，据我们所知，二维结构镍粒子的电磁特性在文献中几乎没有。Wang 等通过还原反应体系制备了六边形 Ni/Ni(OH)$_2$ 异质结构板。在图 7-12 中，Ni/Ni(OH)$_2$ 六角形平板与光滑的链和环相比，微波吸收增强是由于磁损耗和介电损耗的协同作用。其中，由于几何效应和点放电效应，海胆状 Ni 链的电磁波吸收性能优于其他合成的样品。

③ 以三维结构镍为吸收体。人们普遍认为，形貌对 Ni 样品的微波吸收性能起着至关重要的作用。特别是三维层次复杂的结构，例如花状、海胆状、八面体等，这些会造成形状各

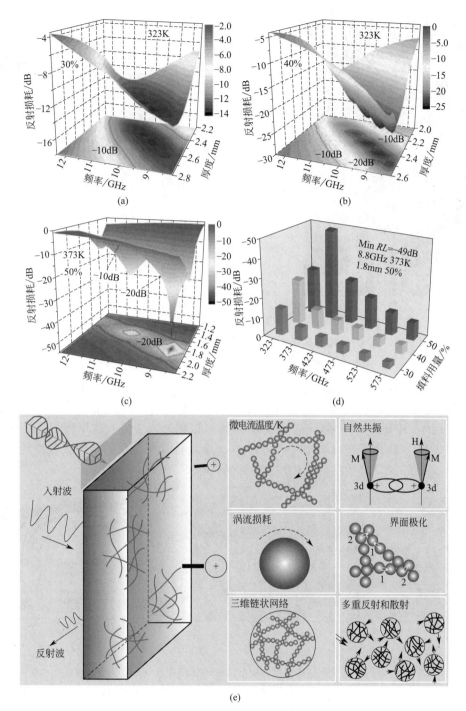

图 7-11　(a)～(c)分别为具有 30％,40％和 50％质量分数的 3D 镍链网载荷的样品的
RL 与频率和厚度的 3D 图；(d)所有样本的最低 *RL* 的 3D 图；(e)3D 镍链网中微电流、微涡流、自然共振、
介电极化和微波传播的示意图

向异性进而来调控磁导率。另一方面，这些特殊的结构会引起"结构吸收"，限制材料的电磁波吸收，从而延长传播路径，消耗更多的电磁能量。

　　我们采用一种不受表面活性剂或磁力影响的简单溶剂热法合成了叶片状组成的镍花结构［图 7-13(a)、(b)］。用复介电常数($\varepsilon_r = \varepsilon' - j\varepsilon''$)和磁导率($\mu_r = \mu' - j\mu''$)判定花状 Ni/石蜡复

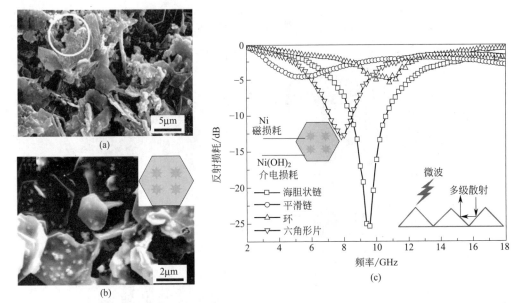

图 7-12　(a)1.5h 和(b)3h 反应后的六方晶 Ni/Ni(OH)$_2$ 板
在 2~18GHz 的频率范围内，样品厚度为 2mm 的不同形状的样品的
SEM 图像［右边插图是六方晶系 Ni/Ni(OH)$_2$ 异质结构板的方案］

合材料的电磁吸波性能。结果表明，含质量分数为 70％的 Ni 花的石蜡基复合材料具有良好的电磁波吸收特性，吸波层厚度为 2.0mm 时样品的最佳反射损耗在测试频率为 13.3GHz 处为 −46.1dB，其有效吸收（低于 −10dB）带宽可以通过改变吸收体厚度（1.8~6.0mm）在 2.5~16.4GHz 频率下进行调整［图 7-13(c)］。该复合材料优良的微波吸收性能是由于介电损耗而不是磁损耗，其独特的花状结构也起重要作用。

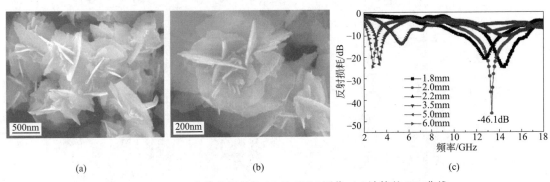

图 7-13　(a),(b)花状分层结构 Ni 的 SEM 图像；(c)计算的 RL 曲线
取决于 2.0~18.0GHz 频率范围内花状 Ni/石蜡复合材料的厚度

Tong 等报道了一种制备亚微米尺寸八面体 NiO 的简便无模板、一步水热分解方法，通过对八面体 NiO 在不同温度下进行 H$_2$ 退火，很容易得到具有可控结晶和纹理特征的八面体 NiO，其电磁特性与其微观结构密切相关。图 7-14 为不同温度下八面体 Ni 的电磁波吸收特性。多孔的八面体 Ni 粉在 300℃形成，当体积分数为 3％时，RL 值低于 20dB（对应于 99％反射损耗）在吸收体厚度为 4.0~10mm 时所对应的频率在 3.04~8.49GHz 范围内，吸波层厚度为 5.0mm 时样品的最佳反射损耗在测试频率 6.64GHz 处为 −30.99dB。当体积分数提高到 4％时，具有良好的电磁吸波性能，在 12.80GHz 时 RL 值最小为 −37.93dB，

匹配厚度为 2.5mm[图 7-14(b)]；此外，低于 −20dB 的频带在 3.20～5.20GHz 和 8.40～18.00GHz 处。然而，随着体积分数提高到 5% 时，电磁吸波性能下降，这是自由空间阻抗与输入阻抗不匹配造成的［图 7-14(c)］。350℃ 制备的多孔八面体 Ni 粉体，在体积分数为 3% 时获得了最佳的吸波性能［图 7-14(d)］。带宽（RL 低于 −20dB）为 8.24GHz，最小的 RL 值在 8.80GHz 下达到 −40.44dB。与上述多孔八面体 Ni 相比，实体八面体 Ni 和球形 Ni 具有较弱的电磁波吸收性能［图 7-14(e)、(f)］。

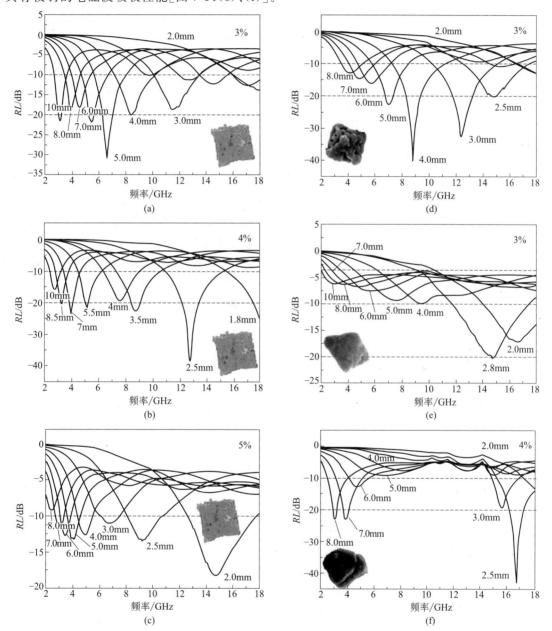

图 7-14　含有八面体 Ni 的石蜡基复合材料的 RL 曲线，该复合材料在不同温度下
产生不同的体积分数：(a)～(c)300℃；(d)350℃；(e)450℃；(f)700℃

同时，作者还研究了八面体 Ni 的电磁吸波机制。多孔八面体纳米材料在增强介电常数和介电损耗方面表现出不同于实体八面体和球形样品的特性。有以下几个原因：①多孔纳米

结构可以诱导孔内微电流的振动，从而提高导电损耗；②在基体中自由分布的八面体纳米材料可以引起多次散射，进一步衰减电磁波；③八面体形状可以作为各向同性的准天线，这促使了电磁波的吸收。上述的电磁能量进一步转化为耗散电流，并在不连续网状结构中消耗。

7.4 多重组分磁性金属/氧化物吸波材料

前面主要讨论单一相铁氧体和磁性单质的电磁吸波材料，但是当前的电磁吸波材料的要求促使材料进一步复合化以及智能化，需要多相材料的相互协同作用，达到性能的最大化。

一方面，金属磁性材料由于具有较大的饱和磁化强度以及更高的 Snoek 极限，其共振频率在 GHz 频段内，远超越铁氧体类；另一方面，磁性金属也是一种双重损耗机制的吸波材料。此类磁性金属材料虽然表现出优异的吸波性能，但是他们都有致命的缺点：易于氧化，同时由于是金属，优异的导电性会引起涡流损耗，导致磁导率急剧地下降，这种现象又叫趋肤效应，趋肤深度可以由公式 $\delta = \sqrt{\dfrac{1}{f\pi\mu\sigma}}$ 计算所得。从公式中可知，趋肤深度与磁导率、电导率以及频率的开方成反比关系。一般对于 Fe、Co、Ni 这些磁性金属来说，趋肤深度在 GHz 下是 $1\mu m$，也就是说，如果磁性金属的样品尺寸大于 $1\mu m$，电磁波只是与样品表面 $1\mu m$ 深度的部分相互作用。因此，必须解决磁性金属的趋肤效应的问题，才能更好地利用磁性金属。现在有两种方法：一种是磁性金属的尺寸纳米化以及结构的复杂化，但是此种方法的一个缺点是不能解决磁性金属易氧化的特点；另外一种是与其他材料的复合化，制备成特殊的核壳结构、蛋清结构、多孔结构等来增强磁性金属的电磁吸波性能。下面主要介绍此类磁性金属 Co、Fe、Ni 以及合金与其他氧化物复合的电磁吸波材料的研究进展。

7.4.1 磁性金属 Co/氧化物吸波材料

哈尔滨工业大学甄良课题组研究了 SiO_2 壳生长于树突状 Co 复合材料的电磁吸波性能，SiO_2 壳的存在可以提升 Co 物质的抗氧化性以及提高复合材料的阻抗匹配性，增强电磁波的吸收。此外，通过金属钝化过程制备了纳米孔 Co/CoO 复合材料，并研究其电磁吸波性能。当吸波厚度仅为 1.3mm 时，其最优吸波性能可以达到 $-90.2dB$，并且其有效吸波频段（反射损耗小于 $-10dB$）为 7.2GHz，其优异性能主要是微孔结构存在的缘故。同时，通过两步法（水热法和煅烧法）成功制得由大量超薄片状结构组装而成的三维复杂多孔结构 Co/CoO。因多孔和复杂结构的存在、材料的阻抗匹配性，以及电磁激发下、多重散射和反射的存在，此三维多孔 Co/CoO 表现出优异的电磁吸波性能。他们课题组利用 MOFs 前驱体材料也制备了 Co/TiO$_2$ 纳米复合材料，此纳米复合材料的电磁吸波性能与外层 TiO$_2$ 含量有密切关系。此外，我们课题组也研究了三维花状 Co/CoO 中，蓬松海绵状 Co/CoO 以及多孔一维 Co/CoO 结构的电磁吸波性能，由于特殊形貌，以及核壳结构和多孔结构的存在，材料的阻抗匹配性以及界面极化显著增强，最终得到较强的电磁吸波性能。值得一提的是，如图 7-15 所示，在核壳结构三维花状 Co/CoO 中，由于双相 FCC 和 HCP 金属 Co 的存在，在电磁激发下，界面极化程度更强，更有益于电磁吸收。

7.4.2 磁性金属 Fe/氧化物吸波材料

相比于 Ni 和 Co 磁性金属，Fe 金属的磁损耗更大，吸波性能更强，但是 Fe 的化学反应活性更强，更易于氧化，在实际应用中，需要防止 Fe 的氧化，可与其他物质进行复合，最简单的复

合物质是无定形 SiO_2。由溶胶-凝胶法制备的无定形二氧化硅包覆于不同形貌 Fe 物质（颗粒状、棒状、片状以及立方体）的复合材料的电磁吸波性能研究表明，相比于未包覆的 Fe，核壳结构 Fe/SiO_2 物质的抗氧化性以及电磁吸波性能显著提高。兰州大学李发伸课题组通过球磨法制备了纳米片状 Fe，然后利用溶胶-凝胶法在 Fe 纳米片上包覆 20nm 厚的 SiO_2［图 7-16（a）～（c）］。由于 SiO_2 层物质的存在，复合材料的复介电常数减小，进而提高材料的阻抗匹配性，同时，较强和宽的磁损耗，使其具有优异的电磁吸波性能［图 7-16（d）］，有效的吸波频段（反射损耗小于 −20dB）可以在

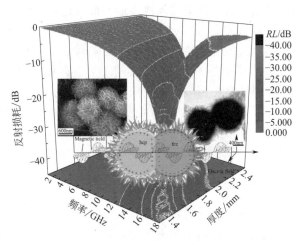

图 7-15　花瓣状 Co(FCC 和 HCP)-CoO
复合材料不同厚度下的三维反射损耗

3.8～7.3GHz 之间得到。此外，研究人员也报道了蛋黄结构的 Fe/空/SiO_2 复合材料的电磁吸波性能，相比于纯 Fe 物质，复合材料的吸波性能有显著提升。

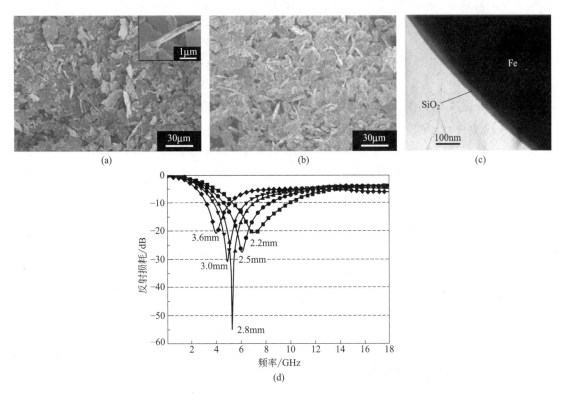

图 7-16　（a）片状 Fe 扫描电镜图；（b）核壳结构 Fe/SiO_2 扫描电镜图；
（c）核壳结构 Fe/SiO_2 透射电镜图；（d）不同厚度下的核壳结构 Fe/SiO_2 的反射损耗

　　研究人员用不同的方法制备了 Fe/ZnO 复合材料，并研究了他们的电磁吸波性能，相比于单一材料（Fe 或者 ZnO），复合材料由于具有介电损耗（ZnO 物质）和磁损耗（Fe 物质）以及复合界面的存在，电磁吸波性能有显著提高。不同比例的 Fe 与 MnO_2 的复合材料通过

机械球磨制得，其电磁吸波性能与混合比例密切相关，通过调节两种物质的混合比例，此复合材料在 S 波段（2~4GHz）和 C 波段（4~8GHz）有优异的电磁吸波性能。Fe/Fe_3O_4 复合材料通过控制水热过程中 pH 值来制得，当吸波厚度为 2mm 时，反射损耗小于 $-10dB$ 的频段可以在 8.7~15.0GHz 之间得到。此外，研究人员探究了不同质量比的 Fe 与 $BaTiO_3$ 复合材料的电磁吸波性能，随着 Fe 含量的增加，复合物的电磁吸波往低频移动。大连理工大学董星龙等用放电-电弧法制备了一系列核壳结构 Fe 基（$Fe/TiFe_2O_4$、$Fe/MnFe_2O_4$ 和 Fe/Al_2O_3）纳米复合材料，最有意思的是，由于阻抗的匹配性和核壳结构的界面耦合，这些 Fe 基复合材料可以有效地在固定频段下调控。

7.4.3 磁性金属 Ni/氧化物吸波材料

镍基吸收材料的目标都是为了实现具有较强的吸波能力和较宽的吸波频带。由于高的饱和磁化强度和高频率的磁导率，铁磁镍（Ni）成为一种有效的电磁波吸收材料。然而，高的电导率引起的涡流效应会限制铁磁镍（Ni）在磁性功能陶瓷复合材料领域的应用。为了解决这个问题，探讨了分层结构设计和复合设计两种有效的方法。为了增强其电磁吸收性能，在镍基功能陶瓷复合材料（镍/金属、镍/高分子、镍/半导体、镍/碳材）中引入了核壳结构、蛋黄结构和中空多孔结构。特别是与碳质材料（CNTs 或石墨烯）结合，镍@碳三元或四元甚至更多相的功能陶瓷复合材料将成为设计高效电磁波吸收能力的一个全新的领域。

关于 Ni/氧化物复合材料的吸波研究有很多报道，比如 Ni/SiO_2，Ni/ZnO，Ni/TiO_2，Ni/CuO，Ni/Al_2O_3，Ni/MnO_2，Ni/Ni_2O_3 和 Ni/SnO_2 复合材料。在这些核壳结构 Ni 基复合材料中，磁性 Ni 作为核物质，可以增强磁导率和磁损耗；氧化物材料作为壳物质，一方面可以作为介电极化中心，另一方面可以减轻复合材料的电导性提高材料的阻抗匹配性。

7.4.3.1 Ni 微球与 SiO_2 纳米复合材料的制备工艺及吸波性能研究

（1）颗粒尺寸均匀的 Ni 微球的制备 磁性金属 Ni 被广泛地应用到催化、磁记录、磁成像以及电磁吸波等领域，因此材料工作者用许多方法制备了形貌各异以及可控的 Ni 微纳米结构。本实验用最简单的液相化学还原法制备了分散性优异、颗粒尺寸均匀的 Ni 微球，具体实验过程如下：首先将 1.2g $NiCl_2·6H_2O$ 和 0.3g 柠檬酸三钠添加到 60mL 1,2-丙二醇中，磁力搅拌 1h 使其溶解；然后将 3.0g 无水乙酸钠加入上述混合溶液，磁力搅拌 0.5h 使其溶解；接着将 6.0mL 水合肼滴入混合液中，缓慢搅拌使其均匀；最后，将上述混合液移入到聚四氟乙烯内衬反应釜中，密封放入预先升温好的鼓风干燥箱中，140℃下，保温 15h；反应结束后，沉淀在反应釜底的黑色物质经过水洗，醇洗，离心过滤，真空干燥收集，为后续实验做准备。在此实验中，柠檬酸三钠和无水乙酸钠是作为分散剂和缓冲剂添加使用的，所制备的 Ni 粉体分散性优异、尺寸均匀。同时，柠檬酸三钠的柠檬酸根离子吸附在 Ni 颗粒的表面，有益于后续的 SiO_2 沉积、生长于 Ni 球表面。

图 7-17(a) 是所制得的黑色物质的 XRD 图谱。从图中可知，三个明显的衍射峰对应于面心立方（FCC）结构的 Ni 物质的（111）、（200）和（220）晶面，这与标准 PDF 卡片编号 04-0850 相一致。同时，并没有发现其他的衍射峰，从而证明所制得的物质是纯的单一 Ni 物质。为了进一步证实所得的产物是纯的单一 Ni 物质，用 X 射线能谱来表征黑色产物，如图 7-17 (b) 所示，从图中可知黑色物质只有单一的 Ni 元素，进而证明所得黑色物质是纯的单一晶体 Ni 物质。图 7-17 (c) 是所制得的 Ni 产物的扫描电镜图（SEM），可以看出所制得的 Ni 是球形的，其尺寸大小大约为 $1.0\mu m$，而且 Ni 球分散性较好，尺寸比较均一。此制备的尺寸均一、分散良好的 $1.0\mu m$ 镍球是后续复合材料制备的模板和前驱体。

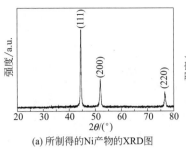
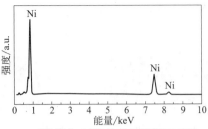
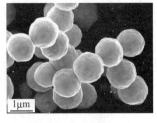

(a) 所制得的Ni产物的XRD图　　(b) 所制得的Ni产物的X射线能谱(EDS)图　　(c) 所制得的Ni产物的扫面电镜图

图 7-17　所制得 Ni 产物的 XRD、EDS 和扫描电镜图

（2） **Ni/SiO₂ 核-壳微球的合成**　先将制备的 Ni 微球（0.2g）分散在乙醇（120mL）、水（30mL）和氨水（6mL）的混合物中。然后，逐滴加入正硅酸乙酯（5.3mL），并在室温下搅拌 8h。最终产物 Ni/SiO₂ 微球用蒸馏水和乙醇洗涤 5 次，并在 60℃下真空干燥 10h。

（3） **Ni/SiO₂ 复合材料的性能分析**　由于绝缘体 SiO₂ 的存在，核壳结构 Ni/SiO₂ 复合微球相比于纯的 Ni 球，热稳定性提高了 200℃左右。图 7-18 展示了不同吸波厚度下的 Ni/SiO₂ 石蜡基复合材料的反射损耗，当吸波涂层仅为 1.5mm 时，最优的反射损耗可以达到 -40.0dB（99.99％的电磁吸收），而且有效的吸波频段（反射损耗小于 -10dB）可以在 3.1~14.4GHz 范围内调节。Ni/SiO₂ 复合材料优异的电磁吸波性能来源于强的电磁耗散能力、德拜极化弛豫、表面极化以及介电损耗和磁损耗的协同效应。

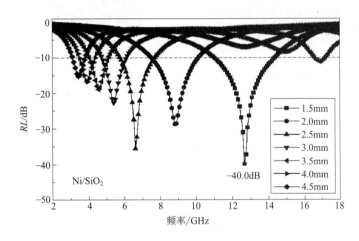

图 7-18　不同吸波厚度下的 Ni/SiO₂ 的微波吸收性能

7.4.3.2　Ni 微球与 TiO₂ 纳米复合材料的制备工艺及吸波性能研究

TiO₂ 由于具有多重晶型结构，更易于表现出界面极化以及偶极子极化等特点，被广泛应用于电磁吸波领域。

（1） **Ni 微球与 TiO₂ 纳米复合材料的制备**　首先，利用之前合成 Ni 微球的实验方案，将制备的 Ni 微球（0.05g）分散在 1,2-丙二醇（50mL）中，然后加入氨水（NH₃·H₂O，6mL），轻轻搅拌 20min 后，向溶液中加入原钛酸四丁酯（TBOT，2mL），之后将混合物转移到高压釜中，并在 200℃下保持 15h。最后，用蒸馏水和乙醇洗涤产物，并在 60℃下真空干燥过夜。为了便于讨论，将所获得的 Ni/TiO₂（锐钛矿）表示为 Ni-A。

（2） **Ni/TiO₂（金红石）核-壳复合材料的制备**　将原样的 Ni-A 微球在 1000℃ Ar 气保

护下退火 2h，得到 Ni/TiO$_2$（金红石）复合颗粒。其中，Ni/TiO$_2$（金红石）复合颗粒表示为 NiR。

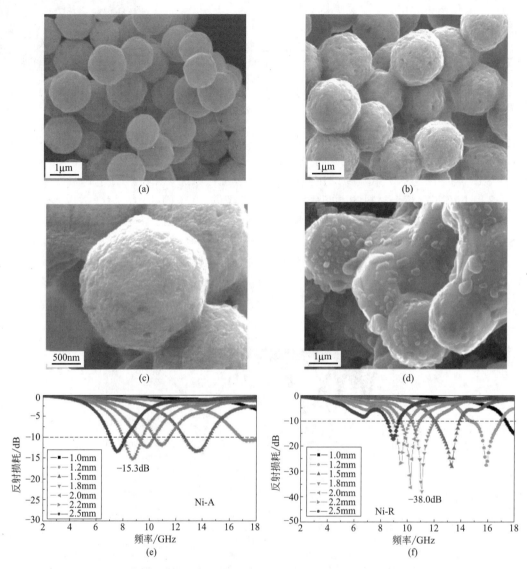

图 7-19　(a) Ni 微球的 SEM 图像；(b)，(c)Ni-A 复合物的 SEM 图像和(d)Ni-R 复合物的 SEM 图像；模拟不同厚度与频率的(e)Ni-A 和(f)Ni-R 石蜡复合材料的 *RL*

（3）　Ni 微球与 TiO$_2$ 复合材料的吸波性能研究　核壳结构的 Ni/TiO$_2$（两种晶体结构，锐钛矿和金红石结构）复合材料通过溶剂热以及高温煅烧制备。如图 7-19(a)～(d)所示，相比于纯的 Ni 球，包覆后的复合微球表面粗糙，证实了 TiO$_2$ 壳层物质生长于 Ni 球表面。对比 Ni-A 和 Ni-R 两种复合材料[图 7-19(e)～(f)]，Ni-R 表现出更优异的电磁吸波性能，吸波厚度为 1.8mm 时，最强吸收为−38.0dB，并且，当吸波厚度为 1.0～2.5mm 时，有效吸波（反射损耗小于−10dB）可以达到 9.5GHz，此类增强的电磁吸波性能主要由于多重界面极化、高的金红石导热性能。此外，相对于锐钛矿型 TiO$_2$/Ni 核壳结构，我们也研究了不同锐钛矿 TiO$_2$ 含量以及锐钛矿 TiO$_2$ 结晶程度对 Ni/TiO$_2$ 复合材料的电磁吸波性能的影响。

7.4.3.3　Ni 微球与 ZnO 纳米复合材料的制备工艺及吸波性能研究

由于质轻、半导体特性以及可以大规模生产的优点，ZnO 近年来也被广泛地应用到电磁吸波领域。

（1）Ni 微球与 ZnO 纳米复合材料的制备　首先，利用之前合成 Ni 微球的实验方案，将 0.05g Ni 微球分散在 60mL H_2O 中。然后，将乙酸锌 $[Zn(CH_3COO)_2 \cdot 2H_2O, 0.45g]$ 和一定量的氨水引入到上述混合物溶液中，剧烈搅拌 30min。将反应混合物转移到聚四氟乙烯不锈钢高压釜中，并在 120℃ 下保持 15h，自然冷却至室温。最后，通过离心收集沉淀物，分别用蒸馏水和无水乙醇洗涤数次，并在真空烘箱中 60℃ 干燥 12h。

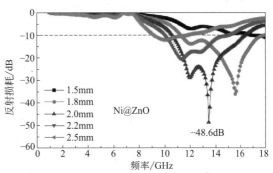

（2）Ni 微球与 ZnO 纳米复合材料的吸波性能研究　在水热制备过程中，氨水的含量决定着 Ni/ZnO 复合材料的形貌，ZnO 多面体包裹 Ni 的复合材料由于具有强的介电损耗、磁损耗、多重界面极化以及合适的阻抗匹配性，因此表现出优异的电磁吸波性能。如图 7-20 所示，在吸波厚度为 2.0mm 时，最强的电磁波吸收为 －48.6dB，并且有效的吸波频段（反射损耗小于 －10dB）为 6.0GHz。

图 7-20　不同吸波厚度下的 Ni/ZnO 的微波吸收性能

7.4.3.4　Ni 微球与 CuO 纳米复合材料的制备工艺及吸波性能研究

（1）CuO 纳米薄片的合成　将 $CuCl_2 \cdot 2H_2O$（0.36g）溶于蒸馏水（60mL）和氨水（2mL）的混合物中，连续搅拌 30min。将最终混合物转移到聚四氟乙烯高压釜中，并在 150℃ 下加热 15h。之后，通过乙醇和水洗涤 6 次收集产物。

（2）CuO 包裹 Ni 核-壳复合材料的合成　利用上述制备 Ni 微球的实验方案，首先将制备的 Ni 微球（0.05g）和 $CuCl_2 \cdot 2H_2O$（0.36g）分散在蒸馏水（60mL）中。其次，将氨水（2mL）加入溶液中，然后将所得溶液转移到聚四氟乙烯高压釜中密封，并在 150℃ 下加热 15h 并冷却至室温。最后，通过离心分离最终产物，用蒸馏水和乙醇交替洗涤数次，并在 60℃ 下真空干燥。

（3）Ni 微球与 CuO 复合材料的吸波性能研究　我们采用简单的两步法合成了 Ni 微球 CuO 纳米微球的分层异质结构，并将 CuO 微球致密地沉积在 Ni 微球表面（图 7-21）。与单纯的镍相比，包裹在壳层上的 CuO 的隔离作用，使得核壳结构 Ni/CuO 复合材料展现了较好的抗氧化性能。与原始 Ni 微球或者 CuO 纳米晶体相比，Ni/CuO 复合材料具有更好的电磁吸收性能。此外，CuO 的含量对 Ni/CuO 复合材料的电磁耗散能力起着至关重要的作用。在 0.017mol/L Cu^{2+} 条件下制备的 Ni/CuO 异质结构具有最佳的电磁波吸收性能。最小

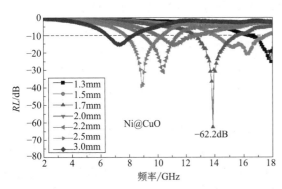

图 7-21　不同吸波厚度下的 Ni/CuO 的微波吸收性能

RL 值在 13.8GHz 时达到 -62.2dB, 厚度仅为 1.7mm[图 7-21]。通过调节吸波体的厚度 1.3~3.0mm, 有效吸收频带 (-10dB 以下) 在 6.4~18.0GHz 范围波动。

7.4.3.5 Ni 微球与 SnO₂ 纳米复合材料的制备工艺及吸波性能研究

（1）纳米 SnO₂ 颗粒的制备　主要是水热条件下，锡酸钾的分解，具体如下：2mmol 锡酸钾添加到 24mL 1,2-丙二醇和 36mL 去离子水混合液中，磁力搅拌 30min 使其溶解；然后将 3.6g 尿素加入上述混合溶液中，磁力搅拌 20min 使其溶解；接着将上述混合液移入聚四氟乙烯内衬反应釜中，密封放入预先升温好的鼓风干燥箱中，200℃下，保温 15h；最后，当反应结束时，沉淀在反应釜底的物质经过水洗、醇洗、离心过滤得到纳米 SnO₂ 颗粒。

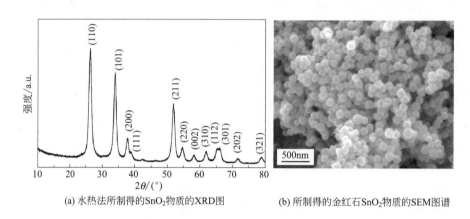

(a) 水热法所制得的SnO₂物质的XRD图　　　　(b) 所制得的金红石SnO₂物质的SEM图谱

图 7-22　所制得的 SnO₂ 的 XRD 和 SEM 图

所制得的产物晶体结构由 X 射线衍射仪检测。如图 7-22（a）所示，XRD 图谱上所有的衍射峰与金红石结构的 SnO₂（PDF♯41-1445）的衍射峰相一致，从而证实所得产物是金红石结构的二氧化锡物质，属于 P42/mnm 空间群，D_{4h} 点群，晶胞参数 $a = 4.738$Å，$c = 3.187$Å。此外，没有其他衍射峰的出现，证明此种方法所获得的 SnO₂ 物质是单一物质。金红石结构二氧化锡物质的表面形貌由扫描电子显微镜观察，如图 7-22（b）所示，所得 SnO₂ 产物是大小大约为 80nm 的球形颗粒。此外，球形颗粒的表面比较粗糙，由于是纳米尺寸，表面能较高，所有颗粒都有团聚的趋势。

（2）机械混合 Ni 微球与纳米 SnO₂ 颗粒产物的吸波性能研究　称量相同质量的 Ni 微球（与上述 Ni 微球制备方案一致）和纳米 SnO₂ 颗粒，在玛瑙坩埚中机械混合均匀。为了研究机械混合的复合物电磁吸波材料，称量质量分数为 50% 的机械混合物与石蜡混合，通过模压法制成同轴环状，内、外径分别为 3.04mm 和 7.00mm，厚度为 2.00mm 左右。通过传输线法在矢量网络分析仪上测试得出材料的电磁参数（复磁导率 $\mu_r = \mu' - j\mu''$，复介电常数 $\varepsilon_r = \varepsilon' - j\varepsilon''$），进而用公式计算模拟出材料的反射损耗来衡量材料的吸波性能。

图 7-23、图 7-24 和图 7-25 分别是纯 Ni 微球的电磁参数和微波吸收性质、纯纳米 SnO₂ 颗粒的电磁参数和微波吸收性能、机械混合 Ni 微球和纳米 SnO₂ 颗粒复合物的电磁参数和微波吸收性能。对比纯 Ni 微球和纳米 SnO₂ 颗粒（图 7-23 和图 7-24），可以发现，通过简单机械混合的 Ni 微球和纳米 SnO₂ 颗粒复合物的吸波性能有一定的提高（图 7-25），其主要原因是复合物结合了磁损耗和介电损耗的双重损耗机制。从图 7-23(a)、图 7-24(a) 和图 7-

25(a) 可知，混合物的介电损耗（ε''）比纯 Ni 微球和纳米 SnO_2 颗粒要大，再加上 Ni 的磁损耗（μ''），从而使混合物的电磁吸波性能有所提高。

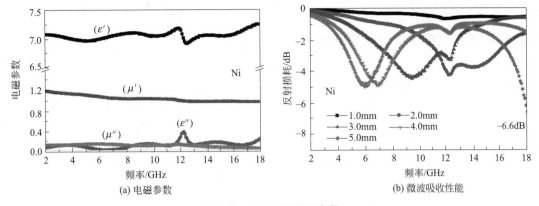

图 7-23　纯 Ni 微球的参数

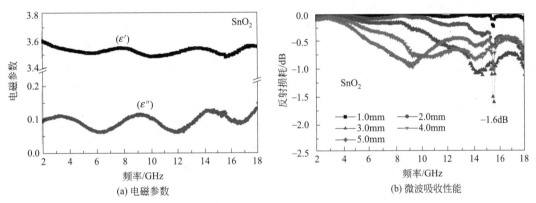

图 7-24　纯纳米 SnO_2 颗粒的参数

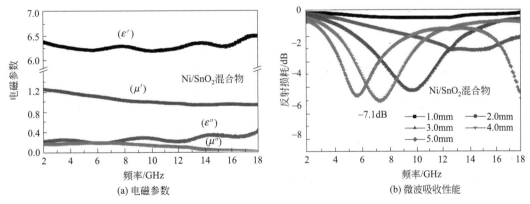

图 7-25　Ni/SnO_2 复合物的参数

对于纯纳米 SnO_2 颗粒，因为是一种介电材料，其磁导率 $\mu_r=1$，所以在这里仅仅展示了 SnO_2 的复介电常数[图 7-23(a)]。同时可以发现，在不同吸波涂层的厚度下，大约在 16GHz 频率下，都有一个峰值[图 7-23(b)]，从而可以说明 SnO_2 的电磁本征吸收峰在 16GHz 左右。对于纯 Ni 微球来说[图 7-23(a)]，虽然也有双重的损耗机制，但是其介电损耗比混合物小，同时较大的介电常数和较小的磁导率，会导致材料的阻抗匹配性减弱，从而使其电磁性能弱于机械混合物。图7-25（b）是不同吸波涂层厚度下，混合物在2～18GHz频率的反射损耗值，其最小的反射损耗是−7.1dB。同时可以发现，随着吸波涂层厚度的增加，其吸波峰值逐渐向低频移动，此现象可以用1/4波长的奇数倍来解释。

7.4.3.6 不同结构 Ni/SnO₂ 复合材料

SnO_2 是一种研究广泛的半导体材料，在催化、气敏、光电等领域应用广泛，类似于ZnO物质，将会是一种极具竞争力的电磁吸波材料。我们课题组用水热沉积法制备了核壳结构的 Ni/SnO_2 复合材料，壳物质 SnO_2 的含量可以精确调控，相比于纯的 Ni 物质，核壳结构 Ni/SnO_2 表现出增强效果的电磁吸波性能。这些优异的电磁吸波性能来源于好的阻抗匹配性、几何尺寸效应、介电损耗和磁损耗的协同效应、多重极化共振以及界面极化。此外，我们通过液相还原以及酸腐蚀两步法制备了多孔中空结构的 Ni/SnO_2 复合材料，研究发现腐蚀过程中温度对最终产物的形貌以及晶体结构有显著影响。对于中空多孔结构 Ni/SnO_2 复合材料，其在吸波厚度为1.7mm条件下的最优吸波性能为−36.7dB，其有效吸波频段为3.4GHz（10.6～14.0GHz），优异的性能主要是因为中空多孔结构的存在，可以调节电磁参数提高阻抗匹配性和引起电磁波多重反射延长传播路径。

前面讨论可知，电磁吸波性能与材料的微观结构有密切关系，尤其是一维结构，由于其特殊的类天线结构，有助于接受和耗散电磁波，受到材料学者的青睐。为了研究壳物质结构的变化对核壳 Ni/SnO_2 复合材料的电磁性能的影响，课题组通过两步法（水热法和腐蚀法）制备了 SnO_2 纳米棒——生长于亚微米 Ni 球的核壳复合材料。SnO_2 纳米棒在改善微波吸收性能方面扮演了重要角色，尤其是壳物质 SnO_2 是特殊一维棒状纳米结构，类似天线原理可以用来解释吸波性能提高的原因。其最佳的反射损耗在13.9GHz为−45.0dB，并且其吸波涂层厚度仅为1.8mm，此外它的有效吸波频宽（$RL < -10dB$）可以达到3.8GHz（12.3～16.1GHz）。这种新型的亚微米 Ni/SnO_2 纳米棒核壳结构具有涂层薄、吸收强和频带宽的特点，是一种非常有发展前景的电磁波吸收材料。此外，我们制备了核/空/壳异质结构 Ni/空/SnO_2 复合材料并研究其电磁波吸收性能。相较于亚微米 Ni 核/SnO_2 核壳结构（Ni/SnO_2 纳米颗粒，Ni/SnO_2 纳米棒）复合材料，此 Ni/空/SnO_2 复合材料表现出优异的吸波性能，在吸波涂层厚度为1.5mm和测试频率17.4GHz时，其最佳反射损耗是−50.2dB，其有效的吸波频段（$RL < -10dB$，90%微波吸收）为10.6～14.0GHz。这是因为除了核壳结构的吸波机制外（双重损耗机制、比阻抗匹配性好、界面极化等），另外存在于 Ni 核和 SnO_2 壳物质之间的空隙，使进入吸波体内的电磁波在此空间多次反射和散射，束缚电磁波在此空间中，使其转化为热能被消耗。另外，我们调节了核/空/壳异质结构中的壳物质的成分，制备了一种以金属 Ni 为核，双重物质 SnO_2（Ni_3Sn_2）为壳的核/空/壳异质结构的三元复合材料。同时我们设计了一系列基于反应时间变化的实验来研究此核/空/壳异质结构形成的机制，我们提出了一个基于腐蚀反应、原电池原理和柯肯达尔效应协同作用的形成机制。Ni/空/SnO_2（Ni_3Sn_2）复合材料表现出优异的电磁吸波性能，此优异的吸波性能主要是由于特殊的核/空/壳异质结构和双元 SnO_2（Ni_3Sn_2）壳物质。从两种核/空/壳异质结构吸波性能分析，此类特殊核/空/壳结构表现出优异的吸波性能，其主要原因是我们调节和改变了核壳的界面，在核壳之间有空隙产生，此空隙可以为电磁波吸收带来额外机制。

7.4.4 铁氧体/氧化物电磁吸波材料

哈尔滨工程大学陈玉金等研究一系列多孔一维核壳结构的 Fe_3O_4/氧化物复合材料，比

如多孔核壳结构 $Fe_3O_4/Fe/SiO_2$ 纳米棒，多孔核壳 Fe_3O_4/TiO_2 纳米管，多孔核壳 $Fe_3O_4/$ ZnO 纳米棒，多孔核壳 Fe_3O_4/SnO_2 纳米棒，在这些一维多孔核壳结构复合纳米棒中，介电损耗与磁损耗的协同作用、核壳结构的多重极化以及特殊一维多孔形貌的结构吸波，使其具有优异的电磁吸波性能。为了提高 Fe_3O_4 纳米晶体的电磁吸波性能，通过异相成核的方式，在 Fe_3O_4 纳米晶体表面生长了 2nm 厚的 ZnO 物质。ZnO 纳米壳物质的引入，提高了纳米复合材料的阻抗匹配性，进而提高了材料的电磁吸波性能，最强吸收波从 $-3.31dB$ 增强到 $-22.69dB$。核壳结构 Fe_3O_4/MnO_2 复合微球通过两步水热法成功制备，并研究了其壳物质 MnO_2 形貌的变化对 Fe_3O_4/MnO_2 复合微球电磁吸波性能的影响，最终达到控制形貌、控制性能的目的。此外，对于 $Fe_3O_4/$ 氧化物复合材料，石墨烯的引入可以显著提升电磁吸波性能，比如 $Fe_3O_4/ZnO/$ 石墨烯，SiO_2/Fe_3O_4 纳米棒/石墨烯，石墨烯/$Fe_3O_4/$ SiO_2/NiO 纳米片，在这些复合材料中，高的比表面积特点和大量孔结构的存在，促使电磁波多种渠道耗散吸收。

复旦大学车仁超课题组通过溶剂热和煅烧法制备了以尖晶石 Fe_3O_4 为核、锐钛矿 TiO_2 片为壳的复合微球，通过控制 Fe_3O_4 尺寸以及 Ti 源的含量，可以精确地得到不同参数的（不同内核尺寸、不同 TiO_2 厚度）Fe_3O_4/TiO_2 复合微球。相比于单纯 Fe_3O_4 微球，Fe_3O_4/TiO_2 复合微球表现出增强的电磁吸波性能，同时，壳物质 TiO_2 厚一些的 $Fe_3O_4/$ TiO_2 复合微球比壳物质 TiO_2 薄一些的复合微球电磁吸波性能要强一些。在 Fe_3O_4/TiO_2 之间包覆一层 SiO_2，然后用碱腐蚀掉 SiO_2，最后制得 $Ni/$空$/TiO_2$ 复合微球［图 7-26（a）～（d）］，空隙的大小可以由 SiO_2 层的含量精确控制。相比于 Fe_3O_4 和 $Fe_3O_4/SiO_2/TiO_2$，$Fe_3O_4/$空$/TiO_2$ 复合微球表现出增强的电磁吸波性能［图 7-26（e）］。同时控制蛋黄结构 $Fe_3O_4/$空$/TiO_2$ 复合微球的空隙大小，可以有效地调节其电磁吸波性能，在吸波厚度为 2.0mm 时，最优的电磁吸波性能为 $-33.4dB$。此外，他们课题组用类似的方法制备了蛋黄结构的 $Fe_3O_4/$空$/$硅酸钡（钛酸钡），蛋黄结构的 $Fe_3O_4/$空$/ZrO_2$，蛋黄双层外壳结构的 $Fe_3O_4/$空$/SnO_2$，蛋黄结构的 $Fe_3O_4/$空$/$硅酸铜，在这些蛋黄结构中，由于介电损耗和磁损耗的协同效应以及特殊空隙的存在，可以得到优异的电磁吸波性能。

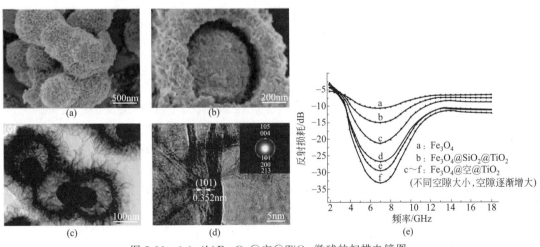

图 7-26　（a），（b）Fe_3O_4@空@TiO_2 微球的扫描电镜图；
（c），（d）Fe_3O_4@空@TiO_2 微球的 TEM 图谱；（e）不同样品的反射损耗

此外，通过凝胶自燃的方法制备了掺杂化的 $BaFe_{11.92}(LaNd)_{0.04}O_{19}/TiO_2$ 复合粉体，

复合材料的磁性与电磁性能可以由 $BaFe_{11.92}(LaNd)_{0.04}O_{19}$ 与 TiO_2 的质量比决定，二氧化钛的引入可以增强介电损耗和拓宽吸波频带。首先利用化学共沉淀法制备磁性尖晶石结构的 $Li_{0.4}Mg_{0.6}Fe_2O_4$，然后通过溶胶-凝胶法在 $Li_{0.4}Mg_{0.6}Fe_2O_4$ 表面包覆一层 TiO_2，形成核壳结构的 $Li_{0.4}Mg_{0.6}Fe_2O_4/TiO_2$ 复合材料，其最优化吸波性能为 $-41.6dB$，介电损耗与磁损耗的匹配性是优异吸波性能的直接原因。此外，研究人员也探究了 $BaFe_{12}O_{19}/TiO_2$、$SrFe_{12}O_{19}/ZnO$ 复合材料的电磁吸波性能。

7.4.5 合金/氧化物吸波材料

$FeNi_3$/氧化铟锡纳米复合材料由自催化还原和溶胶-凝胶法成功制得，通过分析复合材料的电导、红外发射以及电磁性能，可以发现，纳米复合材料的红外发射特性以及电磁吸波性能与氧化铟锡物质的含量有密切关系，从而证实此类材料是一种合适的红外以及雷达隐身材料。由 Fe_2O_3、Co_3O_4 和 Al 作为原材料，通过机械化学法成功制备 $FeCo/Al_2O_3$ 复合材料，当吸波厚度为 $3.1mm$ 时，其最优化吸波性能为 $-43.1dB$。刘献国等用放电-电弧法制备了 Al_2O_3 包覆 $FeCo$ 纳米复合胶囊、$FeNi/AlO_x$ 纳米复合胶囊，此类纳米复合胶囊表现出优异电磁吸波性能，主要来源于合适的阻抗匹配性、强的自然共振以及形貌的各向异性。

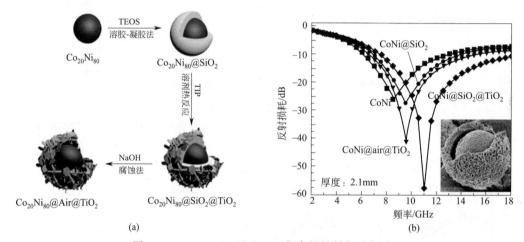

图 7-27　(a) CoNi/空/TiO_2 复合材料制备示意图；
(b) 不同样品在厚度为 2.1mm 下的反射损耗值
插图是 CoNi/空/TiO_2 的 SEM 图谱

复旦大学车仁超课题组通过一系列步骤［溶胶-凝胶法、溶剂热沉淀法以及碱腐蚀法，如图 7-27(a)所示］精确调控备蛋黄结构的 CoNi/空/TiO_2 复合微球。通过分析不同物质的电磁吸波性能发现，CoNi/SiO_2/TiO_2 复合微球表现出最优的吸波性能，在吸波厚度为 2.1mm 时，最强吸收为 $-58.2dB$［图 7-27(b)］，此外，反射损耗值低于 $-10dB$ 的频段可以达到 8.1GHz，接近覆盖了 2～18GHz 的一半。此优异吸波性能主要来源于：微球之间强的磁耦合，介电-磁物质之间的协同效应，壳物质的散射效应。

7.5 磁性功能陶瓷吸波材料的研究展望

本章总结了当前纯铁氧体（Fe_3O_4）以及掺杂铁氧体，磁性金属（Fe、Co、Ni 及其合金）和氧化物、非氧化物复合，铁氧体（Fe_3O_4）以及掺杂铁氧体和氧化物、非氧化物复合的电磁吸波性能的研究。通过调控铁氧体的形貌，减小铁氧体的尺寸，磁性金属（Fe、Co、Ni 及其合金）与氧化物、非氧化物、铁氧体（Fe_3O_4）以及掺杂铁氧体和氧化物、非氧化物复合，可以有效地降低 Snoek 限制，使材料在高频下能够有效吸收。在这些吸波材料中，引入一些中空多孔或者核壳结构，可以显著提高吸波性能。同时，对于核壳结构，我们如果调节壳物质的形貌使其具有特殊复杂结构或者改变壳物质的组成，可以得到我们想要的吸波性能包括吸波强度、吸波频段以及吸波厚度。倘若在核壳结构中引入空隙使其具有特殊蛋黄状核/空/壳结构，可以调控电磁参数提高阻抗匹配性，另外，空隙的存在促使电磁波的传输路径改变，引起电磁波的多重反射散射，为电磁波的吸收带来其他的机制，同时也满足于吸波材料中的"轻"的要求，具有一定的理论和实践指导意义。

要实现吸波材料"薄、轻、宽、强"的特性及多频谱、强度高、价格廉、耐高温等更高需求，对于未来电磁吸波材料的研究和设计将可能围绕以下三个方面展开。

（1）**吸波材料的复合化**　单一组分的吸波材料很难满足现代对吸波材料的多重需求，而两种或者两种以上组分的复合材料结合了组成材料的优异性能，同时其形态上的设计以及尺寸的纳米化又将大大提高吸波性能。因此，复合组分的吸波材料，通过调整材料的组分、结构等对其电磁吸波性能进行优化设计，是未来吸波研究领域的重要方向之一。

（2）**吸波材料的兼容多波段吸收**　当前绝大多数的吸波材料吸收频宽只能是较短的一两个相应频段。同时，由于当前电磁复杂的应用环境及军事领域的苛刻生存环境，吸波材料的耐高温化是未来电磁波吸收材料应用必须考虑的方面。因此，能够兼容厘米波、毫米波等多波段吸收且具有耐高温特性的电磁吸波材料有望成为今后吸波材料研究的重中之重。

（3）**吸波材料的结构多样化设计**　将一些特殊的结构例如纤维状、团簇状、蜂窝状、中空状、多孔状、核壳结构、核/空/壳结构等引入到吸波材料的设计中，不仅可降低吸波材料的密度，有效拓展其吸波频带，而且在一定范围内可调节吸波材料的电磁参数，进而改善其与周围环境的阻抗匹配关系。

由此可知，通过调节组分和结构来设计具有兼容多波段吸收、价格低廉、耐高温等特点的电磁吸收复合材料，将是未来磁性功能陶瓷吸波材料领域重要且极具潜力的发展方向。

思考题

1. 什么是磁性材料？磁性材料中主要的各向异性有哪几种？磁性功能陶瓷复合材料的应用有哪些？请举例。

2. 简述磁性功能陶瓷吸波材料的研究机制。

3. 吸波材料的损耗机制有哪些？分析影响介电常数和磁导率的因素。

4. 简述铁氧体的合成与制备技术（氧化物法、化学共沉淀法、溶胶-凝胶法等）。

5. 高的电导率引起的涡流效应会限制磁性金属单质在吸波材料领域的应用，为了解决这个问题，请简述不同尺寸和不同结构的磁性金属 Ni 单质对电磁波吸收的影响。

6. 请简述 Fe、Ni、Co 的晶体结构（要求画出示意图）和磁性能。

7. 试分析单一磁性金属和多重组分磁性金属@氧化物或非氧化物吸波材料的优缺点。

8. 试阐述 Ni 基复合材料的性能特点。并对未来电磁吸波材料的发展趋势进行分析。

［1］ Ni S，Sun X，Wang X，et al. Low temperature synthesis of Fe_3O_4 micro-spheres and its microwave absorption properties［J］. Materials Chemistry and Physics，2010，124：353-358.

［2］ Liu Y，Cui T，Li Y，et al. Effects of crystal size and sphere diameter on static magnetic and electromagnetic properties of monodisperse Fe_3O_4 microspheres［J］. Materials Chemistry and Physics，2016，173：152-160.

［3］ Sun G，Dong B，Cao M，et al. Hierarchical dendrite-like magnetic materials of Fe_3O_4，γ-Fe_2O_3，and Fe with high performance of microwave absorption［J］. Chemistry of Materials，2011，23：1587-1593.

［4］ Wang P，Zhang J，Chen Y，et al. Magnetism and microwave absorption properties of Fe_3O_4 microflake-paraffin composites without and with magnetic orientation［J］. Journal of Electronic Materials，2018，47：721-729.

［5］ Gu X，Zhu W，Jia C，et al. Synthesis and microwave absorbing properties of highly ordered mesoporous crystalline $NiFe_2O_4$［J］. Chemical Communications，2011，47：5337-5339.

［6］ Li Z J，Hou Z L，Song W L，et al. Unusual continuous dual absorption peaks in Ca-doped $BiFeO_3$ nanostructures for broadened microwave absorption［J］. Nanoscale，2016，8：10415-10424.

［7］ Alam R S，Moradi M，Rostami M，et al. Structural，magnetic and microwave absorption properties of doped Ba-hexaferrite nanoparticles synthesized by co-precipitation method［J］. Journal of Magnetism and Magnetic Materials，2015，381：1-9.

［8］ Deng L，Ding L，Zhou K，et al. Electromagnetic properties and microwave absorption of W-type hexagonal ferrites doped with La^{3+}［J］. Journal of Magnetism and Magnetic Materials，2011，323：1895-1898.

［9］ Praveena K，Sadhana K，Liu H L，et al. Microwave absorption studies of magnetic sublattices in microwave sintered Cr^{3+} doped $SrFe_{12}O_{19}$［J］. Journal of Magnetism and Magnetic Materials，2017，426：604-614.

［10］ Liu J R，Itoh M，Terada M，et al. Enhanced electromagnetic wave absorption properties of Fe nanowires in gigaherz range［J］. Applied Physics Letters，2007，91：093101.

［11］ Wen S L，Liu Y，Zhao X C. et al. Optimal microwave absorption of hierarchical cobalt dendrites enhanced by multiple dielectric and magnetic resonance［J］. Journal of Applied Physics，2014，116：054310.

［12］ Wang G，Wang L，Gan Y，et al. Fabrication and microwave properties of hollow nickel spheres prepared by electroless plating and template corrosion method［J］. Applied Surface Science，2013，276：744-749.

［13］ Gong C，Zhang J，Zhang X，et al. Strategy for ultrafine Ni fibers and investigation of the electromagnetic characteristics［J］. The Journal of Physical Chemistry C，2010，114：10101-10107.

［14］ Liu J，Cao M S，Luo Q，et al. Electromagnetic property and tunable microwave absorption of 3D nets from nickel chains at elevated temperature［J］. ACS Applied Materials & Interfaces，2016，8：22615-22622.

［15］ Wang C，Han X，Xu P，et al. Controlled synthesis of hierarchical nickel and morphology-dependent electromagnetic properties［J］. The Journal of Physical Chemistry C，2010，114：3196-3203.

［16］ Tong G，Hu Q，Wu W，et al. Submicrometer-sized NiO octahedra：facile one-pot solid synthesis，formation mechanism，and chemical conversion into Ni octahedra with excellent microwave-absorbing properties［J］. Journal of Materials Chemistry，2012，22：17494-17504.

［17］ Jiang J T，Wei X J，Xu C Y，et al. Co/SiO_2 composite particles with high electromagnetic wave absorbing performance and weather resistance［J］. Journal of Magnetism and Magnetic Materials，2013，334：111-118.

［18］ Yan L，Wang J，Han X，et al. Enhanced microwave absorption of Fe nanoflakes after coating with SiO_2 nanoshell［J］. Nanotechnology，2010，21：095708.

［19］ Huang H，Zhang X F，Lv B.，et al. Manipulated electromagnetic losses by integrating chemically heterogeneous components in Fe-based core/shell architecture［J］. Journal of Applied Physics，2013，113：084312.